职业教育产教融合立体化教材

# 职教电工技能实训

主　编　赵荣中　尹成新

副主编　郭昌盛　李　伟　木素真

合肥工業大學出版社

**图书在版编目(CIP)数据**

职教电工技能实训/赵荣中,尹成新主编.—合肥:合肥工业大学出版社,2023.9
ISBN 978-7-5650-6318-3

Ⅰ.①职…　Ⅱ.①赵…　②尹…　Ⅲ.①电工技术—职业教育—教材　Ⅳ.①TM

中国国家版本馆 CIP 数据核字(2023)第 063494 号

职教电工技能实训
ZHIJIAO DIANGONG JINENG SHIXUN

赵荣中　尹成新　主编　　　　责任编辑　刘　露

| | | | |
|---|---|---|---|
| 出　版 | 合肥工业大学出版社 | 版　次 | 2023 年 9 月第 1 版 |
| 地　址 | 合肥市屯溪路 193 号 | 印　次 | 2023 年 9 月第 1 次印刷 |
| 邮　编 | 230009 | 开　本 | 787 毫米×1092 毫米　1/16 |
| 电　话 | 编　辑　部:0551-62903005 | 印　张 | 18 |
| | 营销与储运管理中心:0551-62903198 | 字　数 | 393 千字 |
| 网　址 | press.hfut.edu.cn | 印　刷 | 安徽联众印刷有限公司 |
| E-mail | hfutpress@163.com | 发　行 | 全国新华书店 |

ISBN 978-7-5650-6318-3　　　　定价:68.00 元

如果有影响阅读的印装质量问题,请与出版社营销与储运管理中心联系调换。

# 前　　言

随着我国制造业的飞速发展，技能型人才的培养越来越得到重视。为了满足中高等职业技术和技师院校教育发展的需要，帮助学生更快更好地掌握操作技能，根据《国家职业技能标准——维修电工》的基本要求，我们编写了本教材。本教材以任务驱动展开，以能力为本位，以实训操作为主体，以分析解决问题为导向，将理论与技能训练连为一体，注重过程考核，将检验标准更多地定位在考核学生的能力上。

本教材的编写重视操作技能的培养，突出职业技术教学特色，本着理论知识“实用、够用、易学”的原则，重点加强实训操作教学内容，强调学生实际工作能力的培养。为贯彻国家关于职业资格证书与国家就业制度等政策精神，本教材力求内容涵盖国家职业标准（中高级）的知识、技能要求，确保毕业生能达到中高级技能人才的培养目标。

本教材在合肥工业大学朱华炳教授的指导下，由赵荣中、尹成新担任主编，郭昌盛、李伟、木素真担任副主编；由合肥工业大学电气与自动化工程学院高级实验师戴雷审校；各章节均由从事多年实践教学指导的老师编写，木素真、宋成金、尹振华、杨天照、赵荣中、彭婧、李伟等主要编写各章节实训任务相关内容；尹成新、郭昌盛主要编写思政拓展阅读相关内容。教材的编写出版得到了合肥工业大学工程素质教育中心、灵璧县高级职业技术学校、桐城海峡高级技工学校的大力支持。

本教材可作为机电类中高等职业技术和技师院校的实训教学教材，也可作为维修电工职业技能鉴定和维修电工工人培训教材。对教材中的实训任务和实训课时，学校可根据自己的教学计划及学时做参考选择与调整。由于编写时间紧迫，编者水平有限，书中难免存在不足与疏漏之处，敬请读者批评指正。

编　者

2022年12月

# 目　录

# 第一章　电工电子基础

## 实训任务一　基本电路认识

(1)掌握电路的基本组成。

(2)认识电路中的元件及图形符号。

(3)学会读电路图。

### 工作任务

(1)完成用开关控制灯泡的亮灭。

(2)训练准备内容:电池、导线、开关、灯泡。

### 一、简单电路

日常生活中,我们见过各种各样的电路,每个电路都有它特定的功能。图 1-1-1(a)为手电筒剖面图,图 1-1-1(b)为简单的手电筒电路;图 1-1-1(c)为手电筒电路原理图。

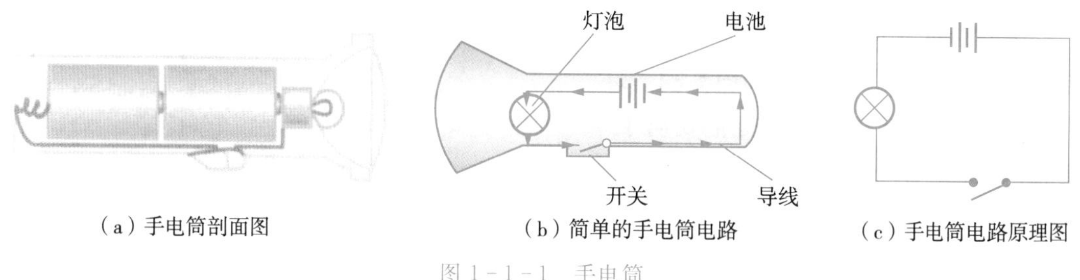


(a) 手电筒剖面图　(b) 简单的手电筒电路　(c) 手电筒电路原理图

图 1-1-1　手电筒

### 二、电路及其符号

电路就是电流经过的路径,一般是由电源、负载和中间环节等几部分组成。认识实物及对应的电路符号是非常重要的，现实中的实物与符号存在对应关系，学会认清电路图中的符号是学习电学知识的第一步。一个完整的电路图包括元器件和线路两个部分。电路图包含了线路工作的基本信息，如果把电路图比作一篇文章，元器件就是一个个词组，线路连接就是句子，上下联系起来才能读懂电路所包含的完整信息，所以想要看懂电路图首先要看懂基本的图形符号。

（一）电源

电源是产生电能的设备，向用电器供电的装置均称为电源，如图 1-1-2 所示。

（a）电池　（b）电压源　（c）理想电源

图 1-1-2　电源

常见的电源有电池[图 1-1-3(a)]、直流电源[图 1-1-3(b)]和交流电源[图 1-1-3(c)]。

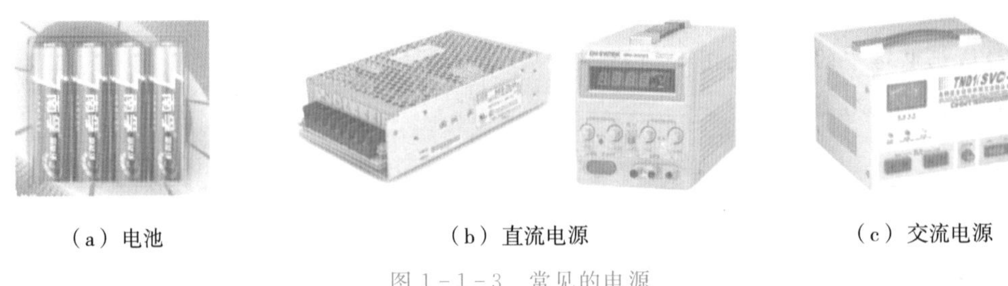

（a）电池　（b）直流电源　（c）交流电源

图 1-1-3　常见的电源

电池泛指能产生电能的小型装置，有正负极之分。电池结构简单，携带方便，充放电操作简便易行，不受外界气候和温度的影响，性能稳定可靠，在现代社会生活中的各个方面发挥了很大作用。

理想电源是从实际电源原件中抽象出来的，电源本身的功率损耗可以忽略不计，而只产生电能的作用，可以用一个理想电源元件表示。

（二）用电器

用电器也称负载，将电能转换为非电能以满足人们的需要，比如图 1-1-1(b)简单的手电筒电路中的灯泡就属于负载，如图 1-1-4(a)所示。常见的电机如图 1-1-4(b)所示。

（a）手电筒

（b）电机

图 1-1-4　用电器

（三）中间环节

中间环节主要是指连接导线，如图 1-1-5 所示。控制开关如图 1-1-6 所示。此外，还有保护电器、测量仪器、传感器等辅助部分。

图 1-1-5　连接导线

图 1-1-6　控制开关

触点开关是生活中人们经常会用到的各种各样的开关，利用金属触点可以使电路开路、接通，使电流中断或使其流到其他电路。

触点分两种：一种是靠电磁力或人工操作的触点，如接触器、继电器、开关、按钮等；另一种是非电和非人工操作的触点，如非电继电器、行程开关等的触点。图 1-1-7 所示的是常开触点和常闭触点。

常见的触点按钮包括单刀开关、双刀开关等。

### (四)地线

常见的接地符号如图 1-1-8 所示。

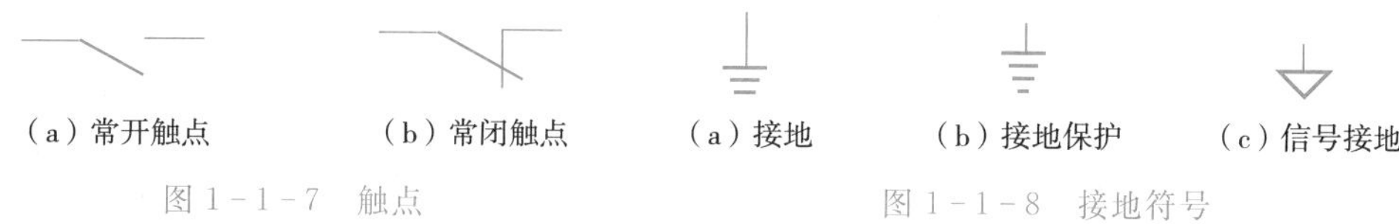


图 1-1-7　触点

图 1-1-8　接地符号

接地指电力系统和电气装置的中性点、电气设备的外露导电部分和装置外导电部分经由导体与大地相连。

保护接地是为了防止设备因绝缘损坏带电而危及人身安全所设的接地，如电力设备的金属外壳、钢筋混凝土杆和金属杆塔。保护接地只是在设备绝缘损坏的情况下才会有电流流过，其值可以在较大范围内变动。

信号接地是为了在电子设备工作时有一个统一的参考电位，避免有害电磁场的干扰，使电子设备稳定可靠地工作，电子设备中的信号电路应接地，简称为信号地。这里的“地”可以是大地，也可以是电子设备的地板、金属外壳或一个等电位面。

在实际识图和操作过程中还会见到很多其他的电路图，如电阻、电容、电感、二极管、三极管、继电器、熔断器、交流接触器等，在后面的章节中，会详细为大家介绍。

## 三、实训任务：完成用开关控制灯泡的亮灭

### (一)选择材料

电池盒：1 个；灯泡底座：1 个；单刀单掷开关：1 个；导线：3 根。

### (二)连接

用导线将电池盒、单刀单掷开关和灯泡底座连接起来，如图 1-1-9(a)所示。

(三)检查

开关控制灯泡实验的等效电路图如图 1 - 1 - 9(b)所示,重点检查单刀单掷开关的静触点连接电源正极,电源负极连接灯泡。这样在开关断开的情况下,确保灯泡上无电压,不会有触电危险。

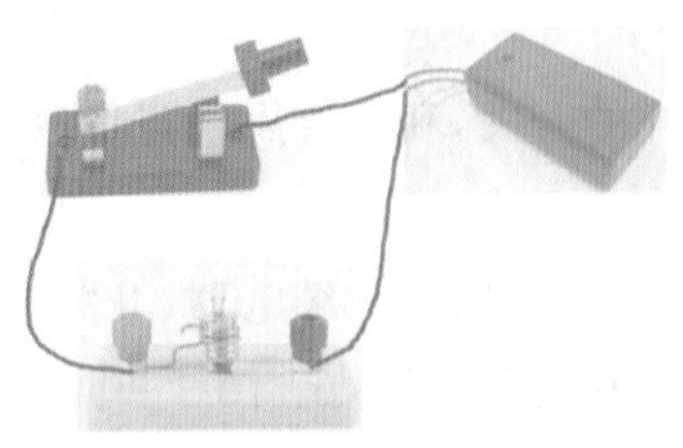

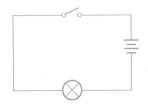

(a) 开关控制灯泡实验的实物图

(b) 开关控制灯泡实验的等效电路图

图 1 - 1 - 9　开关控制灯泡实验

(四)通电

将灯泡安装在灯泡底座上,闭合开关,可以点亮灯泡;断开开关,可以熄灭灯泡。

(五)结论

当闭合开关时,电源的正负极通过开关、导线和灯泡形成回路,在回路中有电流通过,所以灯泡会发光。

思考:图 1 - 1 - 9(b)中的电源、负载和中间环节分别对应哪一部分?

思政拓展阅读

## 实训任务二　认识电流与电压

### 学习目标

(1)掌握电流、电压的概念。

(2)了解电位与电压的异同。

(3)学会测量电路中的电流和电压。

### 工作任务

(1)识别常见家用电器上的电流参数和电压参数。

(2)训练准备内容。

(3)测量开关灯泡电路中的电流与电压。

## 一、电流

### (一)概念

导体中的自由电荷在电场力的作用下有规则的定向运动就形成了电流。

自由电荷分为正电荷和负电荷。电学上规定:正电荷定向流动的方向(正电荷定向运动的速度的正方向或负电荷定向运动的速度的反方向)为电流方向。电流运动方向与电子运动方向相反,如图1-2-1所示。

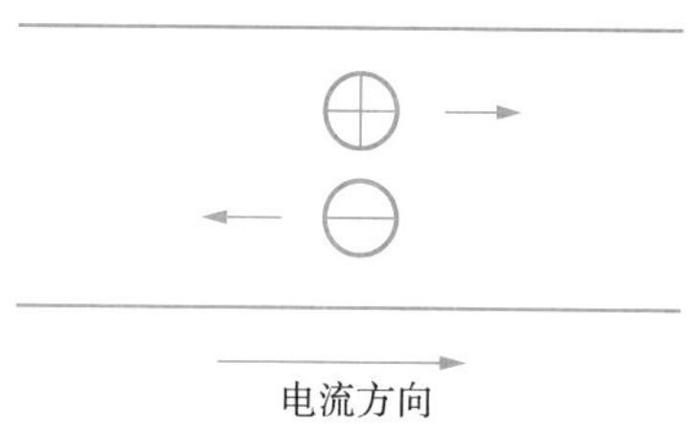


图1-2-1　正电荷流动的方向为电流方向

电流的大小,也称为电流强度,通常用单位时间内流经导体截面的电荷$Q$来表示。

电流强度是标量,习惯上常将正电荷的运动方向规定为电流的方向。在导体中,电流的方向总是沿着电场方向从高电势处指向低电势处。

### (二)公式

$$i=\frac{Q}{t}$$

式中:$Q$——通过导体横截面的电荷量,单位是库仑;

$t$——电荷通过导体的时间,单位是秒。

电流是一个既有大小又有方向的物理量,根据电流大小和方向随时间变化的情况可分为直流电流(DC)和交流电流(AC)两大类。

## 二、电压

### (一)概念

电压(voltage),也被称作电势差或电位差,是衡量单位电荷在静电场中由于电势不同所产生的能量差的物理量。电压在某点至另一点的大小等于单位正电荷因受电场力作用从某点移动到另一点所做的功,电压的方向规定为从高电位指向低电位的方向。电压的国际单位制为伏特(V,简称伏),常用的单位还有毫伏(mV)、微伏(μV)、千伏(kV)等。

### (二)电位与电压的异同

在静电学里,电势(electric potential)又称为电位,定义为处于电场中某个位置的单位电荷所具有的电势能与它所带的电荷量之比。电势只有大小,没有方向,是个标量,其数值不具有绝对意义,只具有相对意义。电势的单位为伏特(V),1 V=1 J/C(1焦/库)。

电势虽然是引入描述电场的一个辅助量，但它是标量，运算比矢量运算简单，在许多具体问题中往往先计算电势，再通过电势与场强的关系求出场强。电路问题中电势和电势压(即电压)是一个很有用的概念。

## 三、实训任务

### (一)识别常见电子产品电流和电压参数

输入参数：AC 100～240 V－50/60 Hz ××A，指的是该适配器可以插在交流 100～240 V、频率为 50 Hz 或者 60 Hz 的电源插座上使用，在工作状态其允许通过的最大电流为××A。根据电源适配器型号不同，输入电流大小不等。

输出参数(××V、××A)是我们最关注的核心指标，主要由输出电压和输出电流组成。

有的手机电源适配器输出有三种，如图 1－2－2(a)所示，表示此电源适配器有三种充电协议，要看手机是否支持充电头的充电协议，如果支持，就会自动选择电压、电流进行充电。按照手机本身的适配，能识别的时候会尽量高压充电，提高功率；如果不能识别，就默认 5 V 输出。电源适配器及开关变压器参数如图 1－2－2 所示。

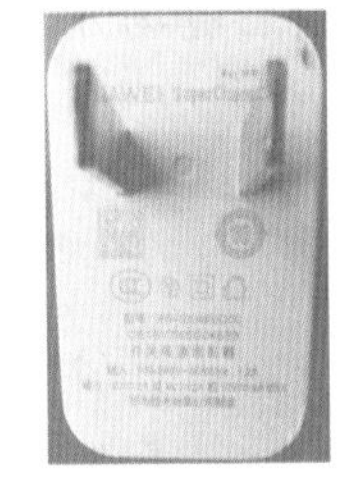

(a) 手机开关电源适配器

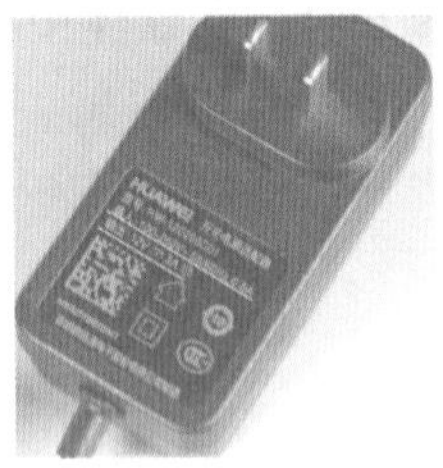

(b) 笔记本电源适配器

(c) 开关变压器参数

图 1－2－2　电源适配器及开关变压器参数

仔细观察图 1－2－2，你能读出它们的输入的电压和电流以及输出的电压和电流吗？日常生活中你还会接触到哪些用电设备？读读它们的输入电压和输入电流。

### (二)测量电路中的电流和电压

#### 1. 实训准备

开关控制灯泡实验电路材料；电流表：1 个；电压表：1 个；导线若干。

2. 使用电流表注意事项

(1)电流表要与被测用电器串联。

(2)电流从正接线柱流入,从负接线柱流出,正进负出。

(3)被测电流不要超过电流表的量程,否则会烧坏电流表,可用试触的方法确定量程。

(4)电流表内阻很小,相当于导线,所以绝对不允许不经过用电器而把电流表直接连到电源的两极上。

3. 使用电压表注意事项

(1)电压表要与被测用电器并联。

(2)选择合适的量程:量程太大,测量不准确;量程太小,容易烧坏仪表。如果测量大小不能估计,可先选择最大量程,然后根据指针偏转的情况,适当调整至合适的量程测量。

在图1-1-9(b)开关控制灯泡实验的等效电路上,将电流表串联在电路中,电压表并联在灯泡两端,测量电路连接原理如图1-2-3所示。

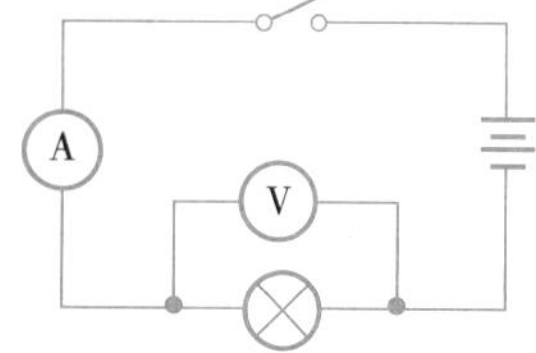

图1-2-3　测量电路连接原理图

闭合开关,读取电流表和电压表读数。

一般灯泡电阻在5 Ω左右,电源电压为5 V,导线和电流表压降可以忽略不计,可以看到,电流表显示为1 A,电压表显示为5 V。

## 实训任务三　认识常见器件

### 学习目标

(1)了解导体、绝缘体、半导体和磁性材料的性质。

(2)掌握常见的导体、绝缘体、半导体和磁性材料。

(3)认识生活中常见的导体、绝缘体、半导体和磁性材料。

### 工作任务

(1)了解常见的导体、绝缘体、半导体和磁性材料。

(2)认识收音机内部元器件分类。

(3)训练准备内容:超外差式收音机1个。

## 一、导体

导体(conductor)是指电阻率很小且易于传导电流的物质。导体中存在大量可自由移动的带电粒子,称为载流子。在外电场作用下,载流子作定向运动,形成明显的电流。

金属是最常见的一类导体,图 1-3-1 为金属导体制成的导线。在电路中我们常用到的电阻、各种导线都属于导体。

(a)铜线

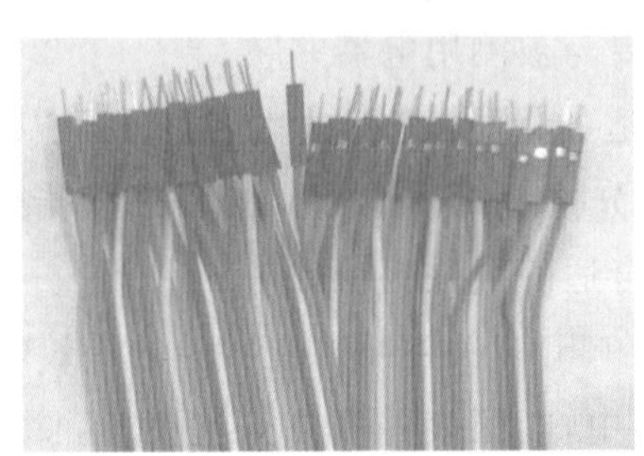

(b)排线

图 1-3-1　金属导体制成的导线

## 二、绝缘体

不善于传导电流的物质称为绝缘体(insulator),绝缘体又称为电介质。它们的电阻率极高。绝缘体和导体没有绝对的界限,绝缘体在某些条件下可以转化为导体。

绝缘体通常用作电缆的外表覆层,如图 1-3-2 所示。

## 三、半导体

半导体(semiconductor)指常温下导电性能介于导体与绝缘体之间的材料,如图 1-3-3 中的半导体晶圆硅片。

二极管、三极管也是常见的半导体器件。

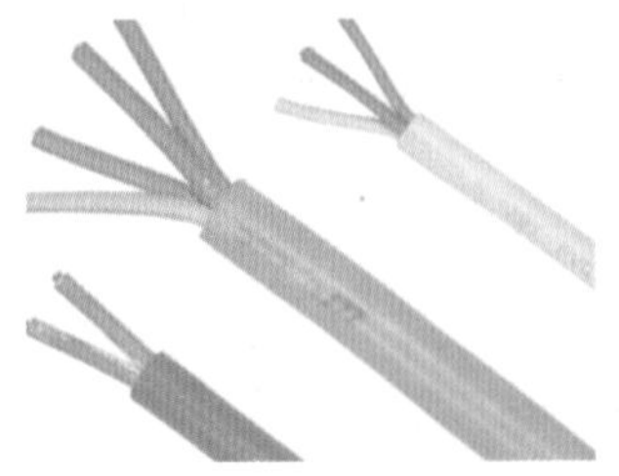

图 1-3-2　绝缘体

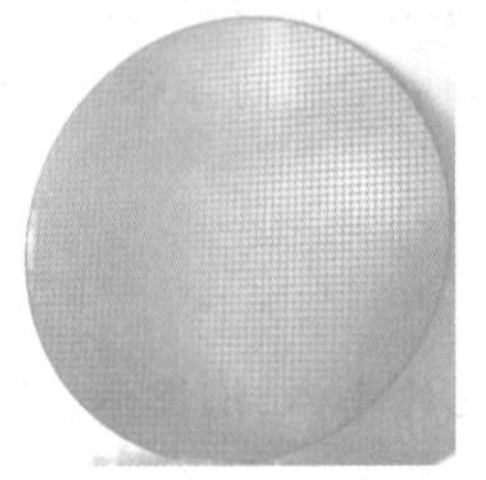

图 1-3-3　半导体晶圆硅片

二极管是用半导体材料(硅、硒、锗等)制成的一种电子器件,具有单向导电性能,即给二极管阳极加上正向电压时,二极管导通;当给阳极和阴极加上反向电压时,二极管截止。几种常见二极管如图 1-3-4 所示。二极管的导通和截止,相当于开关的接通与断开。

(a)二极管　(b)稳压二极管　(c)发光二极管

图 1-3-4 几种常见二极管

稳压二极管具有稳定电压的作用。稳压二极管与普通二极管的主要区别在于,稳压二极管是工作在 PN 结的反向击穿状态。通过在制造过程中的工艺措施和使用时限制反向电流的大小,能保证稳压管在反向击穿状态下不会因过热而损坏。

发光二极管是一种将电能直接转换成光能的半导体固体显示器件,简称 LED(light emitting diode)。和普通二极管相似,发光二极管也是由一个 PN 结构成。发光二极管的 PN 结封装在透明塑料壳内,外形有方形、矩形和圆形等。发光二极管的驱动电压低,工作电流小,具有很强的抗振动和抗冲击能力、体积小、可靠性高、耗电少和寿命长等优点,广泛应用于信号指示等电路中。

晶体管(transistor)是一种固体半导体器件(包括二极管、三极管、场效应管、晶闸管等,有时特指双极型器件),具有检波、整流、放大、开关、稳压、信号调制等多种功能,如图1-3-5所示。

(a)晶体管　(b)场效应晶体管

图 1-3-5 晶体管符号

晶体管作为一种可变电流开关,能够基于输入电压控制输出电流。与普通机械开关(如继电器、开关)不同,晶体管利用电信号来控制自身的开合,所以开关速度可以非常快。

## 四、磁性材料

能对磁场做出某种方式反应的材料称为磁性材料(图 1-3-6)。按照物质在外磁场中表现出来的磁性的强弱,可将其分为抗磁性物质、顺磁性物质、铁磁性物质、反铁磁性物质和亚铁磁性物质。大多数材料是抗磁性或顺磁性的,它们对外磁场反应较弱。铁磁性物质和亚铁磁性物质是强磁性物质,通常所说的磁性材料即指强磁性材料。磁性材料按照其磁化的难易程度,一般分为软磁材料和硬磁材料。

(a)磁铁(硬磁材料)

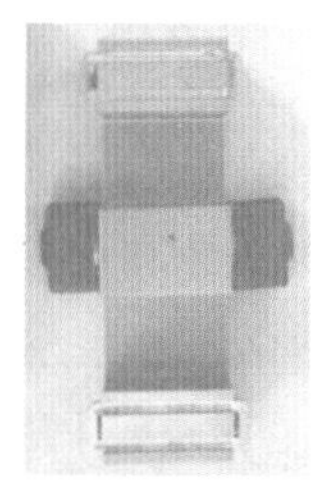

(b)软磁材料

图 1-3-6 磁性材料

## 五、实训任务

### (一)生活中常见的导体、绝缘体、半导体和磁性材料器件

仔细观察,我们周围有各种各样的器件,如导体器件(各类手机充电线如图 1-3-7 所示),绝缘材料(各类插头保护壳、导线绝缘层、绝缘手套如图 1-3-8 所示等),半导体器件(发光二极管如图 1-3-9 所示、三极管),磁性材料(交流接触器内的铁芯如图 1-3-10 所示)。

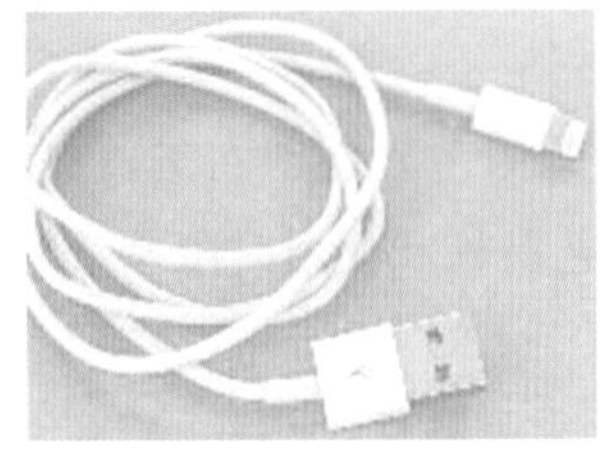

图 1-3-7 手机充电线

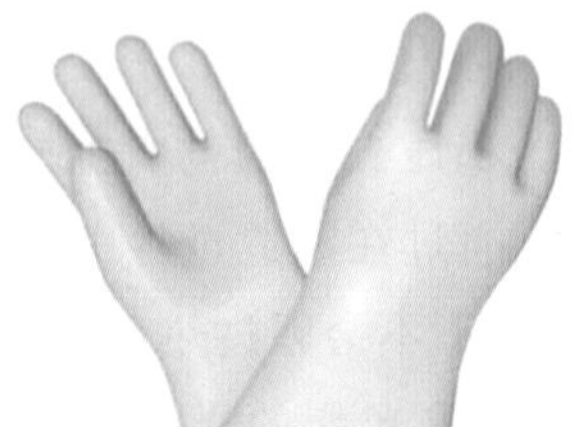

图 1-3-8 绝缘手套

图 1-3-9 发光二极管

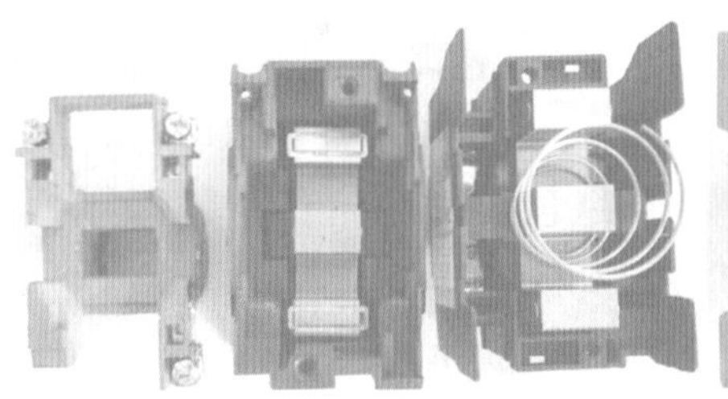

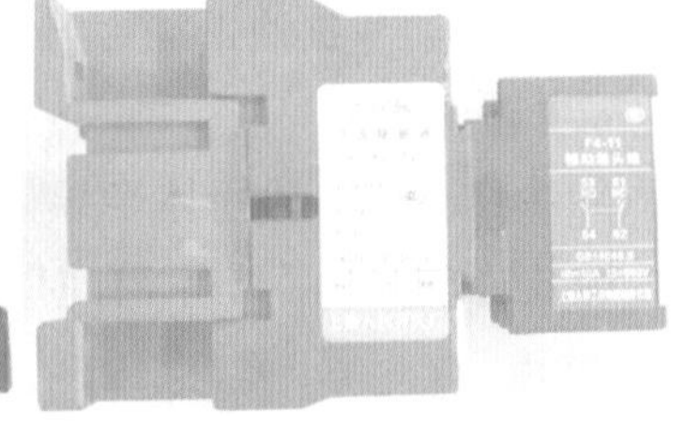

图 1-3-10 交流接触器内的铁芯

### (二)超外差式收音机

打开一个超外差式收音机(图 1-3-11),可以看到里面包含很多元器件,其中电阻、电容、电感等属于导体器件;收音机外壳采用的是绝缘材料(塑料外壳);二极管、三极管属于半导体器件;电感的铁芯、喇叭上的磁铁属于磁性材料。

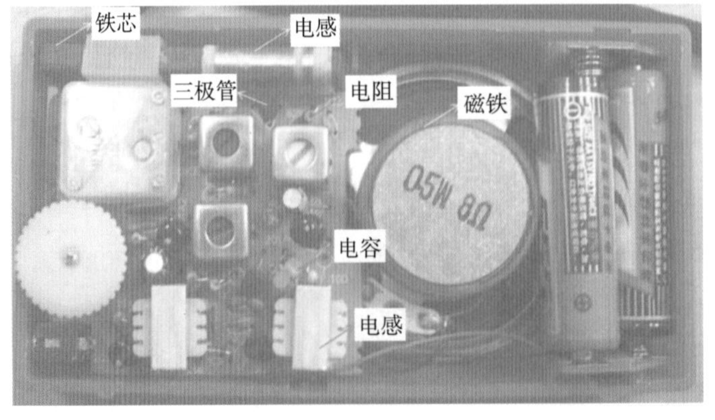


图 1-3-11 超外差式收音机内部结构图

思政拓展阅读

# 实训任务四 识读电阻、电容和电感

(1)掌握电阻、电容和电感的概念和性质。

(2)认识常见的电阻、电容和电感。

(3)学会识读电阻、电容和电感的主要参数。

## 工作任务

(1)识别电阻、电容和电感。

(2)识读电阻、电容和电感值。

(3)训练准备内容:电阻、电容、电感若干。

### 一、电阻、电容、电感

电阻、电容、电感是电路不可缺少的组成部分,在电路中经常能见到它们的身影。接下来让我们认识它们在电路中的符号以及各种各样的电阻、电容、电感实物。

#### (一)电阻

##### 1. 概念

电阻全称电阻器(resistor),一般用字母 R 表示,在日常生活中直接称为电阻。电阻在电路中通常起限流、分流、降压、分压的作用。将电阻接在电路中,电阻器的阻值是固定的,一般是两个引脚,它可限制通过它所连支路的电流大小。对于信号来说,交流信号与直流信号都可以通过电阻。

阻值不能改变的称为固定电阻器,阻值可变的称为电位器或可变电阻器。常见的电阻符号如图 1-4-1 表示。

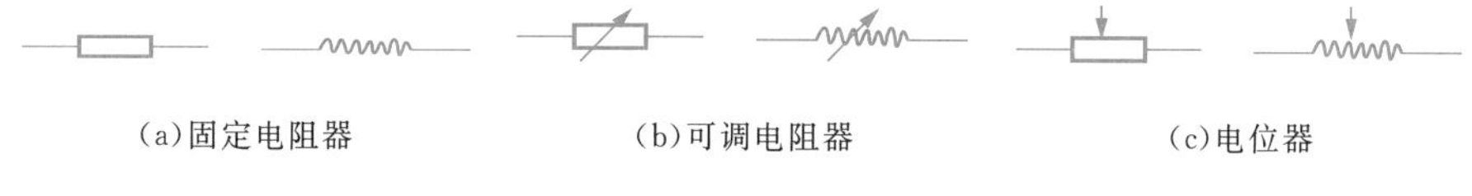

(a)固定电阻器 (b)可调电阻器 (c)电位器

图 1-4-1 常见的电阻符号

理想的电阻器是线性的,即通过电阻器的瞬时电流与外加瞬时电压成正比。实际电阻的电阻值与温度、材料、长度和横截面积有关。衡量电阻受温度影响大小的物理量是温度系数，其定义为温度每升高 1℃时电阻值发生变化的百分数。

2. 分类

电阻主要可分为普通电阻(图 1－4－2)、敏感电阻(图 1－4－3)和可调电阻(包括可变电阻器、可变电位器，图 1－4－4)三大类。

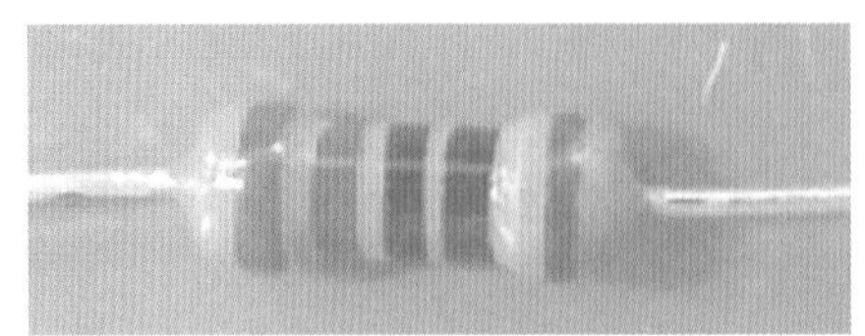

图 1－4－2 普通电阻

图 1－4－3 敏感电阻

(a)可变电阻器

(b)可变电位器

图 1－4－4 可调电阻

普通电阻是一种阻值固定的电阻器。普通电阻从材料上又分为碳膜电阻、金属膜电阻、金属氧化膜电阻、合成碳膜电阻、熔断电阻、玻璃釉电阻、水泥电阻；从封装形式上又分为直插式电阻(图 1－4－5)、贴片式电阻(图 1－4－6)、排电阻器等。

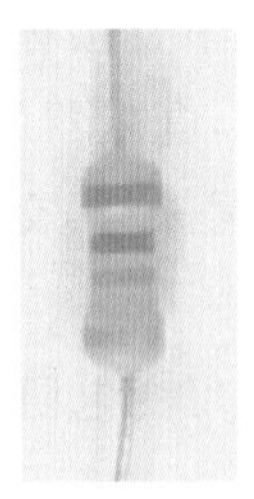

图 1－4－5 直插式电阻

图 1－4－6 贴片式电阻

(1)碳膜电阻

碳膜电阻(图 1－4－7)采用高温真空镀膜技术将碳紧密附在瓷棒表面形成碳膜，然后加适当接头切割，并在其表面涂上环氧树脂密封保护。其表面常涂以保护漆。碳膜电阻器的价格低廉，性能稳定，阻值与功率范围宽。碳膜电阻器的阻值范围为 1～10000 Ω，额定功率有 0.125 W、0.25 W、0.5 W、1 W、2 W、5 W、10 W 等。

(2)金属膜电阻

金属膜电阻(图 1-4-8)常通过以下方法制成:采用高温真空镀膜技术将镍铬或类似的合金紧密附在瓷棒表面形成皮膜,经过切割调试阻值,以达到最终要求的精密阻值,然后加适当接头切割,并在其表面涂上环氧树脂密封保护。金属膜电阻器提供广泛的阻值范围,有着阻值精密、公差范围小的特性,亦可应用于金属膜保险丝电阻器中。

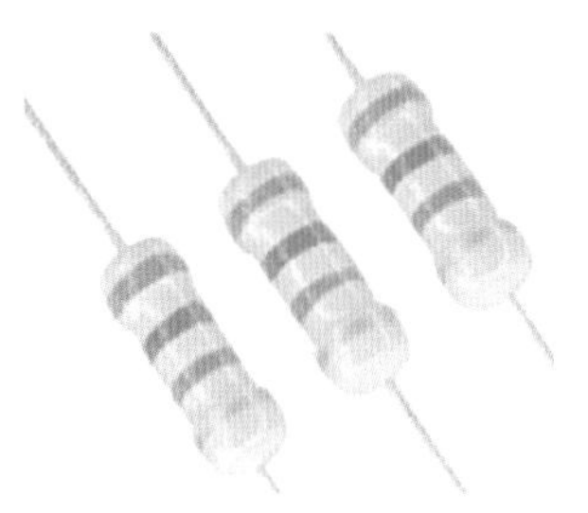

图 1-4-7 碳膜电阻

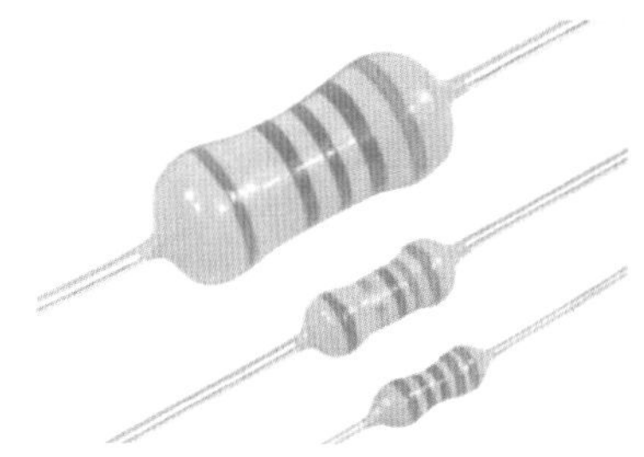

图 1-4-8 金属膜电阻

碳膜电阻和金属膜电阻从外观上看的区别:金属膜电阻有 5 个色环(1%),而碳膜电阻的色环数为 4 个(5%)。金属膜电阻为蓝色,碳膜电阻为土黄色或其他的颜色。

(3)金属氧化膜电阻

金属氧化膜电阻(图 1-4-9)是指以特种金属或合金作电阻材料,用真空蒸发或溅射的方法,在陶瓷或玻璃基本上形成氧化的电阻膜层的电阻。

(4)合成碳膜电阻

合成碳膜电阻(图 1-4-10)通常用有机黏合剂将碳墨、石墨和填充料配成悬浮液涂覆于绝缘基体上,经加热聚合而成。其电性能和稳定性较差,一般不适于做通用电阻器;阻值范围宽、价格低,但噪声大、频率特性不好,故多用于要求不高的电路中,如高阻电阻箱等。

图 1-4-9 金属氧化膜电阻

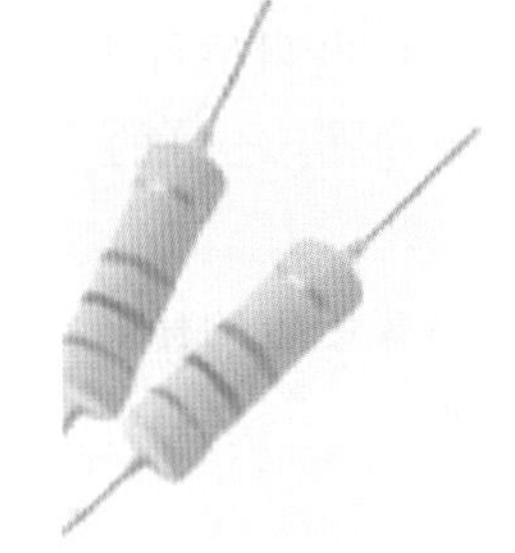

图 1-4-10 合成碳膜电阻

(5)熔断电阻

熔断电阻又名保险电阻。保险电阻兼具电阻与保险丝两者的功能(图 1-4-11),平时仅当作电阻器使用;一旦电流过大,就发挥其保险丝的作用来保护机器设备。

贴片保险电阻的颜色通常为绿色，表面标有白色的数字“000”或额定电流值。当电路负载发生短路故障、出现过流时，保险电阻的温度在很短的时间内会升高到500～600℃。这时电阻层便受热剥落而熔断，起到保险的作用，从而达到提高整机安全性的目的。

图1－4－11　熔断电阻

(6)玻璃釉电阻

玻璃釉电阻(图1－4－12)，又称为厚膜电阻，由贵金属银、钯、钌、铑等的金属氧化物(氧化钯、氧化钌等)和玻璃釉黏合剂混合成浆料，涂覆在绝缘骨架上，经高温烧结而成。此种电阻阻值范围宽、价廉、温度系数小、耐湿性好。

(7)水泥电阻

水泥电阻(图1－4－13)是指将电阻线绕在无碱性耐热瓷件上，外面加上耐热、耐湿及耐腐蚀的材料保护固定并把绕线电阻体放入方形瓷器框内，用特殊不燃性耐热水泥充填密封而成的电阻。水泥电阻通常用于功率大、电流大的场合。

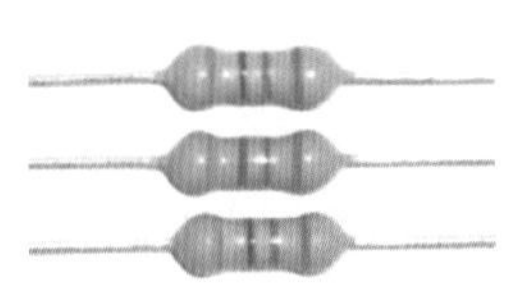

图1－4－12　玻璃釉电阻

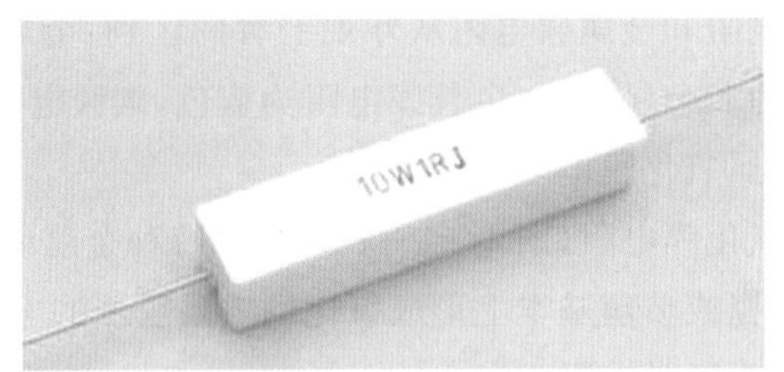


图1－4－13　水泥电阻

3. 电阻的标称及识别方法

(1)标称阻值

标称在电阻器上的电阻值称为标称阻值。电阻的基本单位是欧姆(Ω)，此外还有千欧(kΩ)、兆欧(MΩ)。它们之间的具体换算如下：1 kΩ＝1000 Ω；1 MΩ＝1000 kΩ＝1000000 Ω。

标称值是根据国家制定的标准系列标注的，不是生产者任意标定的，不是所有阻值的电阻器都存在标称阻值。

(2)允许误差

电阻器的实际阻值对于标称值的最大允许偏差范围称为允许误差，常见的误差范围有0.01％、0.05％、0.1％、0.5％、0.25％、1％、2％、5％等。

(3)额定功率

电阻的主要物理特征是变电能为热能，也可以说它是一个耗能元件，电流经过它就产生内能。

额定功率是指在规定的环境温度下，假设周围空气不流通，在长期连续工作而不损坏或基本不改变电阻器性能的情况下，电阻器上允许的消耗功率。电阻额定功率的单位是瓦特(W)。常见的有 1/16 W、1/8 W、1/4 W、1/2 W、1 W、2 W、5 W、10 W。

(4)阻值和误差的标注方法

① 直标法——将电阻器的主要参数和技术性数字或字母直接标注在电阻体上。

② 文字符号法——将文字、数字两者有规律地组合起来，表示电阻器的主要参数。

③ 色标法——用不同颜色的色环来表示电阻器的阻值及误差等级。普通电阻一般用四环表示，精密电阻用五环表示。四环电阻误差比五环电阻要大，一般用于普通电子产品上，而五环电阻一般都是金属氧化膜电阻，主要用于精密设备或仪器上。

确定第一环色环电阻的方法：因表示误差的色环有金色或银色，色环中的金色或银色环一定是第四环或第五环。

从阻值范围判断：因为一般电阻范围是 0～10 MΩ，如果我们读出的阻值超过这个范围，可能是第一环选错了。

从误差环的颜色判断：表示误差的色环颜色有银、金、灰、紫、蓝、绿、红、棕(表 1-4-1)，靠近电阻器端头的色环不是误差颜色，则可确定为第一环。

表 1-4-1 电阻色码系统

| 颜色 | 第一环 | 第二环 | 第三环 | 乘数 | 误差 |
|---|---|---|---|---|---|
| 棕 | 1 | 1 | 1 | $10^1$ | ±1% |
| 红 | 2 | 2 | 2 | $10^2$ | ±2% |
| 橙 | 3 | 3 | 3 | $10^3$ | |
| 黄 | 4 | 4 | 4 | $10^4$ | |
| 绿 | 5 | 5 | 5 | $10^5$ | ±0.5% |
| 蓝 | 6 | 6 | 6 | $10^6$ | ±0.25% |
| 紫 | 7 | 7 | 7 | $10^7$ | ±0.10% |
| 灰 | 8 | 8 | 8 | $10^8$ | ±0.05% |
| 白 | 9 | 9 | 9 | $10^9$ | |
| 黑 | 0 | 0 | 0 | $10^{10}$ | |
| 金 | | | | | ±5% |
| 银 | | | | | ±10% |
| 无 | | | | | ±20% |

4. 贴片电阻的封装

随着电子科技时代的发展，贴片电阻已成为电子元器件领域应用广泛的元器件之一。

贴片电阻的封装尺寸用4位整数表示。前面两位表示贴片电阻的长度，后面两位表示贴片电阻的宽度。

根据长度单位的不同有两种表示方法，即英制表示法和公制表示法。例如，0603是英制表示法，表示长度为0.06英寸(1.524 mm)，宽度为0.03英寸(0.762 mm)；又如，1005是公制表示法，表示长度为1.0 mm，宽度为0.5 mm。业内的惯例是用英制表示，目前最小的贴片电阻为0201，最大的为2512。

(二)电容

1. 概念

电荷在电场中会受力的作用而移动，导体之间有介质会阻碍电荷移动而使电荷累积在导体上，造成电荷的累积储存，储存的电荷量则称为电容。

电容(或称电容量)是表现电容器容纳电荷本领的物理量。

两个相互靠近的导体，中间夹一层不导电的绝缘介质，就构成了电容器(capacitor)，一般用字母C表示。电容器是储存电量和电能(电势能)的元件，主要用于电源滤波、信号滤波、信号耦合、谐振、滤波、补偿、充放电、储能、隔直流等电路中。电容符号如图1-4-14所示。

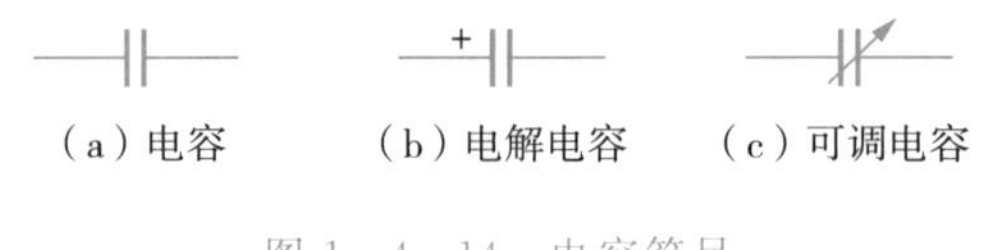


(a)电容　(b)电解电容　(c)可调电容

图1-4-14　电容符号

2. 分类

电容从原理上可以分为无极性可变电容、无极性固定电容、有极性电容等；从材料上可以分为CBB电容(聚乙烯)、瓷片电容、云母电容、铝电解电容、钽电容等。

(1)无极性电容

① CBB电容(聚乙烯)

CBB电容(图1-4-15)以金属化聚丙烯膜作为介质和电极，用阻燃胶带外包和环氧树脂密封，具有电性能优良、可靠性好、耐温度高、体积小、容量大等特点和良好的自愈性能。

② 瓷片电容

瓷片电容(图1-4-16)是指用陶瓷材料作为介质，在陶瓷表面涂覆一层金属薄膜，再经高温烧结后作为电极的电容器。通常用于高稳定振荡回路中，作为回路、旁路电容器及垫整电容器。

③ 云母电容

云母电容(图1-4-17)是指用金属箔或者在云母片上喷涂银层作为电极板，由极板和云母一层一层叠合后，再压铸在胶木粉或封固在环氧树脂中的电容器。它的特点是介质损耗小、绝缘电阻大、温度系数小，适宜用于高频电路。

图 1-4-15　CBB电容

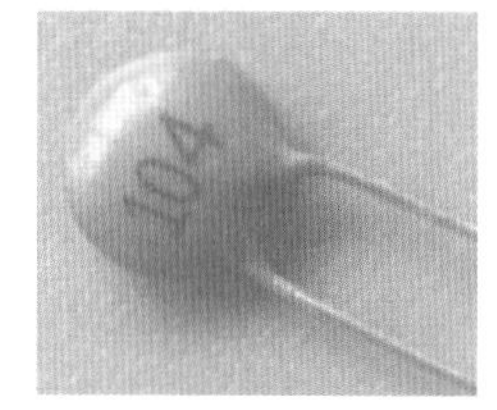

图 1-4-16　瓷片电容

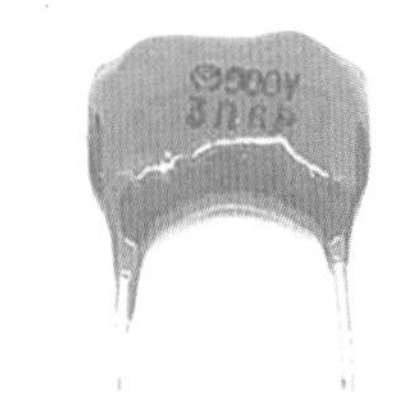
图 1-4-17　云母电容

(2)有极性电容

电解电容是电容的一种,金属箔为正极(铝或钽),与正极紧贴金属的氧化膜(氧化铝或五氧化二钽)是电介质,阴极由导电材料、电解质(电解质可以是液体或固体)和其他材料共同组成,因电解质是阴极的主要部分,电解电容因此而得名。电解电容正负不可接错。

① 铝电解电容

铝电解电容的电极由浸过电解质液(液态电解质)的薄纸、薄膜或电解质聚合物构成,如图 1-4-18 所示。

② 钽电容

钽电容全称是钽电解电容,以金属钽为介质,本身几乎没有电感,不像普通电解电容那样用电解液作为介质,如图 1-4-19 所示。

图 1-4-18　铝电解电容

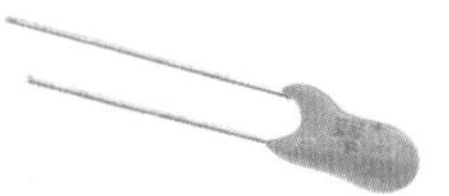
图 1-4-19　钽电容

3. 电容的标识

① 直标法:用字母和数字把型号、规格直接标在外壳上。

② 文字符号法:用数字、文字符号等有规律的组合来表示容量。文字符号表示其电容量的单位有皮法(pF)、纳法(nF)、微法(μF)、毫法(mF)、法拉(F)等,和电阻的表示方法相同。

③ 色标法:和电阻的表示方法相同,单位一般为 pF。

(三)电感

1. 概念

当电流通过线圈后,在线圈中形成磁场感应,感应磁场又会产生感应电流来抵制通过线圈中的电流。这种电流与线圈的相互作用关系称为电的感抗,也就是电感。它是描述由线圈电流变化,在本线圈中或在另一线圈中引起感应电动势效应的电路参数。

电感是自感和互感的总称。提供电感的器件称为电感器(inductor),又称扼流器、电抗器、动态电抗器。电感符号如图 1-4-20 表示。

图 1-4-20　电感符号

电感器是能够把电能转化为磁能而存储起来的元件，一般用字母 L 表示。结构类似于变压器，但只有一个绕组。

电感器具有一定的电感，它只阻碍电流的变化。如果电感器在没有电流通过的状态下，电路接通时它将试图阻碍电流流过它；如果电感器在有电流通过的状态下，电路断开时它将试图维持电流不变。

2. 分类

电感器一般由骨架、绕组、屏蔽罩、封装材料、磁心或铁芯等组成。电感器的种类很多，分类方式也有很多，常见的有下列几种。

(1)按绕线结构，可分为单层线圈(图 1－4－21)、多层线圈(图 1－4－22)、蜂房式线圈(图 1－4－23)等。

图 1－4－21
单层线圈

图 1－4－22
多层线圈

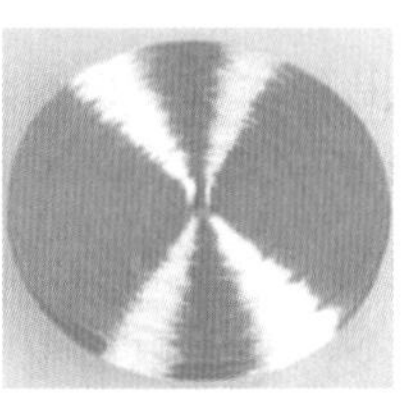

图 1－4－23
蜂房式线圈

(2)按封装形式，可分为普通电感器(图 1－4－24)、色码电感器(图 1－4－25)、环氧树脂电感器(图 1－4－26)、贴片电感器(图 1－4－27)等。

图 1－4－24
普通电感器

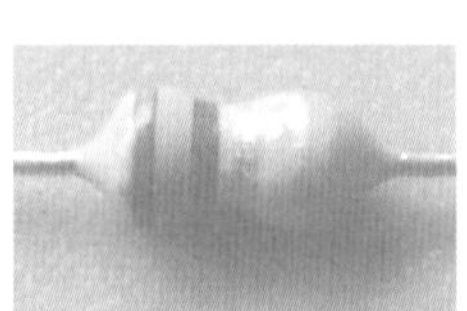

图 1－4－25
色码电感器

图 1－4－26
环氧树脂电感器

图 1－4－27
贴片电感器

(3)按照工作性质，可分为高频电感器(各种天线线圈，如图 1－4－28 所示的振荡线圈)和低频电感器(各种扼流圈，如图 1－4－29 所示的滤波线圈等)。

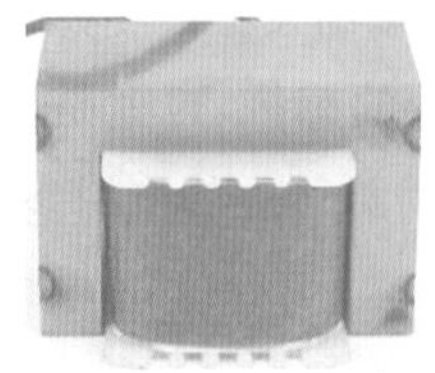

图 1－4－28　振荡线圈

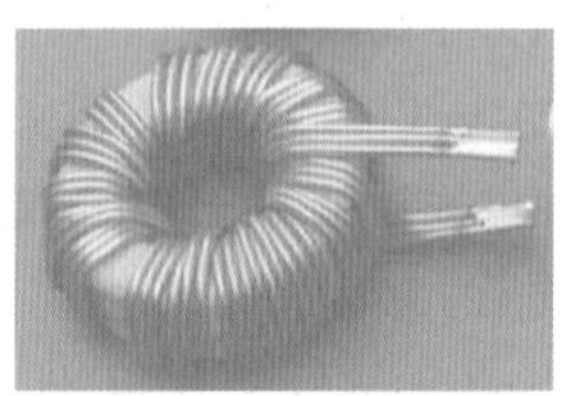

图 1－4－29　滤波线圈

### 3. 电感的参数

(1)电感的主要参数

电感的主要参数有电感量、允许偏差、品质因数、分布电容及额定电流等。

电感量也称自感系数,是表示电感器产生自感应能力的一个物理量。电感量的基本单位是亨利(简称亨),用字母“H”表示。常用的单位还有毫亨(mH)和微亨(μH)。

(2)电感值的大小

电感器电感量的大小,主要取决于线圈的圈数(匝数)、绕制方式、有无磁心及磁心的材料等。通常线圈圈数越多、绕制的线圈越密集,电感量就越大。有磁心的线圈比无磁心的线圈电感量大;磁心导磁率越大的线圈,电感量也越大。

如果需要计算电感的大小,有专门的计算公式,有兴趣的同学可以上网详细了解。

## 二、实训任务:电阻、电容实物识读

### (一)色码法读电阻

### 1. 五环电阻读数

五环电阻读数如图 1-4-30 所示。

五环电阻

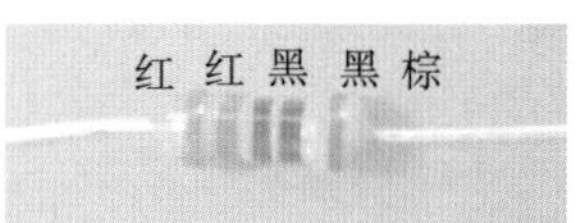


| 颜色 | 第一环 | 第二环 | 第三环 | 乘数 | 误差 |
|---|---|---|---|---|---|
| 棕 | 1 | 1 | 1 | $10^1$ | ±1% |
| 红 | 2 | 2 | 2 | $10^2$ | ±2% |
| 橙 | 3 | 3 | 3 | $10^3$ | |
| 黄 | 4 | 4 | 4 | $10^4$ | |
| 绿 | 5 | 5 | 5 | $10^5$ | ±0.5% |
| 蓝 | 6 | 6 | 6 | $10^6$ | ±0.25% |
| 紫 | 7 | 7 | 7 | $10^7$ | ±0.10% |
| 灰 | 8 | 8 | 8 | $10^8$ | ±0.05% |
| 白 | 9 | 9 | 9 | $10^9$ | |
| 黑 | 0 | 0 | 0 | $10^0$ | |
| 金 | | | | | ±5% |
| 银 | | | | | ±10% |
| 无 | | | | | ±20% |

2 2 0 $10^0$ ±1%

对应电阻值:220 Ω × $10^0$ ±1%=220 Ω ±1%

图 1-4-30 五环电阻读数

2. 四环电阻读数

四环电阻读数如图 1-4-31 所示。

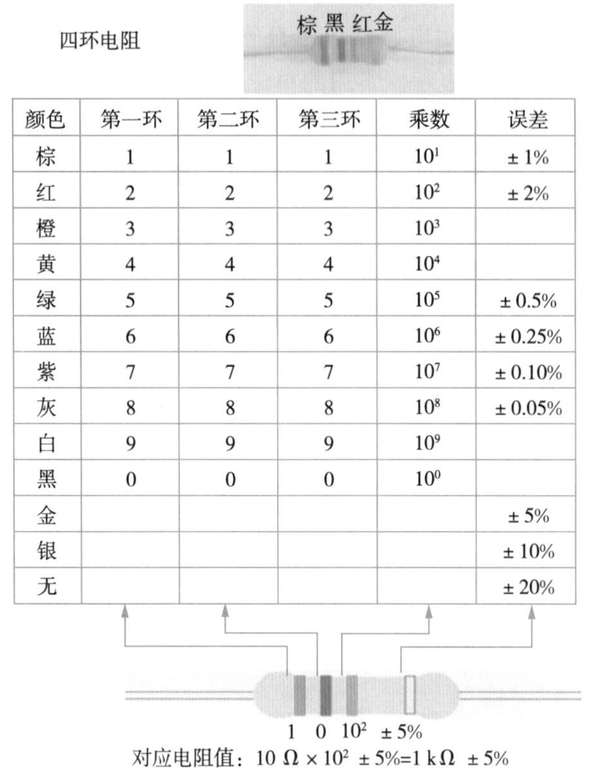


| 颜色 | 第一环 | 第二环 | 第三环 | 乘数 | 误差 |
|---|---|---|---|---|---|
| 棕 | 1 | 1 | 1 | $10^1$ | ±1% |
| 红 | 2 | 2 | 2 | $10^2$ | ±2% |
| 橙 | 3 | 3 | 3 | $10^3$ | |
| 黄 | 4 | 4 | 4 | $10^4$ | |
| 绿 | 5 | 5 | 5 | $10^5$ | ±0.5% |
| 蓝 | 6 | 6 | 6 | $10^6$ | ±0.25% |
| 紫 | 7 | 7 | 7 | $10^7$ | ±0.10% |
| 灰 | 8 | 8 | 8 | $10^8$ | ±0.05% |
| 白 | 9 | 9 | 9 | $10^9$ | |
| 黑 | 0 | 0 | 0 | $10^0$ | |
| 金 | | | | | ±5% |
| 银 | | | | | ±10% |
| 无 | | | | | ±20% |



图 1-4-31 四环电阻读数

(二)直标法读电容

可以从电容侧面直接读出电容的容值和耐压值：图 1-4-32中的电容，容值为 22μF，耐压值为 400V，正负极有两种判断方法：①封装侧面的白色涂层，表示此管脚为负极；②管脚未剪断时，引线长的为正极，引线短的为负极。

①负极标识
22 μF
400 V
②引线长短
−
+

图 1-4-32 电解电容读数及正负极辨别

(三)数码法读电阻、电容

用三位数字表示元件的标称值，如图 1-4-33 中的 103、332、104。从左至右，前两位表示有效数位，第三位表示 $10^n$($n$=0～8)。当 $n$=9 时为特例，表示 $10^{(-1)}$，0～10 Ω 带小数点电阻值表示为 XRX、RXX。“103”电阻阻值为 $10\times10^3$ Ω 即 10 kΩ；“332”电阻阻值为 $33\times10^2$ Ω 即 3.3 kΩ；“104”电容容值为 $10\times10^4$ pF 即 0.1 μF。

图 1-4-33　数码法读电阻、电容

## 实训任务五　绘制伏安特性曲线

(1)了解伏安特性曲线。

(2)学会设计实验的方法。

(3)绘制灯泡的伏安特性曲线。

### 工作任务

(1)绘制灯泡的伏安特性曲线。

(2)训练准备内容:学生电源、直流电压表、直流电流表、滑动变阻器、小灯泡、小灯座、单刀开关、导线若干。

### 任务实施

#### 一、伏安特性

伏安特性是指一种元件两端所加的电压与通过它的电流之间的关系。

对于理想电阻来说,它两端的电压 $U$ 与通过它的电流 $I$ 是成正比的,电阻的伏安特性曲线是一条直线。

伏安特性曲线图常用纵坐标表示电流 $I$、横坐标表示电压 $U$,以此画出的 $I-U$ 图像叫作导体的伏安特性曲线图。

#### 二、设计实验

(1)根据实验目的绘制对应的电路图。

(2)根据电路图,准备实验材料。

(3)绘制表格,为实验数据填写做准备。

(4)实验测量数据。

(5)分析数据。

## 三、实训任务:测量绘制伏安特性曲线

### (一)实验准备

学生电源、直流电压表、直流电流表、滑动变阻器、灯泡、灯座、单刀单掷开关、导线若干。

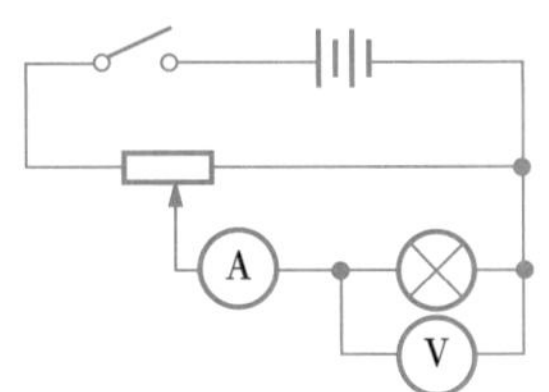


图 1-5-1 测试伏安特性曲线电路原理图

### (二)实验连接

通过实验描绘灯泡的伏安特性曲线,根据伏安特性曲线分析电流随电压变化的规律。按照图 1-5-1 所示电路原理连接电路,此处除采用分压外接法,另外还有分压内接法、限流外接法、限流内接法三种连接方式,请大家思考讨论这四种接法测试结果有什么不同。

### (三)实验过程

(1)滑动变阻器滑片应置于最小分压端,使灯泡上的电压为零。

(2)接通开关,移动滑片,使灯泡两端的电压由零开始增大,在表 1-5-1 中记录电压表和电流表的读数。

表 1-5-1 电压表和电流表的读数

| 电流/A | 0.00 | 0.09 | 0.14 | 0.18 | 0.23 | 0.26 | 0.29 | 0.31 | 0.34 | 0.38 | 0.41 | 0.43 | 0.45 |
|---|---|---|---|---|---|---|---|---|---|---|---|---|---|
| 电压/V | 0.00 | 0.44 | 0.76 | 1.03 | 1.29 | 1.43 | 1.57 | 1.75 | 1.96 | 2.17 | 2.37 | 2.53 | 2.96 |

(3)在坐标纸上,以电压 $U$ 为横坐标,电流强度 $I$ 为纵坐标,利用数据,作出灯泡的伏安特性曲线,如图 1-5-2 所示。

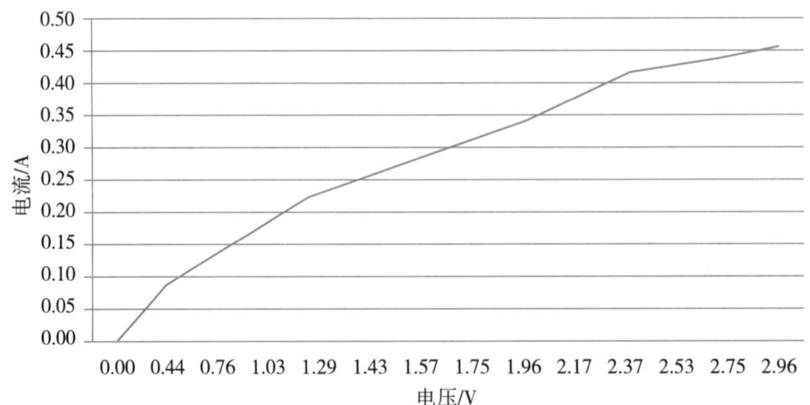

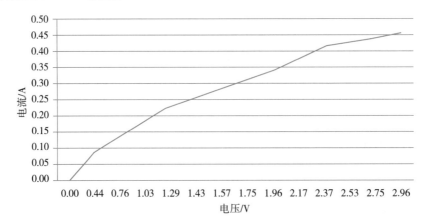

图 1-5-2 灯泡的伏安特性曲线

(4)由 $R=U/I$ 计算灯泡的电阻，将结果填入表 1－5－1 中。以电阻 $R$ 为纵坐标，电压 $U$ 为横坐标，作出灯泡的电阻随电压变化的曲线，如图 1－5－3 所示。

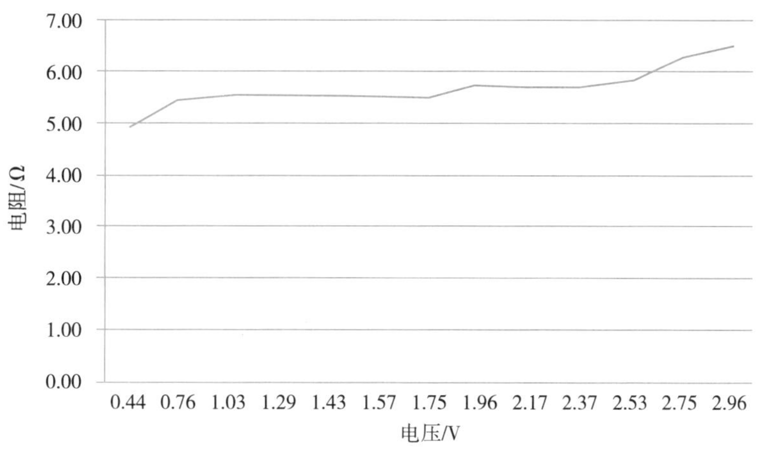


图 1－5－3　灯泡的电阻曲线

(四)实验原理

通过图 1－5－1 可以看出，灯泡与滑动变阻器滑动部分并联，由于电压并联在灯泡两端，电流表与灯泡串联，所以实验中灯泡的电阻等于灯泡两端的电压与通过灯泡电流的比值。改变灯泡两端的电压，测出相应的电流值，可以得到灯泡的电阻、电功率与外加电压的关系。

由于灯泡钨丝的电阻随温度而变化，因此可利用它的这种特性进行伏安特性研究。

从图 1－5－2 中可以看出，电压和电流成正比例关系，但由于灯泡的电阻随温度变化，因此曲线斜率为变化值。

需要注意的是：

(1)电压表、电流表测量时，应使指针在 1/3 至满偏的范围内。指针偏转过小容易引起误差。

(2)灯泡的电阻随温度的升高而增大，而灯泡在电压较低时，温度随电压的变化比较明显。因此在低电压(小于灯泡的额定电压)区域内，电压、电流数值应多取几组。

(3)在满足实验要求的前提下选用总阻值较小的变阻器，以满足调节方便。

(4)实验时要注意加在灯泡两端的电压不能过高，以免烧毁灯泡。

(五)实验结论

灯泡发光，是因为在灯丝两端加上了一定的电压，在灯丝中有电流通过，从而使灯丝温度升高而发光，所以灯丝的电阻与通过它的电流有关。随着灯泡点亮的时间加长，灯丝温度会上升，所以灯泡的电阻也会发生变化。

(六)实验思考

测量灯泡的伏安特性曲线实验中采用的是分压外接法，说一说这种接法有什么优点和缺点。除此之外，还有哪些接法？有什么差异？

思政拓展阅读

# 实训任务六　验证欧姆定律

(1)了解电路的三种状态。

(2)掌握部分电路欧姆定律。

(3)了解全电路欧姆定律。

(1)搭建简单电路,验证欧姆定律。

(2)训练准备内容:12 V 电源 1 块;电阻 20 Ω、100 Ω 2 个;电流表 1 块;开关 1 个。

## 一、电路状态

电路总共有三种情况:通路、断路、短路,如图 1-6-1 所示。

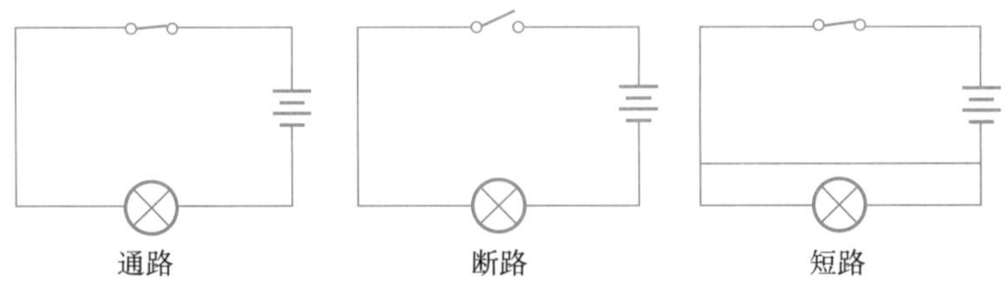


图 1-6-1　电路的状态

当电路断路时,$I=0$。

当电路中两点间的支路开路时,该两点间的电位差称为开路电压,可用电压表测量。断路通常又叫开路(但也有区别,断路是不知道的某个地方没有接通;开路是电路没有接通),是指因为电路中某一处因断开而使电阻无穷大,电流无法正常通过,导致电路中的电流为零。中断点两端电压为电源电压,一般对电路无损害。如有可能是导线断了,或用电器(如灯泡中的灯丝断了)与电路断开等。

检验方法:

(1)拿万用表来测,因为万用表里面有一项是测试两个端口是否导通。在实验时可以选择这一项,要是断了就不会响,要是通的就会有响声。

(2)断路之后灯泡两端的电压为电源电压,测到的电压也就是电源的电动势。因为断路是没有电流流通的回路,所以回路中的电流表示数为 0。

## 二、部分电路欧姆定律

在同一电路中，通过某一导体的电流与这段导体两端的电压成正比，与这段导体的电阻成反比，这就是欧姆定律。

欧姆定律的标准式为

$$I=U/R$$

欧姆定律的变形公式为

$$U=IR$$

$$R=U/I$$

式中：$I$——电流，单位是安培(A)；

$U$——电压，单位是伏特(V)；

$R$——电阻，单位是欧姆(Ω)。

部分电路的欧姆定律公式为

$$I=U/R$$

$$I=U/R=P/U$$

由欧姆定律的推导式 $U=IR$、$R=U/I$ 能得到：①电压即为电流与电阻之积；②电阻即为电压与电流的比值。所以，这些变形公式仅作为计算参考，并无具体实际意义。

部分电路的欧姆定律反映了部分电路中电压、电流和电阻的相互关系，它是分析和计算部分电路的主要依据。

## 三、全电路的欧姆定律

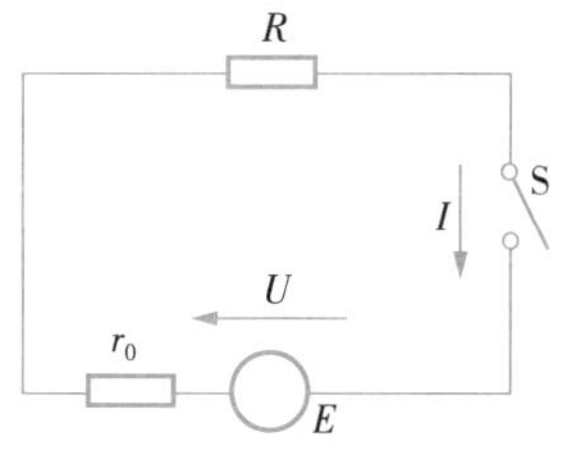

图 1－6－2 全电路图

图 1－6－2 为带有一个电动势的全电路图。

图中 $r_0$ 是电源的内阻；导线的电阻忽略不计时，负载电阻 $R$ 就是外电路的电阻；$E$ 表示电源的电动势；S 表示开关；$I$ 表示电流；$U$ 表示电源两端的电压。

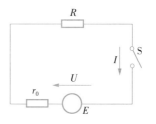

当开关 S 闭合接通时，电路中有电流流通，根据部分电路欧姆定律，在外电路负载电阻 $R$ 上的电压降等于 $I\times R$，而在内电路中电源内阻 $r_0$ 上的电压降为 $U_0=I\times r_0$。

所以，全电路欧姆定律的数学表达式为

$$E=U+U_0=I(R+r_0)$$

$$I=E/(R+r_0)$$

式中：$E$——电源电势，单位是伏特(V)；

$R$——外电路电阻；

$r_0$——电源内阻。

全电路欧姆定律的定义：在闭合回路中，电流的大小与电流的电动势成正比，而与整个电路的内外电阻之和成反比。

$IR=E-I\times r_0$，即 $U=E-I\times r_0$，该式表明电源两端的电压 $U$ 要随电流的增加而下降。因为电流越大，电源内阻压降 $U_0$ 也越大，所以电源两端输出的电压 $U$ 就越低。电源都有内阻，内阻越大，随着电流的变化，电源输出电压的变化也越大，当电源的内阻很小(相对负载电阻而言)时，内阻压降可以忽略不计，则可认为 $U=E-I\times r_0\approx E$，即电源的端电压近似等于电源的电动势。

### 四、实训任务：验证部分电路欧姆定律

(一)实验电路

按照图 1-6-3 接电路。开关闭合，读取电流表读数。

(二)理论分析

如图 1-6-4 所示电路，电源电压为 12 V，负载电阻为 20 Ω 时，理论电流值为

$$I=\frac{U}{R}=\frac{12}{20}=0.6(\mathrm{A})=600(\mathrm{mA})$$

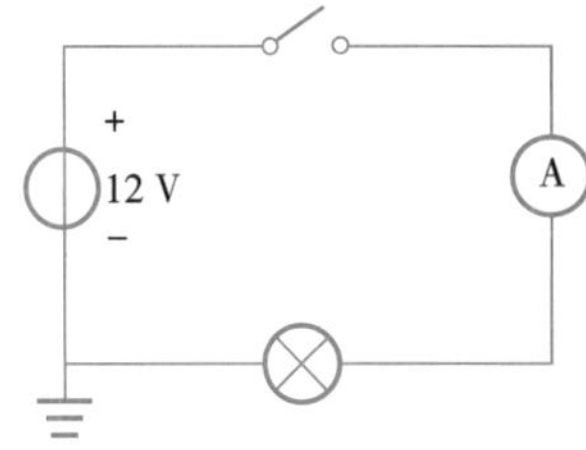


图 1-6-3　验证部分欧姆定律接线图

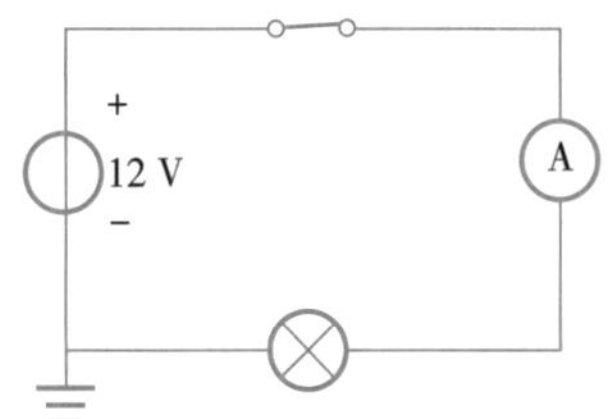


图 1-6-4　闭合开关进行读数

负载电阻为 100 Ω 时，理论电流值为

$$I=\frac{U}{R}=\frac{12}{100}=0.12(\mathrm{A})=120(\mathrm{mA})$$

## 实训任务七　串联和并联电路的连接

学习目标

(1)掌握电路连接的基本类型。

(2)掌握电阻串联、并联的特点。

(3)学会分析计算简单直流电路的等效电阻。

(1)搭建混联直流电路，分析各电阻上的电压和电流，并用万用表测量验证。

(2)训练准备内容：10 Ω、220 Ω、1 kΩ 电阻若干；电路实验板；万用表。

## 一、串联

串联电路：把元件逐个顺次连接起来组成的电路。例如：如图 1-7-1 所示，节日里的小彩灯，在该串联电路中，闭合开关时三只灯泡同时发光，断开开关时三只灯泡都熄灭，说明串联电路中的开关可以控制所有的用电器。

串联电路的主要特点：

所有串联元件中的电流是同一个电流，$I_{总}=L_1=L_2=L_3=\cdots=L_n$；

元件串联后的总电压是所有元件的端电压之和，$U_{总}=U_1+U_2+U_3+\cdots+U_n$。

### (一)电阻的串联

将两个以上的电阻，按一个接一个的顺序连接起来，称为电阻的串联。将串联电阻的两端接上电源，即组成了电阻串联电路，如图 1-7-2 所示。

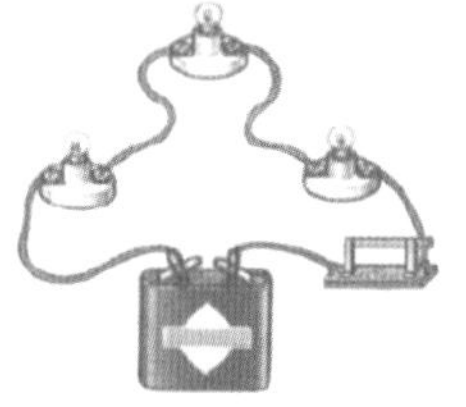

图 1-7-1　串联电路

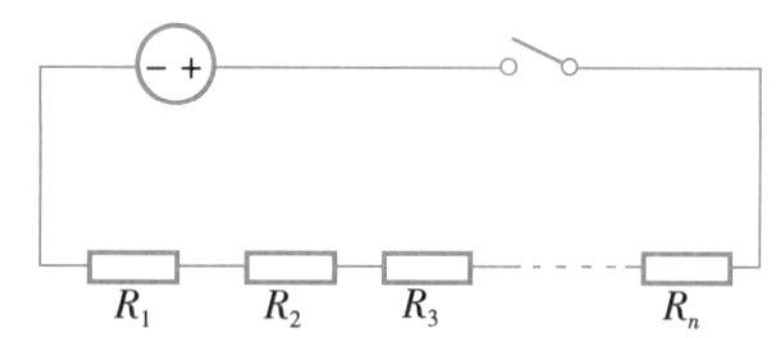


图 1-7-2　电阻串联电路

电阻串联后的等效电阻计算公式：$R=R_1+R_2+R_3+\cdots+R_n$。

### (二)电容的串联

将两个以上的电容，按一个接一个的顺序连接起来，称为电容的串联。将串联电容的两端接上电源，即组成了电容串联电路，如图 1-7-3 所示。

电容串联后的等效电容计算公式：$\frac{1}{C}=\frac{1}{C_1}+\frac{1}{C_2}+\frac{1}{C_3}+\cdots+\frac{1}{C_n}$

### (三)电感的串联

将两个以上的电感，按一个接一个的顺序连接起来，称为电感的串联。将串联电感的两端接上电源，即组成了电感串联电路，如图 1-7-4 所示。

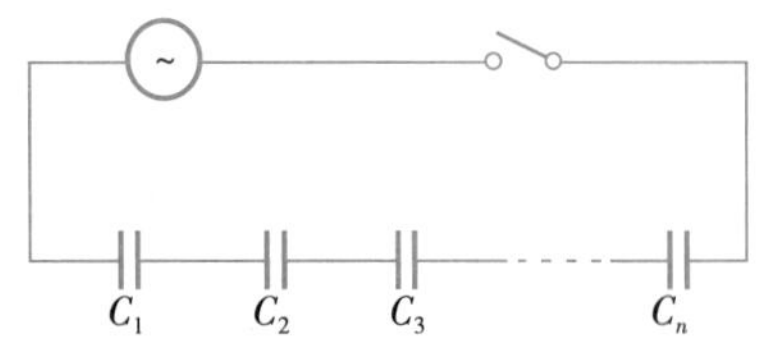


图 1-7-3 电容串联电路

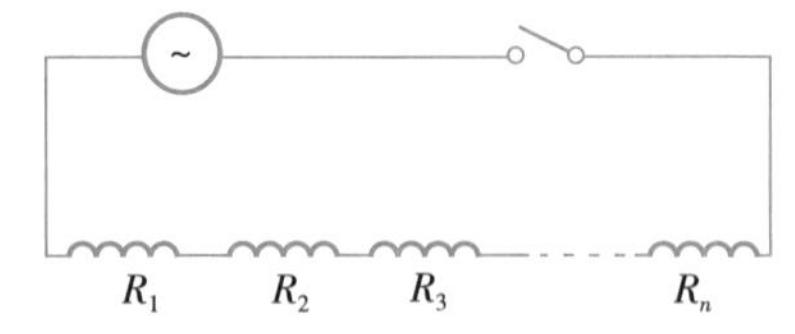


图 1-7-4 电感串联电路

电感串联后的等效电感计算公式：$L=L_1+L_2+L_3+\cdots+L_n$。

## 二、并联

并联电路：把元件并列地连接起来组成的电路。如图 1-7-5 所示，电池电流在经开关后分为两部分，分别流过两个灯泡支路中。例如：家庭中各种用电器的连接。

并联是元件之间的一种连接方式，其特点是将两个及以上同类或不同类的元件、器件等首首相接，同时尾尾亦相连的一种连接方式。

### (一)电阻的并联

将两个或两个以上的电阻的一端全部连接在一点，而另一端全部连接在另一点，这样的连接方式叫作电阻的并联。将并联电阻的两端接上电源，即组成了电阻并联电路，如图 1-7-6所示。

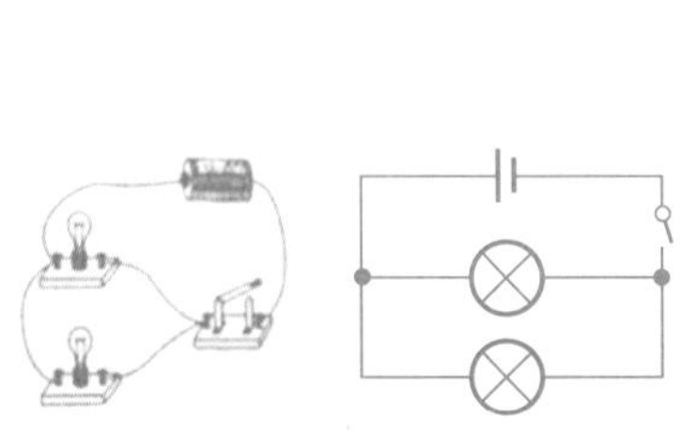

图 1-7-5 并联电路

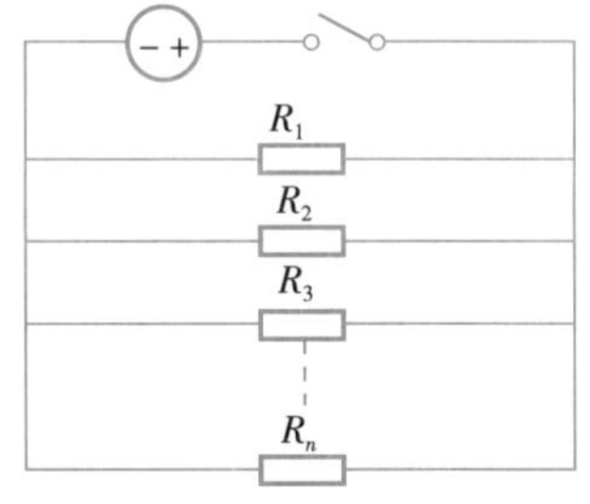


图 1-7-6 电阻并联电路

电阻并联后的等效电阻计算公式：$\frac{1}{R}=\frac{1}{R_1}+\frac{1}{R_2}+\frac{1}{R_3}+\cdots+\frac{1}{R_n}$。

### (二)电容的并联

将两个或两个以上的电容的一端全部连接在一点，而另一端全部连接在另一点，这样的连接方式叫作电容的并联。将并联电容的两端接上电源，即组成了电容并联电路，如图 1-7-7所示。

电容并联后的等效电容计算公式：$C=C_1+C_2+C_3+\cdots+C_n$。

### (三)电感的并联

将两个或两个以上的电感的一端全部连接在一点，而另一端全部连接在另一点，这样的连接方式叫作电感的并联。将并联电感的两端接上电源，即组成了电感并联电路，如图 1－7－8所示。

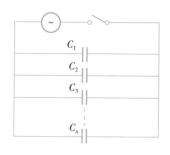

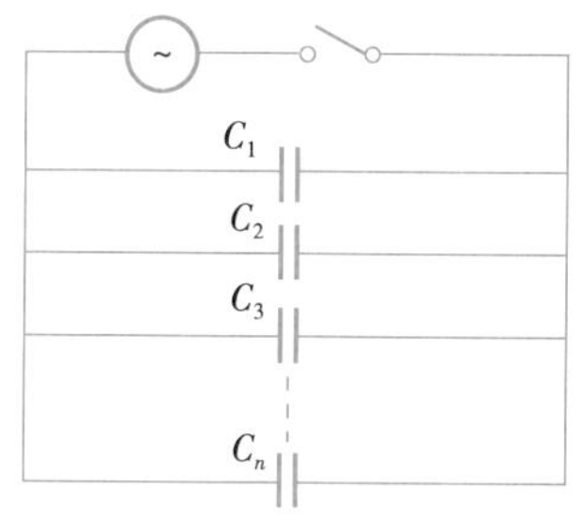

图 1－7－7　电容并联电路

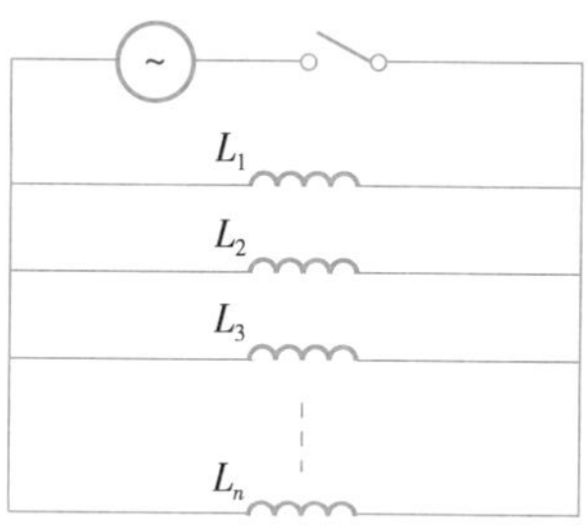

图 1－7－8　电感并联电路

电感并联后的等效电感计算公式：$\frac{1}{L}=\frac{1}{L_1}+\frac{1}{L_2}+\frac{1}{L_3}+\cdots+\frac{1}{L_n}$。

## 三、串并联的区别与判断

### （一）串联与并联的区别

在串联电路中，由于电流的路径只有一条，从电源正极流出的电流将依次逐个流过各个用电器，最后回到电源负极。因此在串联电路中，如果有一个用电器损坏或某一处断开，整个电路将变成断路，电路就会无电流，所有用电器都将停止工作，所以在串联电路中，各用电器互相牵连，要么全部工作，要么全部停止工作。

在并联电路中，从电源正极流出的电流在分支处要分为两路，每一路都有电流流过，因此即使某一支路断开，但另一支路仍会与干路构成通路。由此可见，在并联电路中，各个支路之间互不牵连。

串联分压，并联分流：在串联电路中，各电阻上的电流相等，各电阻两端的电压之和等于电路总电压。由此可知，每个电阻上的电压小于电路总电压，故串联电阻分压。在并联电路中，各电阻两端的电压相等，各电阻上的电流之和等于总电流（干路电流）。由此可知，每个电阻上的电流小于总电流（干路电流），故并联电阻分流。

电阻的串并联就好像水流，串联只有一条道路，电阻越大，流得越慢；并联的支路越多，电流越大。

### （二）如何判断电路中用电器之间是串联还是并联

串联和并联是电路连接两种最基本的形式，要判断电路中各元件之间是串联还是并联，就必须抓住它们的基本特征，具体方法如下。

#### 1. 用电器连接法

分析电路中用电器的连接方法，逐个顺次连接的是串联，并列在电路两点之间的是并联。

2. 电流流向法

当电流从电源正极流出，依次流过每个元件的是串联；当在某处分开流过两个支路，最后又合到一起，则表明该电路为并联。

3. 去除元件法

任意拿掉一个用电器，看其他用电器是否正常工作，如果所有用电器都被拿掉过，而且其他用电器都可以继续工作，那么这几个用电器的连接关系是并联；否则为串联。

## 四、实训任务

### (一)串联电阻测试

(1)材料准备：10 Ω 电阻 5 个。

(2)电路连接：如图 1-7-9(a)所示，将电阻串联焊接在实验板上。此等效电路如图 1-7-9(b)所示。

(3)电阻计算：$R=10\times5=50(\Omega)$。

(4)实验验证：如图 1-7-9(c)所示，用万用表测量 5 个 10 Ω 电阻串联后的阻值。

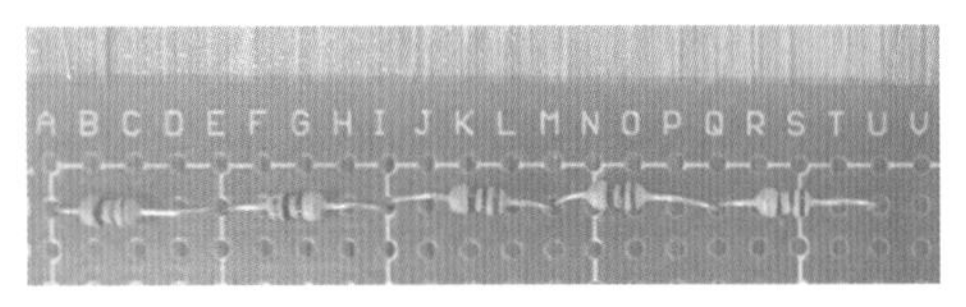


(a)电阻串联实验板

$R_1$ $R_2$ $R_3$ $R_4$ $R_5$

(b)等效电路图

(c)万用表测量电阻

图 1-7-9　串联电阻测试

(5)误差分析：此色环电阻第四环为金色，根据图 1-4-30 五环电阻读数及误差表可以看到，电阻误差为±5%，即电阻值为(10±0.5)Ω，5 个电阻串联，误差范围为 47.5～52.5 Ω，测试值为 50.9 Ω，在误差范围之内(误差范围计算方法为极限情况均取最小值和最大值情况进行计算)。

### (二)并联电阻测试

(1)材料准备：220 Ω 电阻 4 个。

(2)电路连接：如图 1-7-10(a)所示，将电阻并联焊接在实验板上。此等效电路如图 1-7-10(b)所示。

(3)电阻计算：

$$\frac{1}{R}=\frac{1}{R_1}+\frac{1}{R_2}+\frac{1}{R_3}+\frac{1}{R_4}=\frac{1}{220}\times4$$

$$R=\frac{220}{4}=55(\Omega)$$

(4)实验验证:如图 1-7-10(c)所示,用万用表测量 4 个 220 Ω 电阻并联后的阻值。

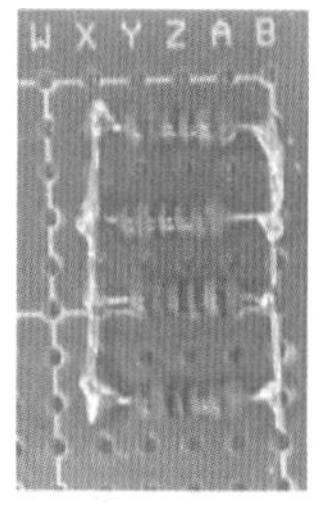

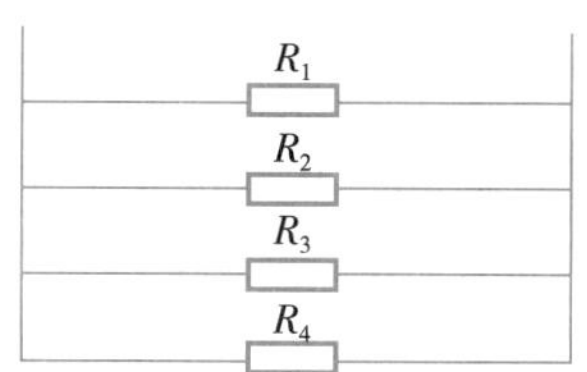

(a)电阻并联实验板　(b)等效电路图　(c)万用表测量电阻

图 1-7-10　并联电阻测试

(5)误差分析:此色环电阻第五环为棕色,根据图 1-4-30 五环电阻读数及误差表可以看到,电阻误差为±1%,即电阻值为(220±2.2)Ω,4 个电阻并联,误差范围为 54.5～55.6 Ω,测试值为 55.3 Ω,在误差范围之内。

(三)串并联电阻测试

(1)材料准备:1 kΩ 电阻 5 个。

(2)电路连接:如图 1-7-11(a)所示,将电阻串并联焊接在实验板上。此等效电路如图 1-7-11(b)所示。

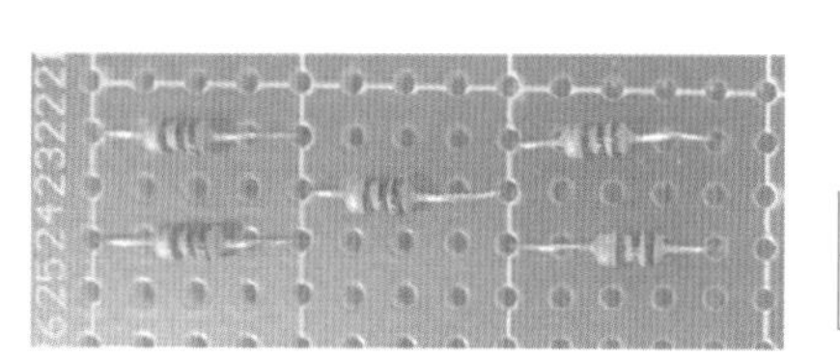

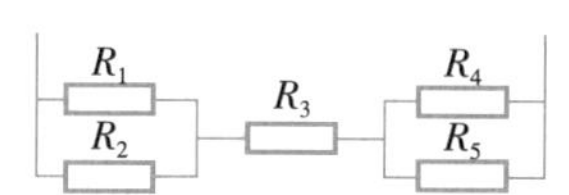

(a)电阻串并联实验板　(b)等效电路图　(c)万用表测量电阻

图 1-7-11　串并联电阻测试

(3)电阻计算:先计算 $R_1$ 与 $R_2$ 并联阻值 $R_a$,$R_4$ 与 $R_5$ 并联阻值 $R_b$,则有

$$\frac{1}{R_a}=\frac{1}{R_1}+\frac{1}{R_2}=\frac{1}{1000}\times 2$$

$$R_a=\frac{1000}{2}=500(\Omega)$$

$$\frac{1}{R_b}=\frac{1}{R_4}+\frac{1}{R_5}=\frac{1}{1000}\times 2$$

$$R_b=\frac{1000}{2}=500(\Omega)$$

最后计算 $R_a$、$R_3$ 与 $R_b$ 串联，则有

$$R=R_a+R_3+R_b=2000(\Omega)=2(\text{k}\Omega)$$

(4)实验验证：如图 1-7-11(c)所示，用万用表测量 5 个 1 kΩ 电阻串并联后的阻值。

(5)误差分析：此色环电阻第四环为金色，根据实训任务四种色环电阻读数及误差表可以看到，电阻误差为±5%，即电阻值为(1000±50)Ω，5 个电阻混联，误差范围为 1.9～2.1 kΩ，测试值为 1.951 kΩ，在误差范围之内。

思政拓展阅读

## 实训任务八　认识铭牌上的电功率

### 学习目标

(1)掌握电功率的概念和意义。

(2)了解电功和电功率的区别和联系。

(3)理解电气设备额定值的重要意义。

### 工作任务

(1)识别家用电器的功率和能耗。

(2)训练准备内容：生活中常见电器铭牌。

### 任务实施

#### 一、电功与电功率

电流在单位时间内做的功叫作电功率，它是用来表示消耗电能的快慢的物理量，用 $P$ 表示，单位是瓦特(Watt)，简称“瓦”，符号是 W。

电流将电能转换成其他形式能量的过程所做的功即为电功，用 $W$ 表示，计算电功的公式为

$$W=Pt=UIt=UQ$$

式中：$Q$——电荷；

这就是说，电流在某段电路上所做的功，等于这段电路两端的电压、电路中流过的电流和通电时间的乘积。

在相同时间内，电流通过不同用电器所做的功，一般并不相同。例如，在相同的时间内，电流通过电动机车的电动机所做的功，要显著地大于通过电扇的电动机所做的功。为了表示电流做功的快慢，物理学中引入了电功率的概念。

## 二、电功率的单位

在上式中，电压 $U$ 的单位用伏特，电流 $I$ 的单位用安培，这样，电功率 $P$ 的单位就是瓦特。电功率的单位还有千瓦，符号是 kW。

$$1\ \text{kW}=1000\ \text{W} \qquad 1\ \text{W}=1000\ \text{mW}$$

在实际工作中，提到用电量，经常会听到“度”这个单位，把公式 $P=W/t$ 变形后可得 $W=Pt$，由此可以定义“千瓦时”，电流在 1 h 内所做的功，就是 1 kW·h，就俗称“度”。

$$1\ \text{度}=1\ \text{kW}\cdot\text{h}=1000\ \text{W}\times 3600\ \text{s}=3.6\times 10^{6}\ \text{J}$$

## 三、实训任务：认识生活中的电功率参数

为了安全可靠地工作，任何一个电气设备都必须有一定的电流、电压和功率的限制和规定值。这种规定值就称为额定值。如一个白炽灯泡额定值为 220 V、40 W，表示该灯泡应在 220 V 电压下使用，消耗电功率为 40 W，则发光正常，保证使用寿命；若超过规定值使用，灯丝温度过高，寿命会大大缩短，严重时立即熔断；而低于规定值使用，则经济性达不到要求。因此额定值的提出，有它的实际意义。如图 1－8－1 所示的空调参数，标注了空调机的额定电压、额定频率、输入功率等。

分体热泵型落地式房间空调器

KFR-72LW/E1(72d3L1)A-SN5

| 制冷量 | 7200W |
|---|---|
| 制热量 | 8400(10500)W |
| 额定电压 | 220V~ |
| 额定频率 | 50Hz |
| 制冷/制热 额定功率 | 2780/2700(4800)W |
| 电加热管额定功率 | 2100 W |
| 最大输入功率 | 3600(5700)W |
| 制冷剂名称及注入量 | （见室外机铭牌） |
| 噪声（室内/室外） | 46/56 dB(A) |
| 循环风量 | 1100m³/h |
| 防触电保护类别 | I |
| 质量（室内/室外） | 43kg/（见室外机铭牌） |
| 排气侧最高工作压力 | 2.5 MPa |
| 吸气侧最高工作压力 | 0.6 MPa |
| 热交换器的最大工作压力 | 4.0 MPa |
| 储罐允许工作过压 | 0.9 MPa |

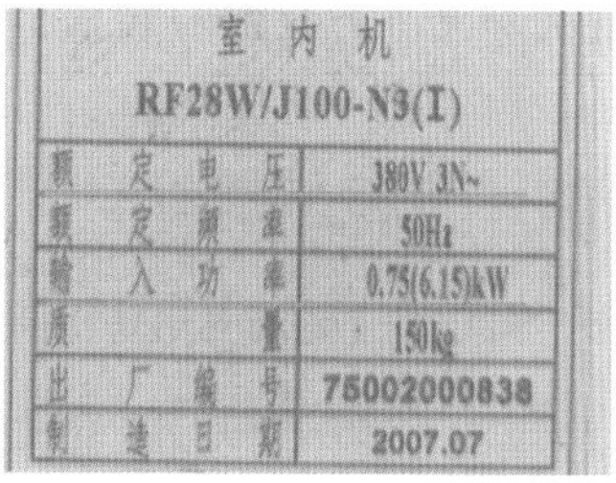

室内机

RF28W/J100-N3(I)

| 额定电压 | 380V 3N~ |
|---|---|
| 额定频率 | 50Hz |
| 输入功率 | 0.75(6.15)kW |
| 质量 | 150kg |
| 出厂编号 | 75002000838 |
| 制造日期 | 2007.07 |

图 1－8－1　空调参数

电机、汽轮机、水轮机等设备在一定条件下正常运行时对电压、电流、功率等所规定的数值是反映产品重要技术性能的数据，是生产、设计、制造和使用产品时的技术依据，是满足正常、连续工作条件下的最大值。超过额定值，就可能损坏器件或无法保证正常、连续工作。额定值是设备在一定条件下正常运行时对电压、电流、功率等所规定的数值，这个值是保证设备能长期运行可实现利用最大化的值。如图 1－8－2 所示为单相异步电动机铭牌参数；如图 1－8－3 所示为砂轮机铭牌参数。

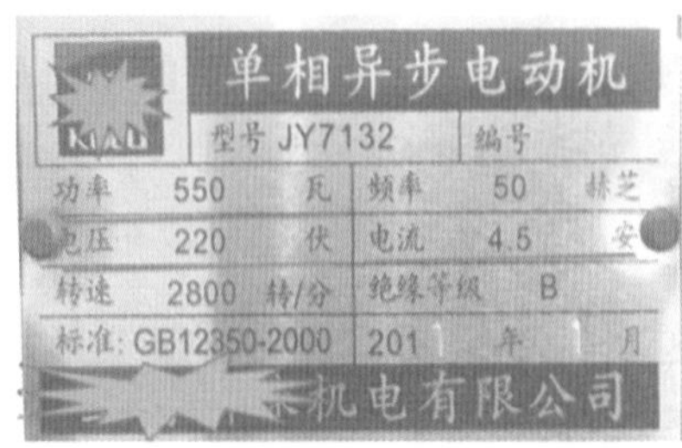


图 1－8－2　单相异步电动机铭牌参数

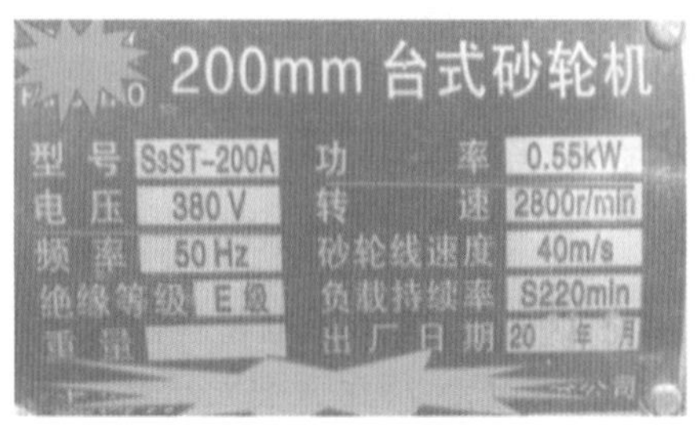


图 1－8－3　砂轮机铭牌参数

电气设备的额定值是制造厂家全面考虑安全、经济、寿命，为电气设备规定的正常运行参数，实际的负载或电阻元件所消耗的功率都不能超过这个规定的数值，否则就会因为过热而受到损坏或缩短寿命。图 1－8－4 是一款不锈钢全自动电热开水器的主要参数。

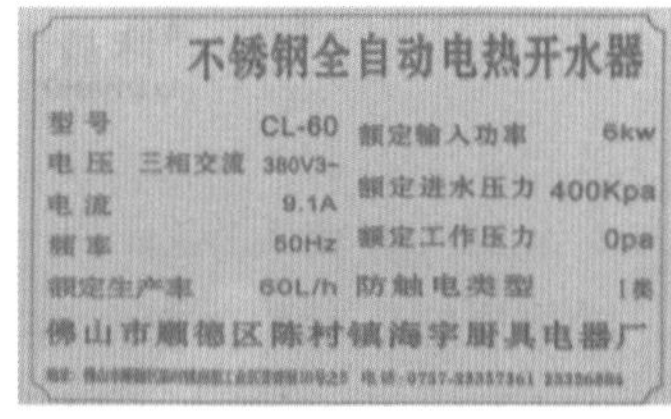


图 1－8－4　一款不锈钢全自动电热开水器的主要参数

# 实训任务九　区分直流电和交流电

## 学习目标

(1)了解直流电、交流电的含义。

(2)理解直流和交流的区别和联系。

## 工作任务

电力有两种形式——交流电(AC)和直流电(DC)。两者对于启用电子设备的功能都是必不可少的。

可以直观理解墙壁上的电就是交流电，而电池中的电便是直流电。使用直流电的不只是电池供电的设备，几乎所有的电子设备都使用整流器将墙上的交流电转换成直流电。因为交流电传输方便，而且损耗小，而直流电的恒常性对于电子设备的运行是至关重要的，这些设备需要在稳定的状态下来运行。

本任务就让我们来了解一下什么是直流电和交流电。

## 一、直流电

直流电(DC)顾名思义是“直”的，是一种线性电流——它沿直线移动，不管任何时间，直流电的大小都是稳定不变的。

直流电源就是能输出直流电的电源，其有直流稳压电源和直流恒流电源两种。直流电源输出的电源或者电流不随时间的变化而变化。如图 1-9-1 所示为直流电源图。

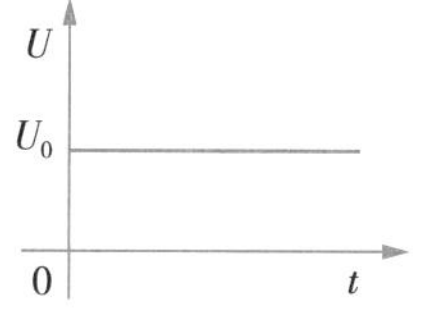


图 1-9-1　直流电源图

直流电有多种来源，包括电池、太阳能电池、燃料电池和一些改进的交流发电机。通过使用将交流电转换为直流电的整流器，也可以从交流电“制造”直流电。

因为直流电不会改变、比较稳定，电子设备也都需要具备稳定的特性，所以一般电子设备都使用直流电。

## 二、交流电

交流电(AC)和直流电是完全相反的，交流电会随着时间的变化而进行周期性的调整和变化。交流电电源是从电源插座输出的标准电力，其被定义为呈现周期性方向变化的电荷流。图 1-9-2 所示为交流电源图。

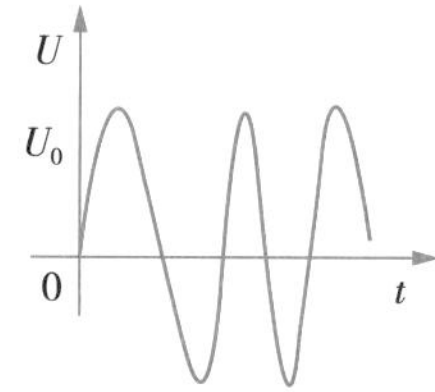


图 1-9-2　交流电源图

交流发电机通过在磁场内旋转线环来产生交流电。当电线从磁场的一个极旋转到另一个极时，电流会改变方向。

电缆的长度通常会使得电阻增大，产生能量损耗。为了减少损耗，长期进行电能输运都会选用交流输电模式。交流电可以利用变压器改变电压，在长途运送时将低压变为十几万伏特的高压运送，减少因电阻而发生的损失。

## 三、直流电和交流电的区别

目前交流电主导着电力市场。所有电源插座都以交流电的形式向建筑物供电，这是因为直流电不能像交流电那样从发电厂到建筑物长距离运输。由于发电机的转动方式，产生交流电也比产生直流电容易得多，而且该系统总体上运行起来更便宜——使用交流电，电力可以通过数公里长的电线和塔架轻松地通过国家电网输送。

直流设备需要将电力存储在电池中以备将来使用。智能手机、笔记本电脑、便携式发电机、手电筒……你能想到的，任何电池供电的东西都依赖于直流电。当电池从主电源充电时，交流电通过整流器转换为直流电并存储在电池中。

直流电和交流电的区别在于以下几个方面。

(1)电流大小不同：直流电电流的大小是固定的，不会产生变化；而交流电电流的大小是呈周期变化的。

(2)电流方向不同：直流电的方向是固定的，且从正向负；交流电的方向不是固定的，会随着周期的变化而变化。

(3)电流特性不同：直流电没有过零性，无法制造断路器；交流电中是存在零点的，电压波会产生正弦波或余弦波，因而可用对应灭弧设备进行电路分合。

(4)电流用途不同：直流电常用在电子仪器、电力拖动上；交流电一般是使用在断路器、空开、电力电路传输上。

(5)交流电没有正负极，直流电有正负极，且正负极不能互换。

(6)储存特性不同：直流电可以被储存，比如各种蓄电池，移动性较强；交流电不能被储存，只能根据用电情况进行随时发电。

(7)直流输电时，其两侧交流系统不需同步运行，而交流输电必须同步运行。交流远距离输电时，电流的相位在交流输电系统的两端会产生显著的相位差。直流输电发生故障的损失比交流输电小。

## 四、实训任务：识别交流电与直流电线路

### (一)用示波器测量

一般直流电是一段直线(图 1－9－3)，交流电是一段波浪线(图 1－9－4)。

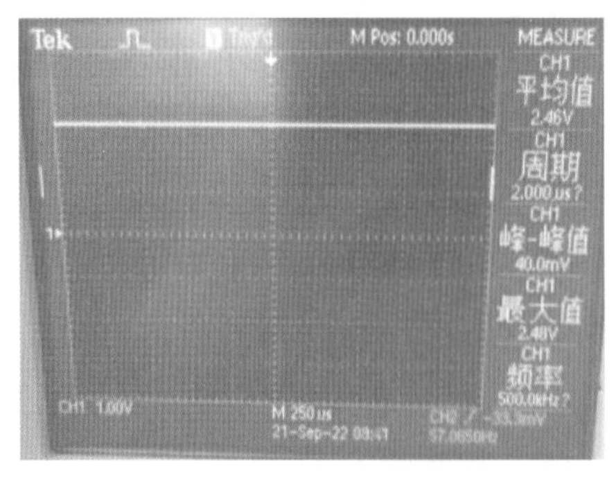


图 1－9－3　直流电波形

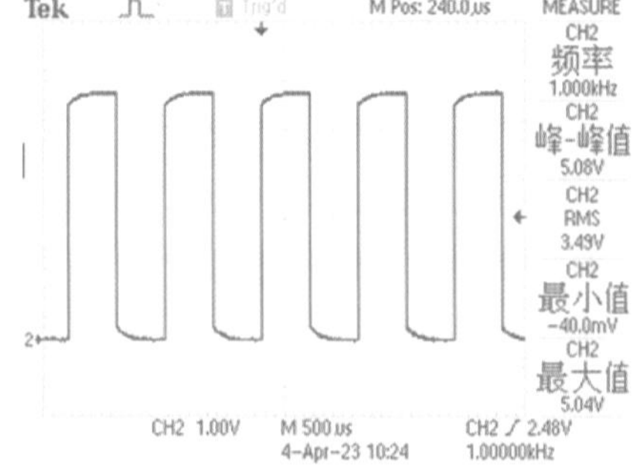


图 1－9－4　交流电(方波)波形

### (二)根据导线根数判断

通常交流电的导线有 3 相，导线是 3 的倍数都是交流电线路，如 3 根线、6 根线、12 根线

等。而直流电的导线基本为2的倍数。可以根据导线是2的倍数还是3的倍数来区别是直流电还是交流电。

（三）验电笔测量

用验电笔进行测量，如果电笔亮的话是交流电，不亮的话是直流电，因为一般直流电的电压比较小。验电器是检验线路和设备是否带电的工具，其又可分为高压验电器和低压验电器。低压验电器即俗称的“电笔”，当使用电笔测试带电体时，电流经带电体、电笔、人体到大地形成通电回路，只要带电体与大地之间的电位差超过60 V，电笔中的氖管就会发光，其测量电压为60～500 V，如图1-9-5所示。

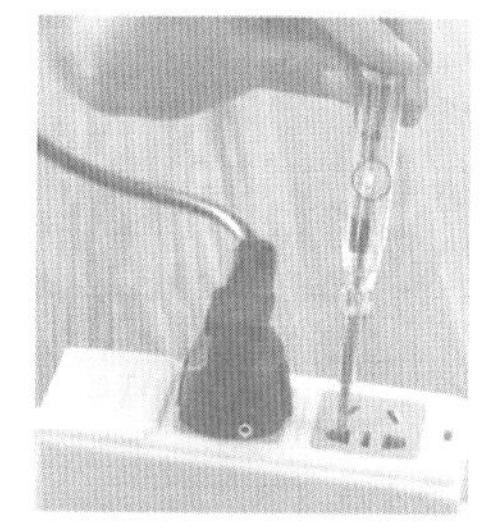

图1-9-5　验电笔测交流电

思政拓展阅读

# 实训任务十　示波器测量正弦交流参数

学习目标

（1）了解交流电的三要素。

（2）了解三种纯电阻电路、纯电感电路、纯电容电路的概念。

（3）掌握纯电阻电路中电压与电流、功率的关系。

工作任务

（1）示波器测量正弦波。

（2）了解正弦波参数的含义。

任务实施

## 一、交流电路的三要素

电源的电动势随时间做周期性变化，使得电路中的电压、电流也随时间做周期性变化，这种电路叫作交流电路。如果电路中的电动势电压、电流随时间做简谐变化，该电路就叫作简谐交流电路或正弦交流电路，简称正弦电路。

在电力系统中，交流电是由交流发电机产生的。交流发电机由静止部分(定子)和转动部分(转子)组成。静止部分称作定子，由硅钢片和线圈组成，用以产生均匀的磁场。转动部分称作转子，由线圈和滑环组成。转子上的线圈在均匀磁场中转动产生的感应电动势，通过滑环与负载连接形成电流。

在信号系统中，交流电是由振荡电路产生的。

正弦交流电在生活中有着广泛的应用，如照明、通信、各种电器等，我们的日常生活离不开正弦交流电。正弦交流电的三要素：幅值、角频率、初相位。正弦交流电的表达式为

$$\mu=U_m\sin(\omega t+\varphi)$$

图 1-10-1 为正弦交流电波形图。

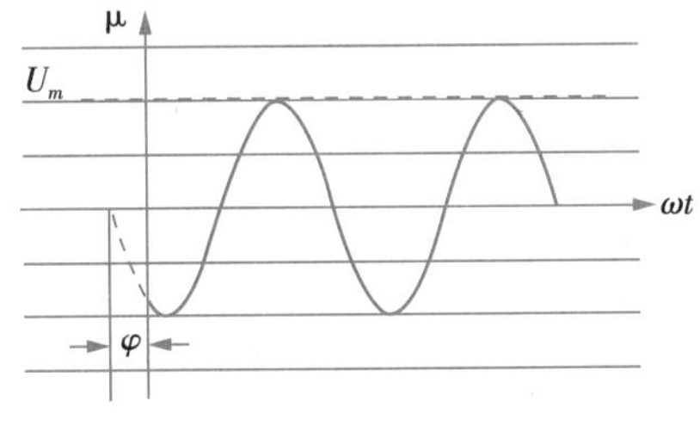

图 1-10-1　正弦交流电波形图

(一)幅值

幅值也称作最大值、振幅或峰值，幅值是在一个周期内，交流电瞬时出现的最大绝对值。

正弦交流表达式中的$U_m$为电压幅值(最大值)。

因为交流电压的大小是随时间变化的，所以在研究交流电时，通常用有效值表示。

有效值规定：将交流电和直流电加在同样阻值的电阻上，如果在相同时间产生的热量相等，就把这一直流电的大小叫作相应交流电的有效值，交流电压的有效值用$U$表示。理论计算表明，交流电压的有效值和最大值之间的关系为$U=\frac{1}{\sqrt{2}}U_m$。

(二)角频率

角频率又称圆频率，表示单位时间内变化的相角弧度值。角频率是描述物体振动快慢的物理量，与振动系统的固有属性有关。物体本身性质决定的、与振幅无关的频率叫作固有频率。角频率在力学、光学、交变电路中都有着较为广泛的应用。角频率数值上等于谐振动系统中旋转矢量转动的角速度。

正弦交流表达式中的$\omega$为角频率，单位为弧度/秒(rad/s)。

角频率还和两个经常用的物理量有关，即周期和频率。交流电每重复变化一个循环所需要的时间为一个周期，用$T$表示，单位是秒(s)。单位时间内正弦交流电重复变化循环的次数称为频率，用$f$表示，单位是赫兹(Hz)。

频率和周期的关系：$f=\frac{1}{T}$。角频率与周期、频率的关系：$\omega=\frac{2\pi}{T}=2\pi f$。

(三)初相位

初相位是指正弦量在$t=0$时的相位，也称为初相角或初相。初相反映了交流电交变的

起点，与时间起点的选择有关。初相可以是正角，也可以是负角。若 $t=0$ 时正弦量的瞬时值为正值，则其初相为正角；若 $t=0$ 时正弦量的瞬时值为负值，则其初相为负角。

正弦交流表达式中的 $|\varphi|$ 为初相角，习惯上取 $|\varphi|\leqslant\pi$。

## 二、交流电的三种电路

### (一)纯电阻电路

电路所消耗的电能全部转化为内能，这样的电路叫作纯电阻电路。如电炉、电烙铁、白炽灯等所组成的电路，都可看作纯电阻电路。在这种电路中，部分电路欧姆定律可以完全适用：

$$P=UI=I^2R=\frac{U^2}{R}$$

功率式中的 $I$、$U$ 均为有效值，而且纯电阻电路对电流和电压的相位没有影响。

### (二)纯电感电路

由不计电阻的电感线圈组成的电路叫作纯电感电路。电感线圈对交流电的阻碍作用叫作感抗，以字母 $X_L$ 表示。实验表明感抗的大小与线圈自感系数和交流电的频率成正比，即

$$X_L=\omega L=2\pi f L$$

$X_L$ 的单位是欧(Ω)，同一电感与交流电的频率成正比，这就是电感线圈的“通直阻交，通低频阻高频”作用，电感线圈对交流电的阻碍作用并不消耗电能，即没有焦耳热产生。因为线圈两端加上电压后，线圈中电流不能立即达到最大，故纯电感电路电流位相落后于中压位相，理论与实验可证明此差值为 $\pi/2$。若电压为 $\mu=U_m\sin\omega t$，则电流为 $i=I_m\sin(\omega t-\frac{\pi}{2})$。

### (三)纯电容电路

由不计电阻的电容器组成的交流电路叫作纯电容电路。电容器对交流电的阻碍作用叫作容抗，常用 $X_C$ 表示。实验表明容抗的大小与电容器及交流电的频率成反比，即

$$X_C=\frac{1}{\omega C}=\frac{1}{2\pi fC}$$

$X_C$ 的单位也是欧(Ω)，同一电容器对交流电的频率成反比，这就是电容器的“通交隔直、通高频阻低频”作用。电容对交流电的阻碍作用不消耗电能，也没有焦耳热。因为电容器支路通入电流后，电容器充电需要一定的时间，所以纯电容电路中的电流位相超前电压位相，理论和实验也可证明这个差值为 $\pi/2$。若电压为 $\mu=U_m\sin\omega t$，则电流为 $i=I_m\sin(\omega t+\frac{\pi}{2})$。

## 三、纯电阻电路中的电压、电流和功率

### (一)电流与电压关系

在纯电阻电路中，当外电压已确定时，影响电流大小的主要因素是电阻。实验证明，在

任一瞬间通过电阻的电流 $i$ 仍然符合欧姆定律，即

$$i=\frac{\mu}{R}=\frac{U_m\sin\omega t}{R}$$

在正弦交流电的作用下，白炽灯中通过的电流是一个和电压同频率的正弦交流电流，且和电压同相位。

通过电阻的最大电流为 $I_m=\frac{U_m}{R}$，通过电阻的有效电流为 $I=\frac{U}{R}$。

(二)功率

在任一瞬间，电阻中电流的瞬时值与同一瞬间电阻两端电压的瞬时值的乘积称为电阻获得的瞬时功率，用 $p_R$ 表示

$$p_R=\mu i=U_m\sin\omega t\times\frac{U_m\sin\omega t}{R}=\frac{U^2{}_m}{R}\sin2\omega t$$

$p_R$ 在任一瞬间的数值都大于或等于零，这说明电阻总是要消耗功率的，因此电阻是一种耗能元件。

由于瞬时功率时刻变动，不便计算，因此一般用电阻在交流电一个周期内消耗的功率平均值来表示功率的大小。这样的功率叫作平均功率或有功功率，用 $P$ 表示，单位为瓦特(W)，简称瓦，其计算公式为

$$P=UI=I^2R=\frac{U^2}{R}=\frac{U^2{}_m}{2R}$$

## 四、实训任务

### (一)认识数字示波器

#### 1. 数字示波器工作原理

数字示波器全称数字存储示波器(digital storage oscilloscope)，如图 1－10－2 所示。

数字示波器的工作原理：

(1)示波器前端 ADC(模数转换器)对被测信号进行快速采样，速度通常可达到每秒几百兆到几吉次；

(2)示波器前端采样的数据暂时保存在内部的存储器中；

(3)示波器的显示部件是液晶屏，液晶屏的刷新速率一般是几十到一百多赫兹；显示刷新时在存储器中读取数据，这样可以解决前端采样和后端显示之间的速度差异。

#### 2. 数字示波器的使用

(1)首先用示波器探头(图 1－10－3)把示波器和被测系统相连。示波器一般都会有 2 个或 4 个通道，标有 1～4 的数字，它们的地位是等同的，可以随便选择，把探头插到或挂到

其中一个通道上，探头另一头的小夹子连接被测系统的参考地。

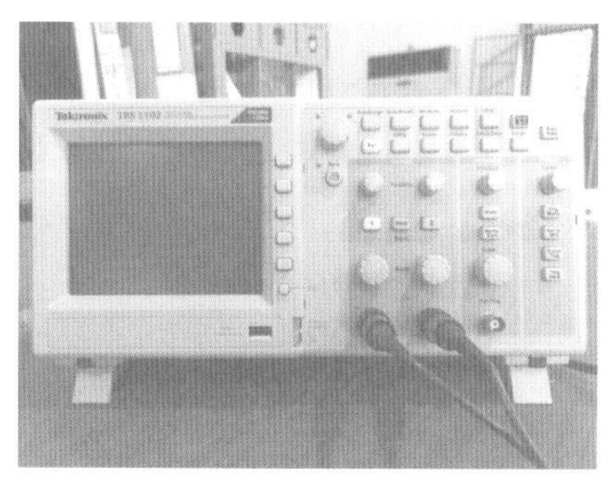

图 1-10-2　数字示波器

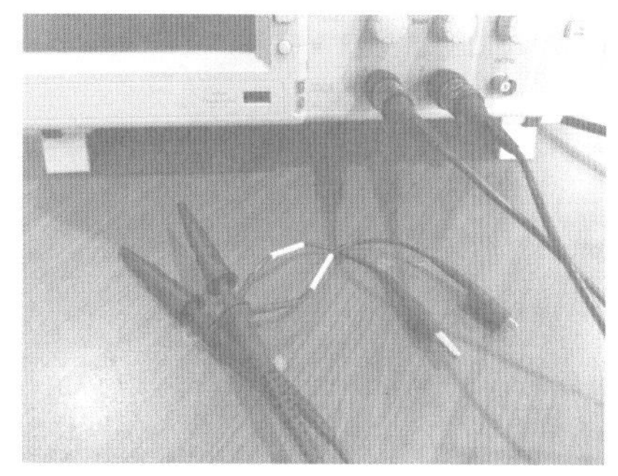

图 1-10-3　示波器探头

(2)通过调整示波器面板，如图 1-10-4 所示上的按钮，使被测波形以合适的大小显示在屏幕上。按照信号的两大要素——幅值和周期(即频率的倒数，两者是等同的)来调整示波器的旋钮。

一般通道数字(1～4)的上方的旋钮是调整该通道的幅值的(在 Vertical 框内)，即波形垂直方向大小的调整，转动旋钮就可以改变示波器屏幕上每个竖格所代表的电压值，也可称其为"伏格"调整。

在面板上，一般在通道旋钮的右侧可以找到一个大小相同的旋钮(在 Horizontal 框内)，上方一般标有"Scale"字样，这个旋钮是用来调整周期的，即波形水平方向的大小。转动旋钮就可以改变示波器屏幕上每个横格所代表的时间值，所以可称其为"秒格"调整。

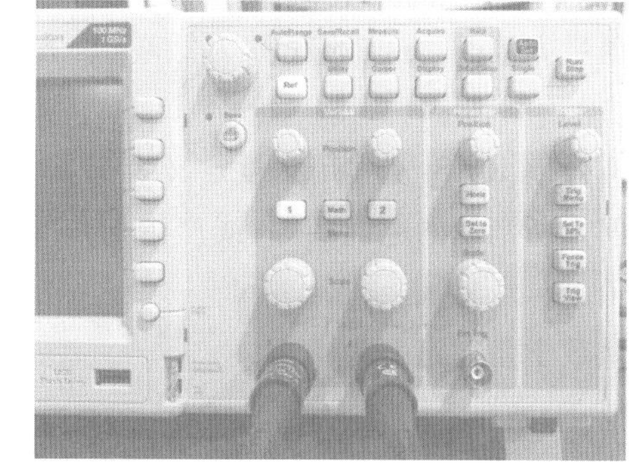

图 1-10-4　示波器面板

(3)有时波形不稳定，或左右乱颤，或相互重叠，导致看不清楚。这时需要设置触发来显示稳定的波形。

触发就是设定一个基准，让波形的采集和显示都围绕这个基准来。

电平触发：小箭头指向的位置所对应的电压值就是当前的触发电平。示波器总是在波形经过这个电平的时候，把之前和之后的一部分存储并最终显示出来。

上升沿/下降沿触发：选择让波形向上增加的时候触发电平还是向下减小的时候触发电平来完成触发。

学会以上几个功能，示波器就可以简单使用了，数字示波器可以测量很多参数，更详细的功能等待着你去探索、发现。

（二）示波器测量正弦波，了解正弦波参数的含义

电压参数（最大值、最小值、峰-峰值、顶端值、底端值、有效值 RMS）可以通过示波器测量，如图 1-10-5 所示。

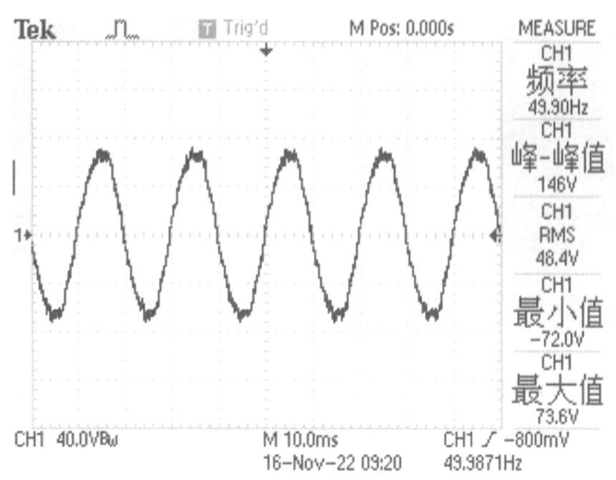


图 1-10-5　正弦波电压参数

在一个波形里，波形的最高峰是最大值，最低点是最小值，最小值和最大值之间就是峰-峰值，用 $p_k-p_k$ 表示。

峰-峰值的一半是峰值，用 $p_k$ 表示，但是只有对称的波形才有峰值。

测量方波时，方波的底称为低端值，方波的顶称为顶端值，低端值和顶端值之间是幅度值。

有效值 RMS：从实用角度定义为交流电与直流电分别通过同一电阻，如果两者在相同的时间内所消耗的电能相等（或产生的焦耳热相同），那么该直流电的数值就叫作交流电的有效值。

从数学角度定义为

$$E_{RMS}=\sqrt{AVG.\ e^2}$$

有效值等同于零平均值统计信号的标准偏差。这包括求信号的平方，取平均值，然后获得其平方根。取平均值的时间和信号的特性相关，对于周期信号，则使用完整周期进行平均即可，但是对于非周期信号，取平均值的时间必须足够长，以便能在所需的近似最低工作频率进行滤波。

时间参数：频率、周期、上升时间、下降时间（图 1-10-6）、正脉宽、负脉宽、正占空比、负占空比。

频率是指电流周期的波形在某个单位时间内（通常是 1 s）重复的次数。

一个信号周期的时间长度是频率的倒数，即 $1/f$，其中 $f$ 是频率。

上升时间一般定义为从波形的 10％处上升到 90％处所需要的时间，如图 1-10-7 所示。下降时间一般定义为从波形的 90％处下降到 10％处所需要的时间。

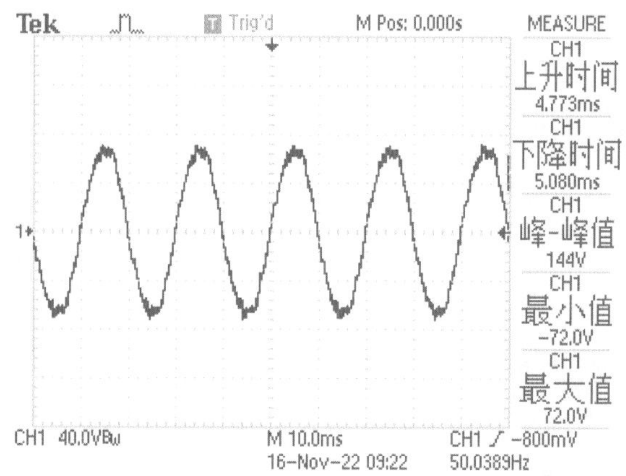


图 1-10-6 正弦波时间参数(上升/下降时间)

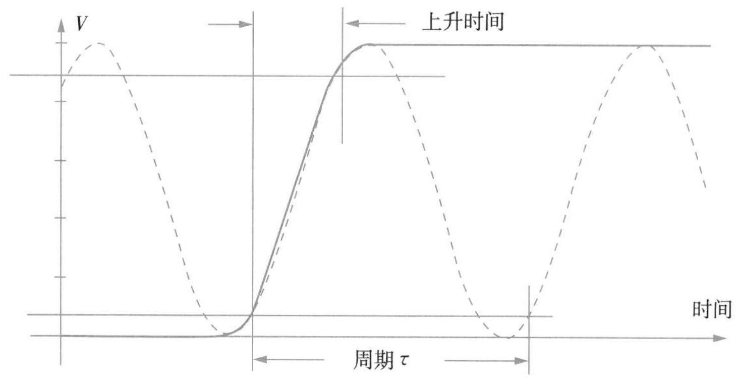


图 1-10-7 上升时间

占空比(Duty Ratio)是指在一个脉冲循环内，通电时间相对于总时间所占的比例。

脉宽是脉冲宽度的缩写，脉冲宽度就是高电平持续的时间，常用来作为采样信号或者晶闸管等元件的触发信号。脉宽由信号的周期和占空比确定，其计算公式为 $W=T\times P$，其中 $W$ 为脉宽，$T$ 为周期，$P$ 为占空比。

正脉宽：从上升沿与触发电平相交点到相邻的下降沿与触发电平的相交点之间的时间差，如图 1-10-8 所示。

负脉宽：从下降沿与触发电平相交点到相邻的上升沿与触发电平的相交点之间的时间差，如图 1-10-9 所示。

图 1-10-8 正脉宽　　图 1-10-9 负脉宽

正/负占空比：一般高电平时间比周期为正占空比，低电平时间比周期为负占空比。

# 实训任务十一　认识三相交流电

(1)了解三相交流电的线电压和相电压。

(2)了解线电压电流与相电压电流的区别及三相负载的连接方式。

(3)掌握火线、零线和地线的区别。

区分生活中的火线、零线和地线。

## 一、三相交流电

三相交流电是由三个频率相同、电势振幅相等、相位差互差 120°角的交流电路组成的电力系统。目前,我国生产、配送用的都是三相交流电。

相比单相交流电,三相交流电有很多优越性:在用电方面,三相电动机比单相电动机结构简单,价格便宜,性能好;在送电方面,采用三相制,在相同条件下比单相输电节约输电线用铜量。实际上单相电源就是取三相电源的一相,因此,三相交流电得到了广泛的应用。

使一个线圈在磁场里转动,电路里只产生一个交变电动势,这时发出的交流电叫作单相交流电。如果在磁场里有三个互成角度的线圈同时转动,电路里产生三个交变电动势,这时发出的交流电就叫作三相交流电,如图 1-11-1 所示。

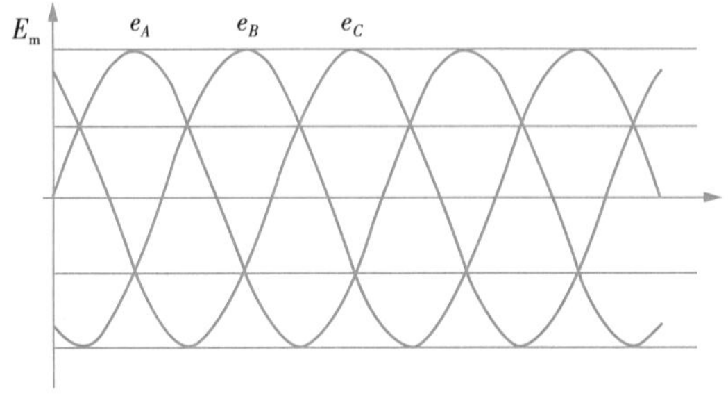


图 1-11-1　三相交流电

交流电机中，在铁芯上固定着三个相同的线圈 AX、BY、CZ，始端是 A、B、C，末端是 X、Y、Z。三个线圈的平面互成 120°角。匀速地转动铁芯，三个线圈就在磁场里匀速转动。三个线圈是相同的，它们发出的三个电动势最大值和频率都相同。这三个电动势的最大值和频率虽然相同，但是它们的相位并不相同。由于三个线圈平面互成 120°角，因此三个电动势的相位互差 120°。

（一）相电压

三根火线中任意相线与中性线之间的电压叫作相电压（$U_A$、$U_B$、$U_C$）。在我国的低压供电系统中，三根相线各自与中性线之间的电压为 220 V。

（二）线电压

三根相线彼此之间的电压称为线电压。在对称的三相系统中，线电压的大小是相电压的 1.73 倍。在我国的低压供电系统中，线电压为 380 V。

（三）线电压和相电压的区别

电力系统中常用 A、B、C 分别表示三相。相电压就是单相电压，即单项对地电压，民用一般是 220 V。线电压就是常说的相间电压，即每两相之间的电压，动力电一般是 380 V。在星形接法的变压器中，如图 1-11-2 所示，线电压等于相电压的$\sqrt{3}$倍，相电流等于线电流。在三角形接法中线电压等于相电压，相电流等于线电流的$\sqrt{3}$倍，功率$P=\sqrt{3}\times UI$。

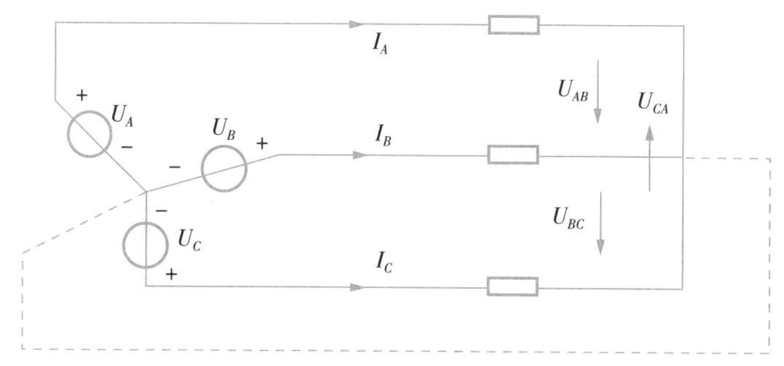


图 1-11-2 星形接法

（四）相电流和线电流的区别

三相四线制配电中，相电流和线电流的区别主要看负载的连接方法，如果负载是三角形接法，如图 1-11-3 所示，线电流是相电流的$\sqrt{3}$倍，相电压和线电压相同。如果负载是星形接法，如图 1-11-4 所示，相电流和线电流相同，线电压是相电压的$\sqrt{3}$倍。

在三相交流电中，线电流与相电流的关系要根据负载接法来确定。星形接法中，线电流和相电流相同；三角形接法中，线电流是倍相电流的$\sqrt{3}$。

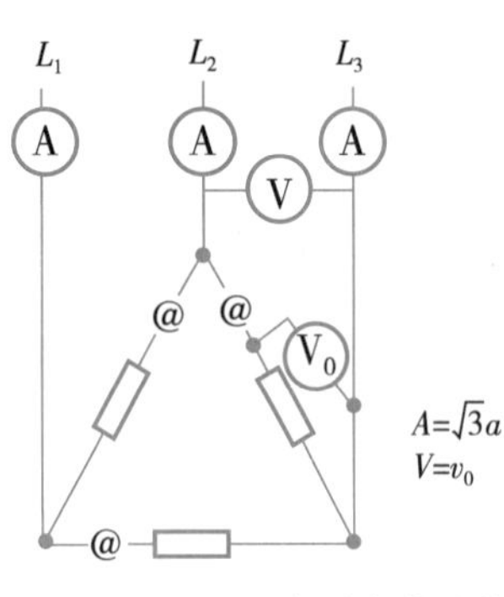


图 1-11-3　三角形负载连接相线电压电流关系

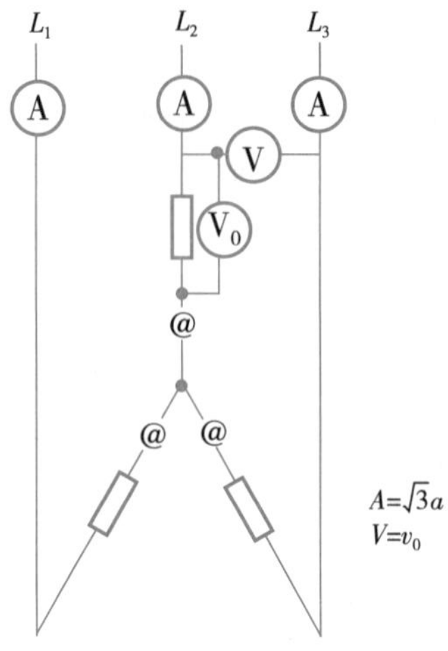


图 1-11-4　星形负载连接相线电压电流关系

(五)三相电路负载连接方式

在三相电路中电路负载有两种连接方式:一是星形连接,二是三角形连接。

1. 星形连接

将负载的三相绕组的末端 X、Y、Z 连成一节点,而始端 A、B、C 分别用导线引出接到电源,这种接线方式叫作星形连接,或称为 Y 形连接。

如果忽略导线的阻抗不计,那么负载端的线电压就与电源端的线电压相等。

将三相负载的一端分别接到三相电源的 3 条相线上,另一端接在零线上,称为负载的星形连接,如图 1-11-5 所示为星形连接。

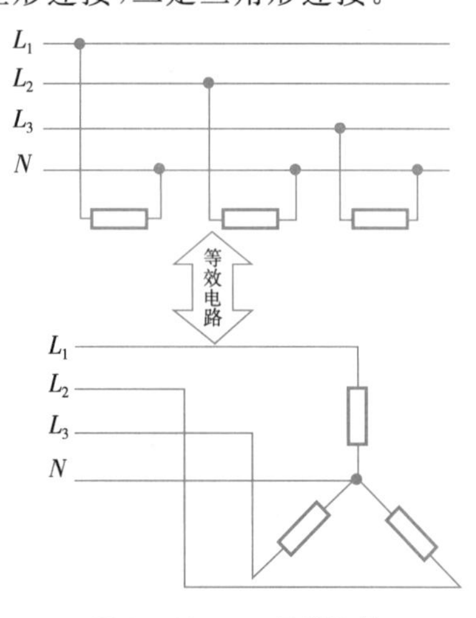


图 1-11-5　星形连接

如果三相负载的性质(电阻性、电感性或电容性)和大小都相同,则称为三相对称负载或三相平衡负载。由于三相对称负载的三相电流矢量和等于零,因此星形连接点电位也为零。此时可以不接零线,即可采用三相三线供电方式,如三相异步电动机绕组的星形连接点不必接在零线上。

星形连接时,电源的线电压是负载相电压的$\sqrt{3}$倍,即,$U_{线}$ 等于$\sqrt{3}$倍 $U_{相}$,即 380 V=1.732×220 V。

相位上,线电压超前其对应的相电压 30°。线电流等于相电流,即 $I_{线}=I_{相}$。

星形连接又分有中线和无中线两种,有中线的低压电网称为三相四线制,无中线的低压电网称为三相三线制。

2. 三角形连接

将三相负载依次接在三相电源的两根相线之间，接入顺序：A 相负载的末端接 B 相负载的始端；B 相负载的末端接 C 相负载的始端；C 相负载的末端接 A 相负载的始端。如图1-11-6所示为三角形连接。

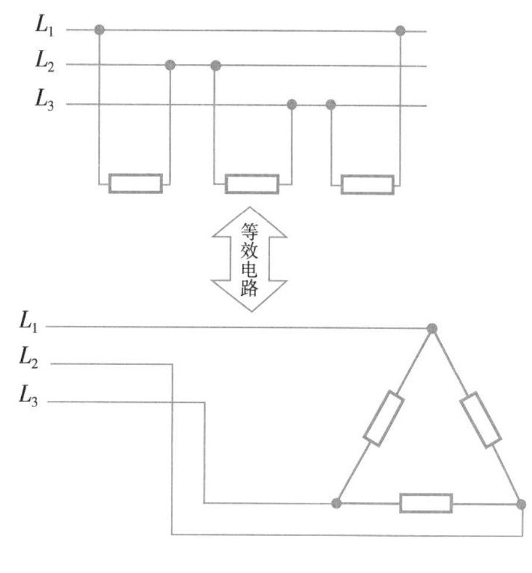

图 1-11-6 三角形连接

三角形连接时，由于三相负载跨接在两根相线之间，可以看出，负载的相电压等于电源的线电压，即 $U_{相}=U_{线}$。

电源的线电流等于负载相电流的$\sqrt{3}$倍，即 $I_{线}$ 等于$\sqrt{3}\,I_{相}$，且线电流相位滞后于相电流相位 30°。

## 二、火线、零线和地线

### (一)火线和零线

通常电力传输是以三相四线的方式，三相电的三根头称为相线，三相电的三根尾连接在一起称为中性线，也叫“零线”。

市电的传输是以三相的方式，并有一根中性线，接入市电线路的交变电压为 220 V，俗称“火线”。

三相平衡时中性线的电流为零，与地线在系统总配电输入短接，俗称“零线”。

一般家庭电路有两根进户线，是从低压输电线上引下来的，一根叫火线，一根叫零线。火线和零线是家庭电路的电源。零线跟大地相通，与大地之间没有电压。火线(又称相线)跟零线或大地之间的电压为 220 V。

### (二)地线

有些电器的外壳还要加一根与大地相通的线(地线)，以确保用户安全使用电器。

## 三、实训任务：区分生活中的火线、零线和地线

### (一)布线规则法

电工的布线要求是“火线零线并排走，竖直布线火在右，水平布线火在上，火接开关再进灯座，零线直接进灯座”。

### (二)颜色法

普遍用红色表示 L(LIVE)线，也就是火线；蓝色代表 N(NEUTRAL)线，也就是零线；

黄绿相间(俗称花线)表示地线(E线)。

(三)电笔测试法

通电时,用电笔测试,电笔会亮的是火线。将总开关处的零线断开,只接通火线,将家中的灯打在开的位置,用电笔测,上一步不亮现在亮的是零线,剩下不亮的是地线。

思政拓展阅读

# 实训任务十二　简单电路焊接

## 学习目标

(1)了解电路焊接知识。

(2)掌握简单电路手工焊接要领。

(3)完成简单电路的焊接。

## 工作任务

(1)完成收音机电路的焊接。

(2)训练准备内容:焊料;电烙铁;电路实验板;器件清单及相应器件。

### 一、PCB板简介

(一)概念

PCB是英文Printed Circuit Board的首字母缩写,意为印刷线路板,是电子元器件的支撑体,也是电子元器件电气相互连接的载体。

由于PCB是采用电子印刷术制作的,故被称为“印刷”电路板。

(二)分类

PCB根据电路层数分类分为单面板、双面板和多层板。常见的多层板一般为4层板或6层板,复杂的多层板可达几十层。

1. 单面板(Single Sided Boards)

导线集中在其中一面,如图1-12-1所示。零件集中在另一面上,如图1-12-2所示。有贴片元件时和导线为同一面,插件器件在另一面。

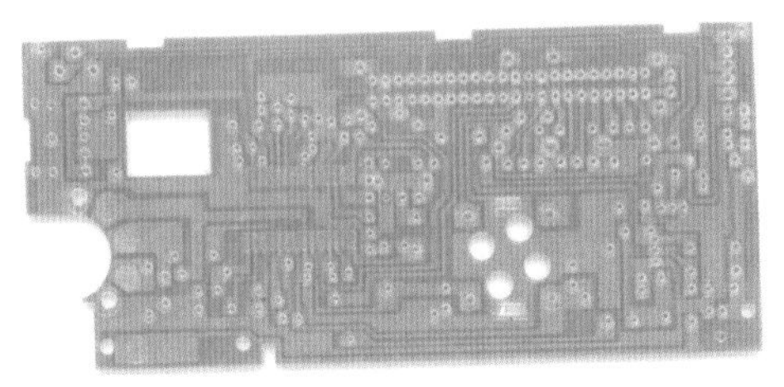

图1-12-1　单面板导线面

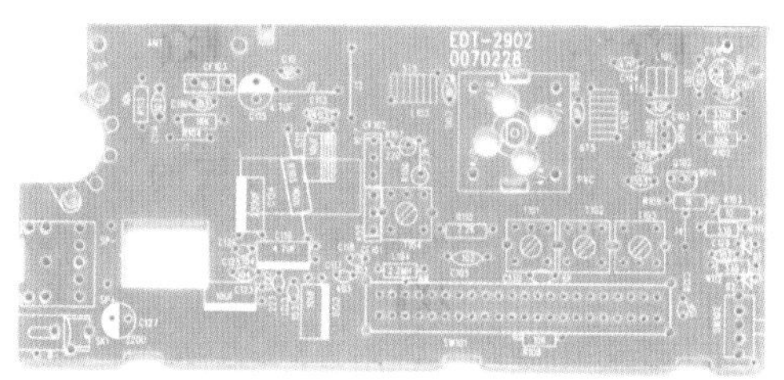


图1-12-2　单面板零件面

2. 双面板(DoubleSided Boards)

两面都有布线，两面之间通过导孔(via)连接。导孔是做在PCB上，充满或涂上金属的小洞，它可以与两面的导线相连接。

3. 多层板(Multi-Layer Boards)

为了增加布线的面积，多层板用上了更多单面或双面的布线板。用一块双面作内层、两块单面做外层或两块双面作内层、两块单面作外层的印刷线路板，通过定位系统及绝缘黏结材料交替在一起且导电图形按设计要求进行互连的印刷线路板就成为四层、六层印刷电路板，也称为多层印刷线路板。

(三)PCB设计

PCB设计以电路原理图为依据，实现电路设计者所需要的功能。PCB设计主要指版图设计，需要考虑外部连接的布局，考虑电磁保护、热耗散等各种因素，优化内部电子元件、金属连线和通孔的布局。

优秀的版图设计可以节约生产成本，达到良好的电路性能和散热性能。简单的版图设计可以用手工实现，复杂的版图设计需要借助计算机辅助设计(CAD)实现，常见的PCB设计软件有Altium、Cadencespb、MentorEE等。

PCB设计的一般步骤有以下几点。

1. 前期准备

首先准备好电路原理图，其次是在软件环境中准备好SCH(Schematic的缩写，意为电路原理图的缩写)元件库和PCB元件封装库。常见软件都会自带常见元器件，比如开关、电源、电阻、电容、电感、二极管、三极管等，基本可以满足简单的设计需求，特殊需求的器件可以自己建立封装库，以便系统调用，需要注意元件管脚顺序和大小。

2. PCB结构设计

在设计软件中绘制PCB板框，并按定位要求放置所需的接插件、按键/开关、螺丝孔、装配孔等。

3. PCB布局

在PCB板框内按照设计要求摆放器件。在原理图工具中生成网络表后各管脚之间有飞线提示连接，这时就可以对器件进行布局设计了。

4. PCB 布线

PCB 布线直接影响着 PCB 板的性能好坏。布线一般有三种境界：首先是布通；其次是电气性能的满足，线路布通之后，需调整布线，使其达到最佳的电气性能；再次是整齐美观。

5. 网络 DRC 检查及结构检查

网络 DRC(Design Rule Check 的缩写，即设计规则检查)检查及结构检查分别确认 PCB 设计满足原理图网表和结构。

6. PCB 制板

在加工制板之前，需要与 PCB 供板厂进行沟通、答复并确认 PCB 板加工的问题。

## 二、PCB 焊接工艺

根据元件的封装不同，采用不同的焊接工艺。封装就是指把元件上的电路管脚，用导线接引到外部接头处，以便与其他器件连接。封装主要分为直插封装和贴片封装两种。

### (一)回流焊、波峰焊、通孔回流焊

1. 回流焊(Reflow)

通过新熔化预先分配到印制板焊盘上的膏装软钎焊料，实现表面组装元器件焊端或引脚与印制板焊盘间机械与电气连接的软钎焊。

靠热气流对焊点的作用，胶状的焊剂在一定的高温气流下进行物理反应达到 SMD(贴装器件)或 SMC(贴片器件)的焊接。因为气体在焊机内循环流动产生高温达到焊接的目的，所以称为“回流焊”。

2. 波峰焊

熔化的软钎焊料(铅锡合金)经电动泵或电磁泵喷流成设计要求的焊料波峰，亦可通过向焊料池注入氮气使预先装有元器件的印制板通过焊料波峰，实现元器件焊端或引脚与印制板焊盘之间机械与电气连接的软钎焊。

3. 通孔回流焊

通孔回流焊的方法：调整模板位置使模板上安装的针管与插装元器件的通孔焊盘对齐，再使用刮刀将模板上的锡膏漏印到焊盘上，然后安装插装元器件，最后插装元器件和贴片元器件一起通过回流焊完成焊接。当使用通孔回流焊时，SMC/SMD 和 THC/THD 是在回流焊接工序内完成焊接的。

注：无引脚或短引线表面组装元器件简称“SMC/SMD”，中文称为片状元器件；通孔插装组件简称“THC/THD”。

## (二)PCB板手工焊接

锡焊是PCB板手工焊接的典型代表。锡焊的原理是通过高温的烙铁将固态焊锡丝加热熔化,再借助于助焊剂,使其流入被焊金属之间,待冷却后形成牢固可靠的焊接点。锡焊是通过润湿、扩散和冶金结合这三个物理、化学过程完成的,被焊件未受任何损伤。

### 1. 焊锡丝

焊锡丝,又名锡线,成分为锡铅的合金。为了提高焊接效果,锡线内常添加松香(助焊剂)。焊锡丝可分为单芯和三芯两种,常用的直径有0.8 mm、1.0 mm、1.2 mm、1.6 mm。

### 2. PCB板手工焊接工艺流程

按清单归类元器件、插件、焊接(图1-12-3)、剪脚(图1-12-4)、检查、修整。

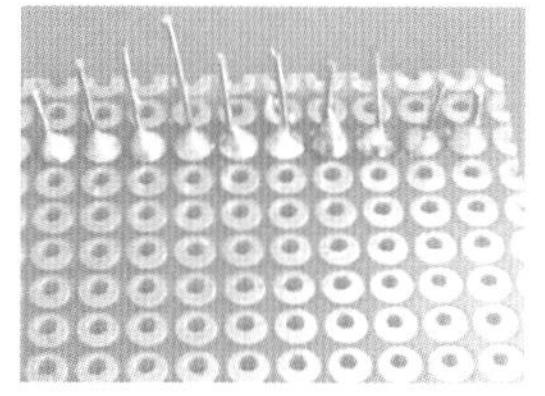

图1-12-3　插件、焊接

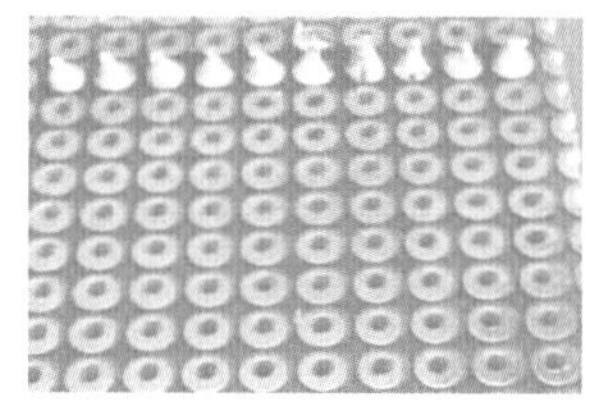

图1-12-4　剪脚

### 3. 焊锡点要求

焊锡点应饱满(锡量覆盖焊盘,呈半球形),光泽(焊点锡面圆滑、光亮),美观(锡点无缺陷口,不带毛刺);焊锡点要牢固、大小一致,元件的引脚外露长度0.5～1 mm为宜,如图1-12-5所示。

### 4. 不合格焊点的判定

(1)虚焊(图1-12-6):看似焊住其实没有焊住,主要原因有焊盘和引脚脏污,助焊剂和加热时间不够。

(2)短路(图1-12-7):主要包括有脚零件在脚与脚之间被多余的焊锡所连接的短路,PCBA切脚机切脚过长导致脚与脚碰触的短路,残余锡渣使脚与脚连接的短路等。

图1-12-5　标准焊点

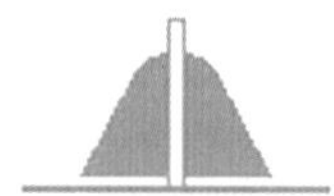

图1-12-6　虚焊

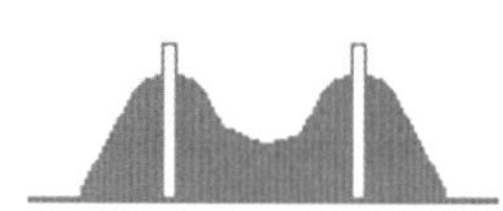

图1-12-7　短路

(3)少锡:少锡是指锡点太薄,不能将零件铜皮充分覆盖,影响连接固定作用,如图1-12-8所示。

图1-12-8　少锡

(4)多锡:多锡是指零件脚完全被锡覆盖及形成外弧形,使零件外形和焊盘位被遮挡,导致不能确定零件和焊盘是否上锡良好。

(5)锡球、锡渣:PCB 板表面附着多余的焊锡球、锡渣会导致细小管脚短路。

(三)静电防护

焊接时要对可能产生静电的地方采取措施使之控制在安全范围内,防止静电积累;对已经存在的静电积累的地方应迅速消除掉,即时释放。

静电防护方法包括以下几种。

1. 接地

对可能产生或已经产生静电的部位进行接地,提供静电释放通道;采用埋地线的方法建立"独立"地线。

2. 非导体带静电的消除

用离子风机产生正、负离子,中和静电源的静电。

## 三、手工焊接要领

(一)材料准备

将插件原件弯曲,并从在元器件面插入通孔内,如图 1-12-9 所示。

管脚需垂直板面,注意插入深度,插件和板面之间需要留有一定缝隙,作散热用;插件注意弯曲弧度,切忌直角弯折(尖角处会产生大电流)。

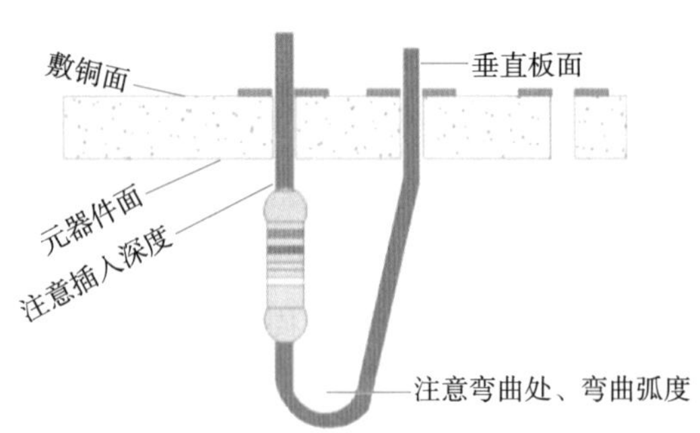

图 1-12-9 插入插件

(二)预热

电烙铁要同时与焊盘、引脚相触及,给焊盘和引脚预热。电烙铁与板面保持 45°夹角,如图 1-12-10 所示。

(三)加入焊锡丝

焊锡丝应从焊盘或引脚加入,不可向烙铁头加入焊锡丝,如图 1-12-11 所示。

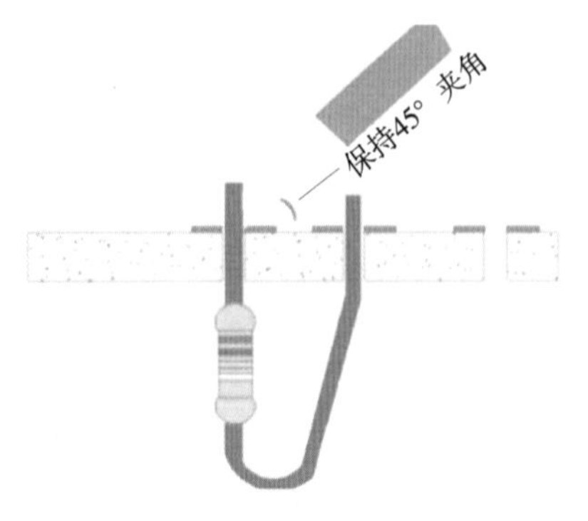

图 1-12-10 预热

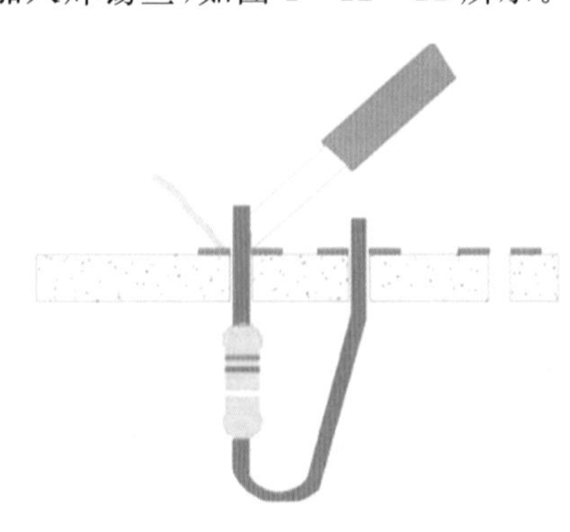
图 1-12-11 加入焊锡丝

(四)焊接

焊接时，注意焊点的大小，焊接时间最好控制在 3 s，如图 1－12－12 所示。

(五)离开焊锡丝

当焊点大小适中时，迅速离开焊丝，如图 1－12－13 所示。

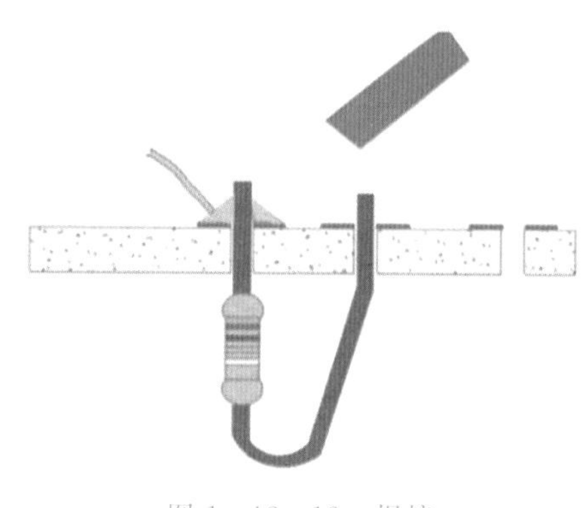

图 1－12－12　焊接

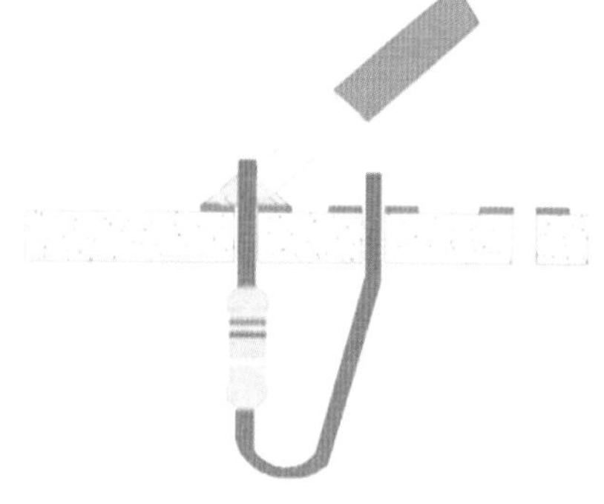

图 1－12－13　离开焊锡丝

(六)离开电烙铁

移开电烙铁，避免焊锡凝固，将焊锡丝焊接在焊点上，如图 1－12－14 所示。

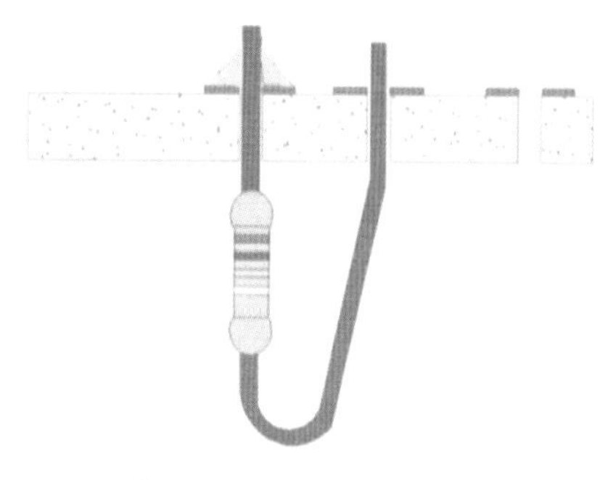

图 1－12－14　离开电烙铁

## 四、实训任务：完成收音机电路的焊接

(一)了解收音机的基本工作原理

收音机的基本工作原理可以简单归纳为三步：①接收到相应频率的无线电波；②从无线电波上取出调制在其上的声音信息；③把声音信息还原成人耳能听到的声音。

(二)准备相关材料

1. 器件清单

对照物料清单，见表 1－12－1 所列，准备相应的器件，需注意元器件的封装及规格。

表 1－12－1　物料清单(部分)

| 编号 | 名称 | 规格 | 封装 | 用量 | 代号 |
|---|---|---|---|---|---|
| 1 | 底板 | PCB | | 1 | |
| 2 | IC | 24C02 | SOP8 | 1 | U3 |
| 3 | IC | 800 | SOP8 | 1 | U4 |

（续表）

| 编号 | 名称 | 规格 | 封装 | 用量 | 代号 |
|---|---|---|---|---|---|
| 4 | IC | RDA5807FP | SOP16 | 1 | U1 |
| 5 | IC | XC6206P332MR | SOT23 | 1 | U5 |
| 6 | IC | mcu | SOP14 | 1 | U2 |
| 7 | 碳膜电阻 | 0R±5% | 1/6W | 1 | R17 |
| 8 | 碳膜电阻 | 330R±5% | 1/6W | 1 | R1 |
| 9 | 碳膜电阻 | 1K±5% | 1/6W | 2 | R15　R16 |
| 10 | 碳膜电阻 | 2.2K±5% | 1/6W | 1 | R14 |
| 11 | 碳膜电阻 | 10K±5% | 1/6W | 8 | R4　R5　R6　R7　R8　R9　R10　R11 |

准备 PCB 板，PCB 板的焊接面及元件面如图 1－12－15 所示。

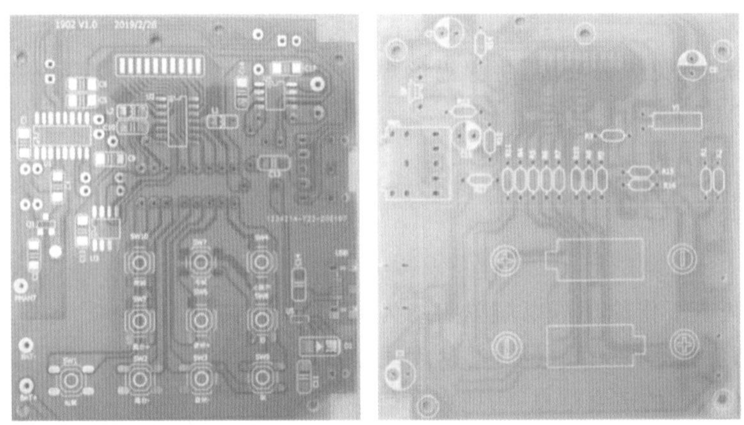

图 1－12－15　PCB 板的焊接面及元器件面

2. 电烙铁使用注意事项

（1）在海绵（海绵须保持约 50% 的湿润状态）上脱锡，不能甩或敲打进行脱锡。敲打容易把烙铁芯敲坏，甩锡容易把锡甩到产品或者身体上，切记注意安全！

（2）更换烙铁头时应先关掉电源并待其冷却至室温下方可进行更换。

3. 焊接注意事项

（1）贴片零件焊接时，IC 圆点要对应底板丝印的圆点位置，注意焊接时脚与脚之间不能够有连锡短路（图 1－12－16）；二极管焊接时要注意方向，二极管的横线对着箭头横线或丝印外框有细标记线的方向（图 1－12－17）。

图 1－12－16　IC 圆点与 PCB 板上的圆点对应，确保方向正确

图 1－12－17　二极管元件上的横线与 PCB 板倒角对应

(2)插件零件焊接时，耳机插座一定要紧贴着底板焊接，保证牢固；电解电容要注意方向，白色“－”的标记要对应底板白色的半圆填充的方向；插件零件焊接完，注意修剪管脚，剪线钳垂直管脚剪断，切忌用力拉拽，以免损伤焊盘。

(3)全部焊接完成后，整体进行检查，对焊点不够饱满的位置进行点焊补充。

(4)通电进行调试时，先按模块分别确认各位置电压是否正常，依次检查，最后直至收音机发出声音。

## 实训任务十三　用电安全常识

### 学习目标

(1)了解安全用电的意义。

(2)掌握安全用电基本常识。

(3)了解防触电技术。

### 工作任务

(1)识读电力安全标志。

(2)了解中华人民共和国国家标准《安全色》(GB 2893—2008)、《安全标志及其使用导则》(GB 2894—2008)。

### 任务实施

#### 一、安全用电基本常识

在 21 世纪的今天，生活中到处都在用电，电作为一种能源被我们所利用、所普及并与人们的生活及工业生产息息相关。然而一个事物总是有两面性的，电在造福人类的同时，也存

在着诸多隐患，用电不当就会造成灾难。例如，当电流通过人体内部（即所谓的电击）时，它会对人体造成伤害，一般来说会破坏人体的心脏、呼吸系统和神经系统，严重时会危及人的生命。当用电设备发生故障时，有时不仅会发生损坏而且往往会发生火灾。因此，我们在用电的同时不仅要提高思想的认识，还要预防它给我们带来的负面影响。

（1）入户电源线避免过负荷使用，破旧老化的电源线（图 1－13－1）应及时更换，入户电源线加套绝缘套管。

（2）入户电源保险应配置合理，使之能对家用电器起到保护作用。要选用与电线负荷相适应的熔断器。如图 1－13－2 所示为常用家用电器额定功率，需核对自己电器确定配置适应的熔断器及熔体。

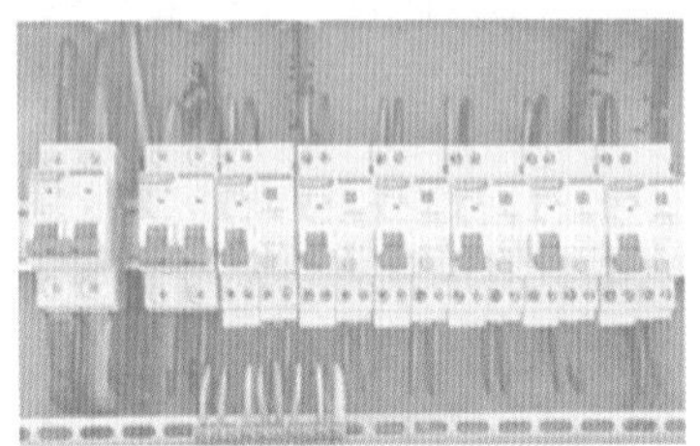

图 1－13－1　入户电源线加套绝缘套管

| 电视机 | 80—100 W | 电脑 | 250 W |
|---|---|---|---|
| 电冰箱 | 50—150 W | 空调 | 1000—2000 W |
| 电风扇 | 50—100 W | 电吹风 | 450 W |
| 洗衣机 | 200—400 W | 电磁炉 | 500—2000 W |
| 电饭锅 | 200—1000 W | 电熨斗 | 750 W |
| 电饼铛 | 1000 W | 吸尘器 | 400—800 W |
| 电水壶 | 1200 W | 电暖气 | 1000—2000 W |
| 微波炉 | 500—1500 W | 饮水机 | 500—1200 W |
| 热水器 | 1200—2000 W | | 160—300 W |

图 1－13－2　常用家用电器额定功率

（3）接临时电源要用合格的电源线，电源插头、插座要安全可靠，损坏的不能使用，电源线接头要用胶布包好，如图 1－13－3 所示；线路接头应确保接触良好，连接可靠。

（4）严禁在高低压电线下和配电变压器附近放风筝（图 1－13－4）。

图 1－13－3　电线接头用绝缘胶带包好

图 1－13－4　禁止高压线下放风筝

（5）严禁私自从公用线路上接线，不乱拉乱接电线，如图 1－13－5 所示。发现电线断落，无论带电与否，都应视为带电，应与电线断落点保持足够的安全距离，并及时向有关部门汇报。

（6）晒衣架要与电线保持安全距离，不要将晒衣竿搁在电线上，如图 1－13－6 所示；晾晒衣物需要和用电器保持一定的安全距离。

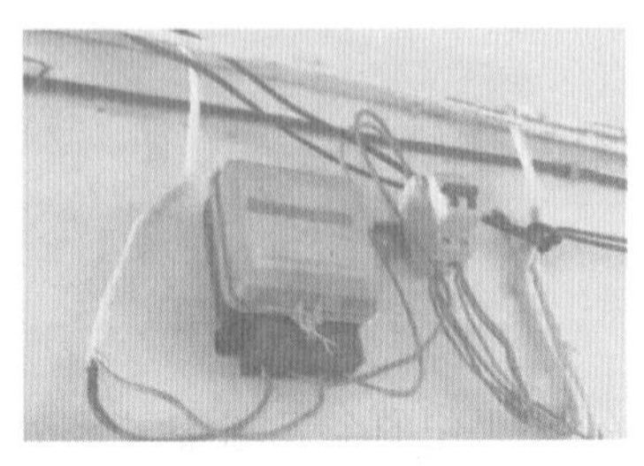

图 1－13－5　禁止私拉乱接用电设备

(7)房间装修,隐藏在墙内的电源线要放在专用阻燃护套内。电源线的截面应满足负荷要求,不要超负荷用电。空调、烤箱等大容量用电设备应使用专用线路。

(8)家用电器在使用时,应有良好的外壳接地,室内要设有公用地线。三孔插座需安装接地线,不能随意把三孔插座改为两孔插座。图 1-13-7 为插座上连接火、零、地线位置。

图 1-13-6 不要将晒衣竿搁在电线上

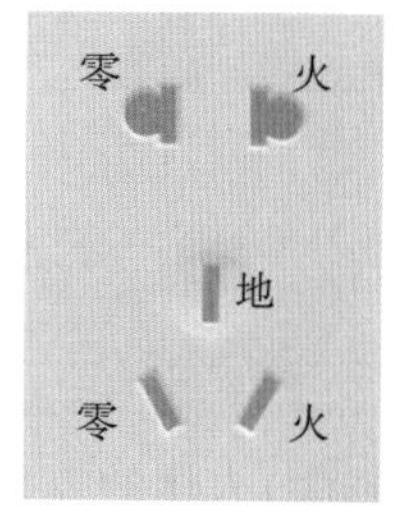


图 1-13-7 插座上连接火、零、地线位置

(9)湿手不能触摸带电的家用电器,不能用湿布擦拭使用中的家用电器。家用电淋浴器在洗澡时一定要先断开电源,并配有可靠的防止突然带电的措施。

(10)家用电热设备、暖气设备一定要远离煤气罐。煤气管道发现煤气漏气时先开窗通风,千万不能拉合电源,并及时请专业人员修理。

(11)使用电熨斗、电烙铁等电热器件,必须远离易燃物品,用完后应切断电源,拔下插头以防意外。电加热设备上不能烘烤衣物。电器着火时先断电源再灭火,如图 1-13-8 所示。

(12)在更换熔断丝、拆修家用电器或移动电器设备时必须切断电源,不要冒险带电操作,如图 1-13-9 所示。发现家用电器损坏,应请经过培训的专业人员进行修理,自己不要拆卸,防止发生电击伤人。

图 1-13-8 电器着火时先断电源

图 1-13-9 切断电源,不要冒险带电操作

(13)雷雨天在市区人行道上行走,不要用手触摸树木、电杆及电杆拉线,禁止在高压线下避雨,如图 1-13-10 所示,以防触电。

(14)发现有人触电,应先切断电源或用绝缘物挑开电源线,使触电者脱离电源,如图 1-13-11 所示。将脱离电源的触电者迅速移至通风干燥处仰卧,松开上衣和裤带。施行急救,及时拨打 120 呼叫救护车,尽快送医院抢救。

图 1-13-10 禁止在高压线下避雨

图 1-13-11 触电先切断电源或绝缘物挑开电源线

## 二、防触电技术

电流强度越大,人体的反应就越强烈,对人体的生命健康危害也就越大。电流强度对人体生命的危害见表 1-13-1 所列。

表 1-13-1 电流强度对人体生命的危害

| 电 流 | 描 述 |
| --- | --- |
| 1 mA 左右 | 引起麻的感受 |
| ≤10 mA | 人尚可摆脱电源 |
| 20~25 mA | 手迅速麻痹,不能自动摆脱电源,呼吸困难 |
| 30 mA | 安全电流,流经人体器官不致人死亡的最大电流值 |
| >30 mA | 感到剧痛,神经麻痹,呼吸困难,有生命危险 |
| 50 mA | 较短时间内危及生命,致命电源 |
| 100 mA | 只要 1 s 使人心跳停止 |

电流通过人体的时间越长,心室颤动的可能性越大。此外,电流的热效应和化学效应将会使人出汗和组织电解,从而降低人体的电阻,使流过人体的电流逐渐增大,加重触电伤害。

### (一)直接触电及其防护

防护方法主要是对带电导体加绝缘、变电所的带电设备加隔离栅栏或防护罩等设施,如图 1-13-12 所示。

(a)插头加绝缘

(b)带电设备加隔离栅栏

图 1-13-12 直接触电及其防护

(二)间接触电及其防护

防护的方法是将设备正常时不带电的外露可导电部分接地，并装设接地保护等，如图1-13-13所示。

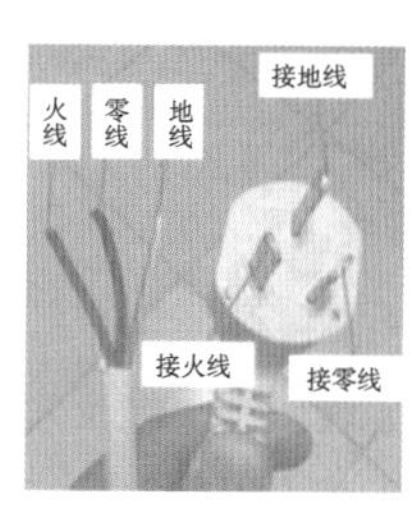

(a)三孔插座上接地

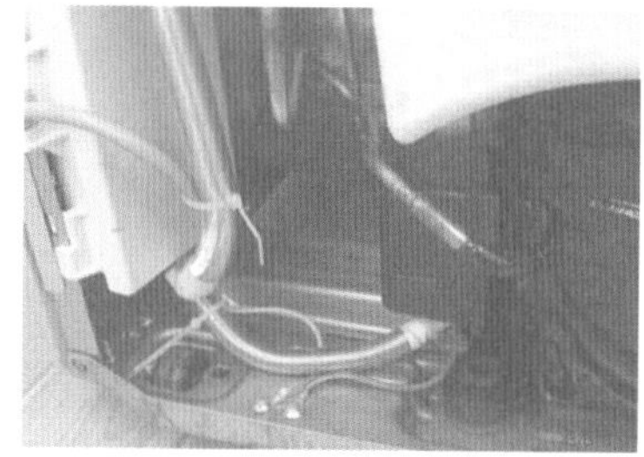
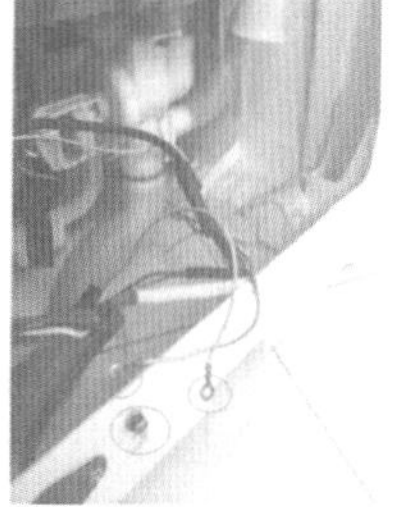
(b)电器外露可导电部分要接地

图1-13-13　间接触电及其防护

## 三、触电急救知识

学会触电时的急救措施，可以为我们增强危机应对能力。当发生触电时，我们要牢记触电急救四原则，即迅速、就地、准确、坚持的原则。

(一)迅速脱离电源

如果电源开关离救护人员很近时，应立即拉掉开关切断电源；当电源开关离救护人员较远时，可用绝缘物将触电人员与电源分离。

(二)就地急救处理

当触电者脱离电源后，尽快进行就地抢救。只有在现场对施救者的安全有威胁时，才需要把触电者转移到安全地方再进行抢救，但不能等到把触电者长途送往医院再进行抢救。

(三)准确地使用人工呼吸

如果触电者神志清醒，仅心慌、四肢麻木或者一度昏迷还没有失去知觉，应让他安静休息。

## 四、实训任务：识读电力安全标志

(一)认识颜色表征

参考中华人民共和国国家标准《安全色》(GB 2893—2008)。

1. 红色

传递禁止、停止、危险或提示消防设备、设施的信息。

2. 蓝色

传递必须遵守规定的指令性信息。

3. 黄色

传递注意、警告的信息。

4. 绿色

传递安全的提示性信息。

## (二)常见的电力安全标志

参考中华人民共和国国家标准《安全标志及其使用导则》(GB 2894—2008)。

1. 禁止标志

如图 1-13-14(a)禁止在高压线下放风筝,常见于架空电力线路两侧 300 米的区域;(b)禁止启动,常见于暂停使用的设备附近;(c)禁止合闸,常见于设备或线路检修时,相应开关附近;(d)禁止触摸,常见于禁止触摸的设备或物体附近。

(a)禁止在高压线下放风筝　(b)禁止启动　(c)禁止合闸　(d)禁止触摸

图 1-13-14　禁止标志

2. 警告标志

如图 1-13-15(a)当心触电,常见于有可能发生触电危险的电器设备和线路;(b)当心电缆,常见于在暴露的电缆或地面下有电缆处施工的地点;(c)当心挤压,常见于有产生挤压的装置、设备或场;(d)当心激光,常见于有激光产品和生产、使用、维修激光产品的场所。

(a)当心触电

(b)当心电缆

(c)当心挤压

(d)当心激光

图 1-13-15　警告标志

3. 指令标志

如图 1-13-16(a)必须接地,常见于防雷、防静电场所;(b)必须拔出插头,常见于在设备维修、故障、长期停用、无人值守状态下。

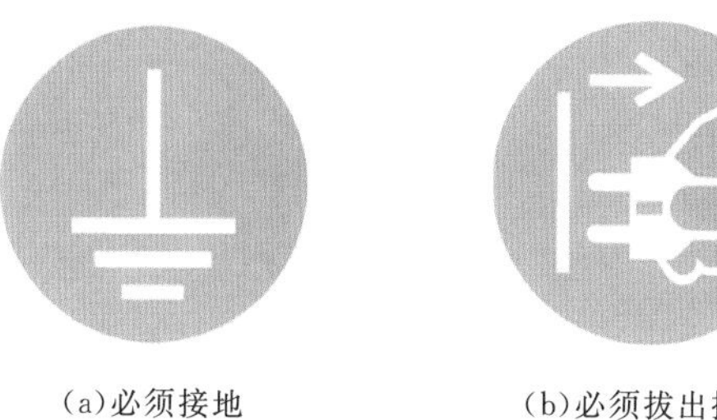

(a)必须接地　　(b)必须拔出插头

图 1-13-16　指令标志

思政拓展阅读

# 第二章　电工工具的使用

## 实训任务一　常用电工工具的使用

(1)了解常用电工工具的种类。

(2)掌握常用的电工工具的使用技能。

(3)通过学习掌握电工常用工具的使用方法,并熟悉常用电工工具的安全知识。

常用电工工具在家庭生活中也能使用到,学生对这类工具的使用也有一定的基础。通过本实训内容的讲解与训练,让学生养成正确使用常用电工工具的习惯,并在使用过程中注意安全。

### 一、验电器

验电器是检验导线和电气设备是否带电的一种电工常用检测工具。它分为低压验电器和高压验电器两种。

#### (一)低压验电器

低压验电器又称为验电笔,有笔式和旋具式两种,如图 2－1－1 所示。

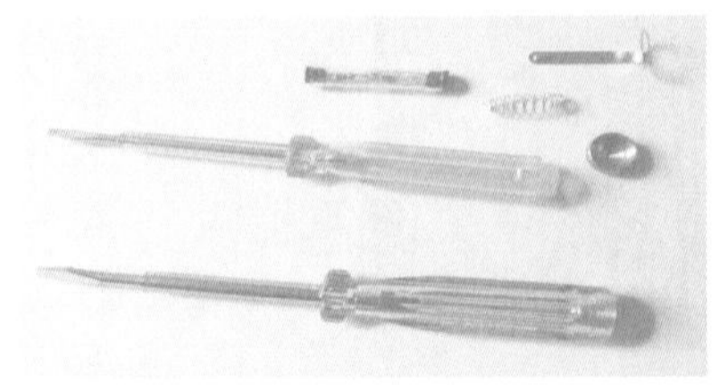

图 2－1－1　低压验电器

笔式低压验电器由氖泡、电阻器、弹簧、笔身和笔尖等组成。笔式低压验电器使用时,切勿按图 2－1－2 所示握笔,必须按图 2－1－3 所示的正确方法把笔握妥，以手指触及笔尾的金属体，使氖管小窗背光朝向操作者。

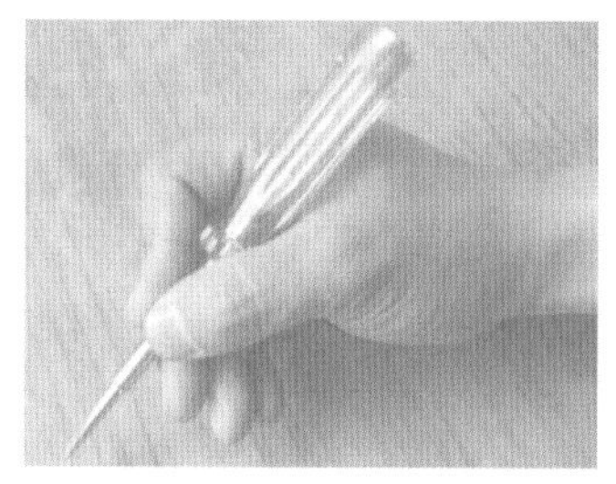

图 2-1-2　错误握法

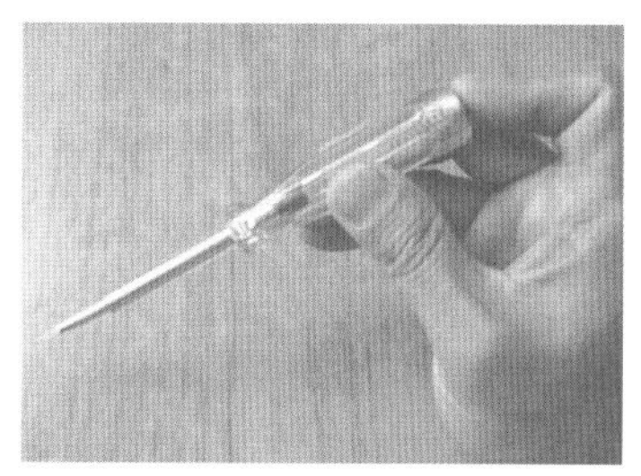
图 2-1-3　正确握法

当用验电笔测带电体时，电流经带电体、电笔、人体、大地形成回路，只要带电体与大地之间的电位差超过 60 V，验电笔中的氖泡就会发光。低压验电器测试范围为 60～500 V。

(二)高压验电器

高压验电器又称为高压测电器，10 kV 高压验电器由握柄、护环、固紧螺钉、氖管窗、金属钩和氖管组成，如图 2-1-4 所示。

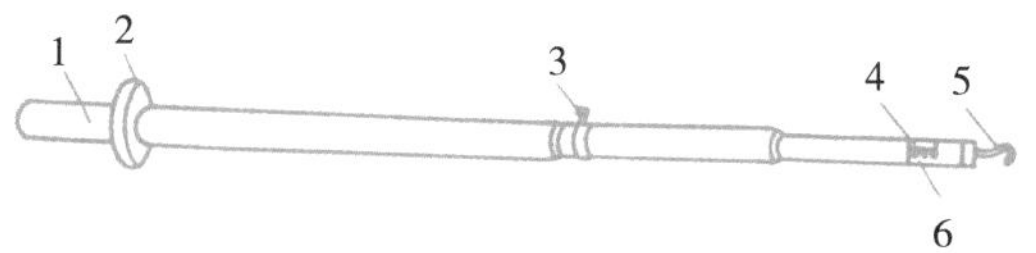

1-握柄；2-护环；3-固紧螺钉；4-氖管窗；5-金属钩；6-氖管。
图 2-1-4　高压验电器

## 二、旋具

旋具又称为改锥或起子，它是紧固或拆卸螺钉的工具。旋具的种类有很多，按头部形状可分为一字形和十字形，如图 2-1-5、图 2-1-6 所示。

图 2-1-5　一字形旋具

图 2-1-6　十字形旋具

(一)大旋具的使用

大旋具一般用来紧固较大的螺钉。

(二)小旋具的使用

小旋具一般用来紧固电气装置接线柱头上的小螺钉。

## 三、钢丝钳

钢丝钳有铁柄和绝缘柄两种，绝缘柄为电工用钢丝钳，常用的规格有 150 mm、175 mm

和 200 mm 三种。钢丝钳如图 2-1-7 所示。

## 四、尖嘴钳

尖嘴钳的头部尖细,适用于在狭小的空间操作。钳柄有铁柄和绝缘柄两种,绝缘柄的耐压为 500 V,主要用于切断和弯曲细小的导线、金属丝,夹持小螺钉、垫圈及导线等元件,还能将导线端头弯曲成所需的各种形状。尖嘴钳如图 2-1-8 所示。

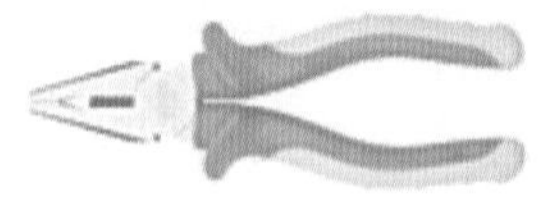

图 2-1-7　钢丝钳

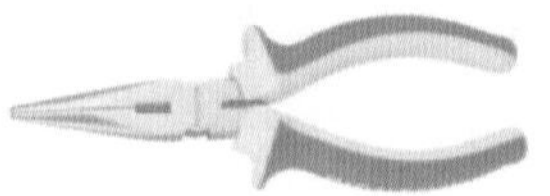

图 2-1-8　尖嘴钳

## 五、断线钳

断线钳又称为斜口钳,钳柄有铁柄、管柄和绝缘柄三种。其中,电工用的带绝缘柄断线钳如图 2-1-9 所示,绝缘柄的耐压为 500 V。断线钳主要用于剪断较粗的电线、金属丝及导线电缆等。

## 六、剥线钳

剥线钳是用来剥削小直径导线绝缘层的专用工具。剥线钳如图 2-1-10 所示。它的绝缘手柄耐压为 500 V。

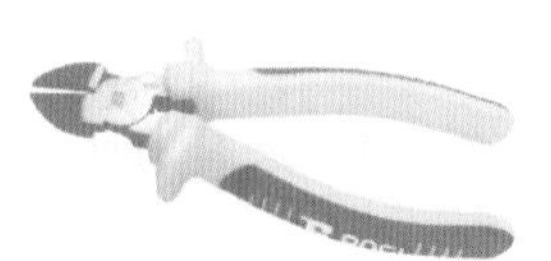

图 2-1-9　带绝缘柄断线钳

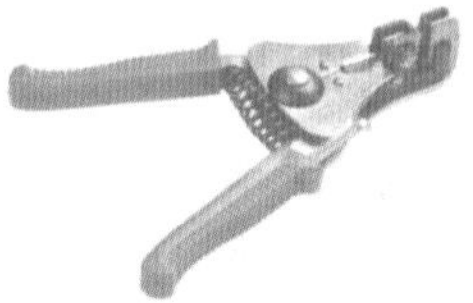

图 2-1-10　剥线钳

## 七、电工刀

电工刀是用来剖削电线线头、切割木台缺口、削制木榫的专用工具。电工刀如图 2-1-11 所示。使用时,应将刀口朝外剖。剖削导线绝缘层时,应使刀面与导线呈较小的锐角,以免割伤导线。

## 八、活动扳手

活动扳手又称为活络扳头,是用来紧固和起松螺母的一种专用工具。活动扳手由头部活动扳唇、呆板唇、扳口、蜗轮和轴销等构成,如图 2-1-12 所示。蜗轮可调节扳口大小。

图 2-1-11 电工刀外形

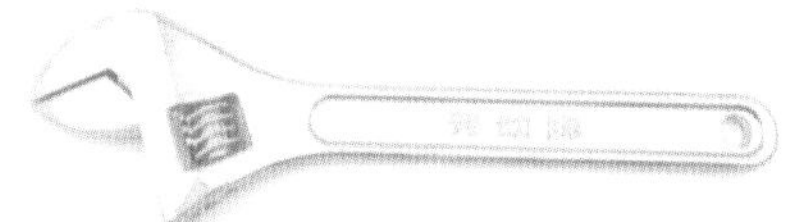

图 2-1-12 活动扳手

## 九、喷灯

喷灯是一种利用喷射火焰对工件进行加热的工具，常用来焊接铅包电缆的铅包层、大截面铜导线连接处的搪锡以及其他连接表面的防氧化镀锡等。喷灯火焰温度可达 900 ℃以上。

喷灯如图 2-1-13 所示。燃油喷灯的使用步骤：加油→预热→喷火→熄火。

## 十、手电钻

手电钻(图 2-1-14)是一种头部有钻头、内部装有单相整流子电动机、靠旋转钻孔的手持式电动工具。它有普通电钻和冲击钻两种。

图 2-1-13 喷灯

图 2-1-14 手电钻

实训内容：

(1)用验电器检测实训室工作台各插座插孔的电压情况。

(2)用手电钻在木板钻孔。

(3)用螺丝刀在木板上拧装平口、十字口自攻螺钉 5 只。

(4)用剥线钳去除导线绝缘层。

思政拓展阅读

常用电工工具认识与使用训练考核评定标准见表 2-1-1 所列。

表 2-1-1 常用电工工具认识与使用训练考核评定标准

| 考核内容 | 配分 | 扣分标准 | 扣分 | 得分 |
|---|---|---|---|---|
| 电工工具认识 | 30 分 | (1)工具认识情况 每种扣 10 分<br>(2)工具用途不清楚或混淆 每种扣 10 分 | | |

（续表）

| 考核内容 | 配分 | 扣分标准 | 扣分 | 得分 |
|---|---|---|---|---|
| 验电器<br>测电压情况 | 15 分 | (1)握持不规范　扣 10 分<br>(2)测试结果错误　扣 5 分 | | |
| 手电钻钻孔 | 10 分 | (1)钻头选用不合适　扣 3 分<br>(2)钻头未上紧　扣 5 分<br>(3)钻孔不正确，有倾斜　每个扣 3 分 | | |
| 用螺丝刀<br>旋螺钉 | 15 分 | (1)螺钉与板面不垂直　扣 3 分<br>(2)螺钉槽口有明显损伤　每个扣 5 分<br>(3)螺丝刀口损伤　扣 10 分 | | |
| 用尖嘴钳、<br>钢丝钳旋螺钉，<br>夹断导线，<br>弯接线鼻子 | 20 分 | (1)螺钉有明显损伤　扣 5 分<br>(2)导线断面不平整　每处扣 2 分<br>(3)导线除端面外，绝缘层有损伤　每处扣 2 分<br>(4)接线鼻子形状不规范　每个扣 3 分 | | |
| 剥线钳的使用 | 10 分 | (1)口径选择不正确损伤导线　扣 5 分<br>(2)导线裸露线端过长或过短　扣 3 分<br>(3)绝缘层端面不平整　扣 2 分 | | |
| 注：各项内容扣分总值不应超过对应项的配分数 | | | | |

# 实训任务二　万用表的使用

学习目标

(1)了解万用表的种类与基础知识。

(2)理解万用表的基本结构及用途。

(3)掌握万用表的性能及测量电阻、电压、电流的方法。

工作任务

万用表是一种多功能、多量程的便携式电子电工仪表，一般的万用表可以测量直流电流、直流电压、交流电压和电阻等。有些万用表还可测量电容、电感、功率、共发射极三极管直流放大系数(Hybrid Forward Common Emitter，$H_{FE}$)等。所以万用表是电子电工专业的必备仪表之一。

万用表一般可分为指针式万用表和数字式万用表两种。常用的主要是 MF47 型指针式万用表，本章节将以 MF47 型指针式万用表为例，简介万用表的结构组成、使用方法及注意事项等。

## 一、指针式万用表

### (一)指针式万用表的结构组成

#### 1. 指针式万用表的结构

指针式万用表的型式很多，但基本结构是类似的。指针式万用表的结构主要由表头、转换开关(又称选择开关)、测量线路等三部分组成。图 2-2-1 为 MF47 型指针式万用表外形图。

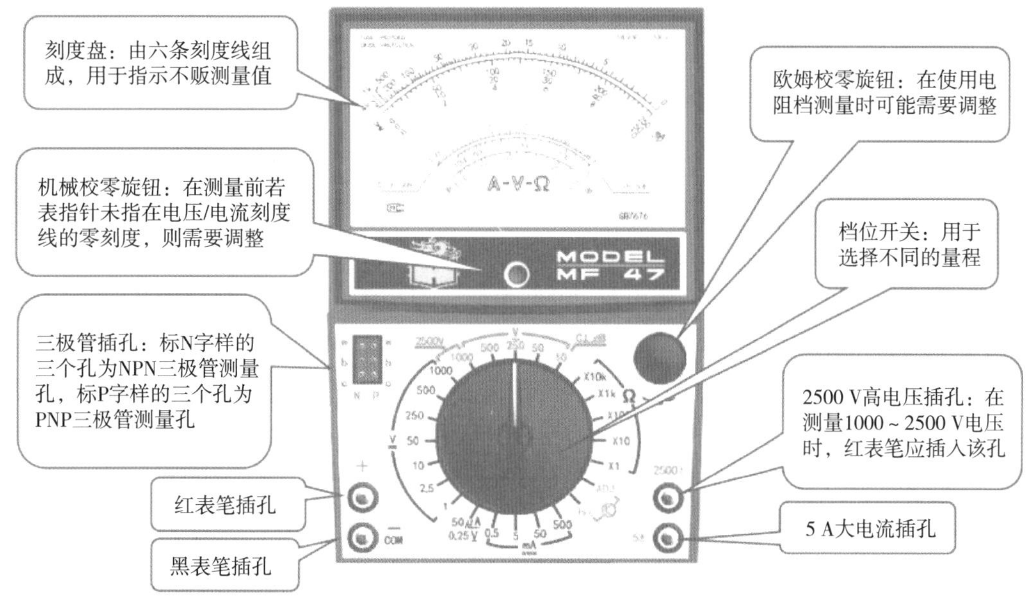


图 2-2-1　MF47 型指针式万用表外形图

万用表盘一般有 6 条刻度线(根据测量功能的大小)，刻度线的右端都有标记，代表测量的项目。如图 2-2-2 所示“Ω”表示被测的电阻，“mA”表示直流电流，“V”表示交流或直流电压。“$h_{FE}$”表示三极管的电流放大倍数，“dB”表示音频分贝，“H”表示电感，“μF”表示电容。表头采用高灵敏度的磁电式机构，是测量的显示装置；万用表的表头实际上是一个灵敏电流计。表头上的表盘印有多种符号、刻度线和数值。符号 A-V-Ω 表示这只电表是可以测量电流、电压和电阻的多用表。表盘上印有多条刻度线，其中右端标有“Ω”的是电阻刻度线，其右端为零，左端为∞，刻度值分布是不均匀的；符号“－”或“DC”表示直流，“～”或“AC”表示交流，部分电流表上“～”表示交流和直流共用的刻度线；刻度线下的几行数字是与选择开关的不同档位相对应的刻度值。另外，表盘上还有一些表示表头参数的符号，如 DC 20 kΩ/V、AC 9 kΩ/V 等；表头上还设有机械零位调整旋钮（螺钉），用以校正指针在左端指零位。

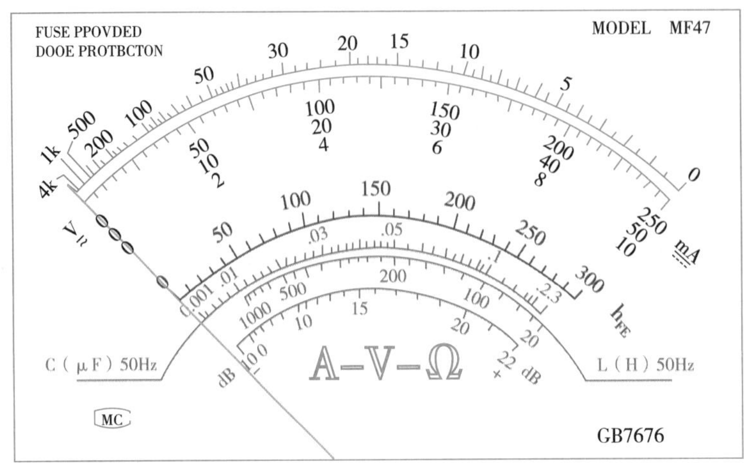


图 2-2-2　MF47 型指针式万用表表盘

转换开关用来选择被测电量的种类和量程（或倍率）：万用表的选择开关是一个多挡位的旋转开关。用来选择测量项目和量程（或倍率）。一般的万用表测量项目包括"mA"：直流电流，"V"：直流电压，"V ～"：交流电压，"Ω"：电阻。每个测量项目又划分为几个不同的量程（或倍率）以供选择。

测量线路将不同性质和大小的被测电量转换为表头所能接受的直流电流。MF47 型指针式万用表可以测量直流电流、直流电压、交流电压和电阻等多种电量。当转换开关拨到直流电流挡，可分别与 5 个接触点接通，用于 500 mA、50 mA、5 mA、0.5 mA 和 50 μA 量程的直流电流测量。同样，当转换开关拨到欧姆挡，可用×1 Ω、×10 Ω、×100 Ω、×1 kΩ、×10 kΩ 倍率分别测量电阻；当转换开关拨到直流电压挡，可用于 0.25 V、1 V、2.5 V、10 V、50 V、250 V、500 V 和 1000 V 量程的直流电压测量；当转换开关拨到交流电压挡，可用于 10 V、50 V、250 V、500 V、1000 V 量程的交流电压测量。

2. 表笔和表笔插孔

表笔分为红色、黑色两只。使用时应将红表笔插入标有"＋"号的插孔中，黑表笔插入标有"－"号的插孔中。另外，MF47 型指针式万用表还提供 2500 V 交直流电压扩大插孔以及 5 A 的直流电流扩大插孔。使用时分别将红表笔移至对应插孔中即可。

（二）电阻的测量

1. 机械调零

将万用表按放置方式（MF47 型指针式成用表是水平放置）放置好（"一放"）；看万用表指针是否指在左端的零刻度上（"二看"）；若指针不指在左端的零刻度上，则用一字起子调整机械调零螺钉，使之指零（"三调节"）。

2. 初测(试测)

把万用表的转换开关拨到欧姆×100 Ω挡。红表笔和黑表笔分别接被测电阻的两引脚,进行测量。观察指针的指示位置。

3. 选择合适倍率

根据指针所指的位置选择合适的倍率,使指针尽量指在欧姆挡刻度尺的数字5到50之间。

4. 欧姆调零

倍率选好后要进行欧姆调零,将红表笔和黑表笔短接后,转动零欧姆调节旋钮,使指针指在电阻刻度尺右边的"0"Ω处。

5. 测量及读数

将红表笔和黑表笔分别接触电阻的两端,读出电阻值大小。读数方法:表头指针所指示的示数乘以所选的倍率值即为所测电阻的阻值。例如,选用R×100 Ω档测量,指针指向40,则被测电阻值为40×100=4000(Ω)=4(kΩ)。

(三)电压的测量

万用表可以用来测量各种直流、交流电压的大小。下面分别介绍万用表测直流电压、交流电压的方法及测量注意事项。

1. 更换万用表转换开关至合适挡位

弄清楚要测的电压性质是直流电还是交流电,将转换开关转到对应的电压挡(直流电压挡或交流电压挡)。

2. 选择合适量程

根据待测电路中电源电压大小大致估计一下被测直流电压的大小选择量程。若不清楚电压大小,应先用最高电压挡试触测量,然后逐渐换用低电压挡直到找到合适的量程,即指针尽量指在刻度盘的满偏刻度的2/3以上位置为宜。

3. 测量方法

万用表测电压时应使万用表与被测电路相并联。将万用表红表笔接被测电路的高电位端,黑表笔接被测电路的低电位端。例如,测量干电池的电压时,我们将红表笔接干电池的正极端,黑表笔接干电池的负极端。

4. 正确读数

(1)找到所读电压刻度尺:仔细观察表盘,直流电压挡刻度线应是表盘中的第二条刻度线。表盘第二条刻度线下方有"V"符号,表明该刻度线可用来读交直流电压、电流。

(2)选择合适的标度尺:在第二条刻度线的下方有三个不同的标度尺,0—50—100—150—200—250、0—10—20—30—40—50、0—2—4—6—8—10。根据不同量程选择合适标度尺。例如,0.25 V、2.5 V、250 V 量程可选用 0—50—100—150—200—250 这一标度尺来读数。因为这样读数比较容易、方便。

(3)确定最小刻度单位:根据所选用的标度尺来确定最小刻度单位。例如,用 0—50—100—150—200—250 标度尺时,每一小格代表 5 个单位。

(4)读出指针示数大小:根据指针所指位置和所选标度尺读出示数大小。例如,指针指在 0—50—100—150—200—250 标度尺的 100 向右过 2 小格时,读数为 110。

(5)读出电压值大小:根据示数大小及所选量程读出所测电压值大小。例如,所选量程是 2.5 V,示数是 110(用 0—50—100—150—200—250 标度尺读数的),则该所测电压值是 (110/250)×2.5=1.1(V)。读数时,视线应正对指针。即只能看指针实物而不能看指针在弧形反光镜中的像所读出的值。

5. 测量交流电压

MF47 型万用表的交流电压挡主要有 10V、50V、250V、500V、1000V、2500V 六档。交流电压挡的测量方法同直流电压挡测量方法相同,不同之处就是转换开关要放在交流电压挡处以及红黑表棒搭接时不需再分高、低电位(正负极)。将万用表转换开关拨至交流电压挡,把两表笔跨接在被测电压的两端(不必区分正负端),交流电压挡的标尺刻度为正弦交流电压的有效值。

(四)直流电流的测量

MF47 型指针式万用表只能测量直流电流,不能测量交流电流。

1. 机械调零

和测量电阻、电压一样,在使用之前都要对万用表进行机械调零。一般经常用的万用表不需要每次都进行机械调零。

2. 选择量程

根据待测电路中电源的电流大致估计一下被测直流电流的大小,选择量程。若不清楚电流的大小,应先用最高电流挡(500 mA 挡)测量,逐渐换用低电流挡,直至找到合适电流挡(标准同测电压)。

3. 测量方法

使用万用表电流挡测量电流时,应将万用表串联在被测电路中,因为只有串联接接才能使流过电流表的电流与被测支路电流相同,同时注意红表笔和黑表笔的极性,红表笔要接在被测电路的电流流入端,黑表笔接在被测电路的电流流出端(同直流电压极性选择一样)。

4. 正确使用刻度和读数

万用表测直流电流时选择表盘刻度线同测电压时一样,都是第二道(第二道刻度线的右边有“mA”符号)。其他刻度特点、读数方法同测电压一样。

### (五)电解电容的测量

用电阻挡还可以判断电解电容的漏电情况。测量时用黑表笔接电解电容的正极(较长引线的那一根),用红表笔接电解电容的负极。可以看到表针向右摆动,容量越大,向右摆动的幅度越大,测量 1000 μF 以上电容时(在×1 k 挡),表针向右打到底停住一会儿,然后向左摆动,漏电小的电容,表针最终会回到"∞"处(即开路状态)或者接近"∞"处。若表针不能回到"∞"处,说明这个电容漏电,阻值越小,漏电越大,这样的电解电容不能使用。

### (六)二极管的测量

用万用表电阻挡判断二极管好坏的方法:选×100 挡,调零后用黑表笔接二极管的正极,红表笔接二极管的负极,表针应向右摆动指向较小阻值处,2AP 一类锗二极管的正向电阻为 400～600 Ω,2CP、2CZ 一类硅二极管的正向电阻为 1 kΩ～2 kΩ。这个数值越小越好,正向电阻为零时说明二极管已击穿损坏。再把红表笔接二极管的正极,黑表笔接二极管的负极,表针应不动(×1 k 挡万用表可以看出,锗二极管的反向电阻在 500 kΩ 以上,而硅二极管的反向电阻基本上看不出来。)总之,同一型号的二极管,正反向电阻的阻值相差越大越好。

### (七)三极管管脚极性的辨别方法

(1)使用万用表的 Ω×1 k 挡进行三极管管脚极性辨别。首先判定基极 b。由于基极 b 到集电极 c、基极 b 到发射极 e 是两个 PN 结,PN 结的反向电阻很大,而正向电阻很小。测量时可假设任意取晶体管一脚为基极,将红表笔接在假设的基极上,黑表笔分别去接触另外两个管脚,如果测得的阻值都很小,则红表笔所接的管脚即为基极 b,而且是 P 型管。如果测得的阻值都很大,则为 N 型管。如果测量得出一个管脚的阻值差异很大,那么另选一个管脚为假定基极,直到满足以上条件为止。

(2)再判定集电极 c。对于 PNP 型三极管,当集电极接负极电压,发射极接正电压时,电流放大陪数才会很大(NPN 型三极管相反)。测量时,先假定红表笔接集电极 c,黑表笔接发射极 e,记下其阻值后,红表笔和黑表笔交换再测量一次,将测量的阻值与第一次测量的阻值进行比较,阻值小时红表笔接的是集电极 c,黑的是发射极 e,而且可判断是 P 型管(N 型管相反)。

以上测量方法在使用时一般只能用 R×100、R×1 k 挡,如果用 R×10 k 挡,则可能因表内装有 9 V 的较高电压而将三极管的 PN 结击穿;若用 R×1 挡测量,电流过大(约 90 mA)也有可能损坏管子。

### (八)直流放大倍数 HFE 的测量

测量 HFE 时,应把开关转到 Ω×1 k 上,接触红表笔和黑表笔,进行调零。再把红表笔和黑表笔分开,开关转到 HFE 处,把晶体管 c、b、e 三极插入万用表上的 e、b、c 插座内。NPN 管插在 NPN 部分的插座上,PNP 管插在 PNP 部分的插座上,这时在 HFE 刻度上即可读出 HFE 的大小。

(九)电容、电感的测量

转动开关至交流 10 V 位置上,被测电容串接于任一表笔后跨接于 10 V 交流电压电路中进行测量。电感测量方向与电容相同。

(十)指针式万用表使用注意事项

(1)在使用万用表之前,应先进行机械调零,即在没有被测电量时,使万用表指针指在零电压或零电流的位置上(具体操作方法见万用表的常规检查部分内容)。

(2)万用表在使用时,必须水平放置,以免造成误差。

(3)万用表在使用过程中不要碰撞硬物或跌落到地面上。

(4)万用表在使用过程中不要靠近强磁场,以免测量结果不准确。

(5)在使用万用表过程中,不能用手去接触表笔的金属部分,这样一方面可以保证测量的准确性,另一方面也可以保证人身安全。

(6)在测量某一电量时,不能在测量时换挡,尤其是在测量高电压或大电流时,更应注意。否则,会使万用表毁坏。如需换挡,应先断开表笔,换挡后再去测量。

(7)万用表使用完毕,应将转换开关置于交流电压的最大挡。如果长期不使用,还应将万用表内部的电池取出来,以免电池腐蚀表内其他器件。

## 二、数字式万用表

数字式万用表是指测量结果主要以数字的方式显示的万用表。数字式万用表具有测量精度高、显示直观、功能全、可靠性好、小巧轻便以及便于操作等优点。

数字式万用表与指针式万用表相比,具有以下特点。(1)采用大规模集成电路,提高了测量精度,减少了测量误差。(2)以数字方式在屏幕上显示测量值,使读数变得更为直观、准确。(3)增设了快速熔断器和过压、过流保护装置,使过载能力进一步加强。(4)具有防磁抗干扰能力,能使测试数据稳定,万用表在强磁场中也能正常工作。(5)具有自动调零、极性显示、超量程显示及低压指示功能。有的数字式万用表还增加了语音自动报测数据装置,真正实现了会说话的智能型万用表。

(一)数字式万用表的面板结构与功能

数字万用表的面板结构(图 2-2-3)包括液晶显示器、电源开关、量程选择开关等。

液晶显示器最大显示值为 1999,且具有自动显示极性功能。若被测电压或电流的极性为负,则显示值前将带"—"号。若输入超量程时,显示屏左端出现"1"或"—1"的提示字样。

电源开关可根据需要,分别置于"ON"(开)或"OFF"(关)状态。测量完毕,应将其置于"OFF"位置,以免空耗电池。数字式万用表的电池盒位于后盖的下方,采用 9 V 叠层电池。电池盒内还装有熔丝管,以起到过载保护作用。

量程选择开关位于面板中央,用以选择测试功能和量程。若用表内蜂鸣器作通断检查

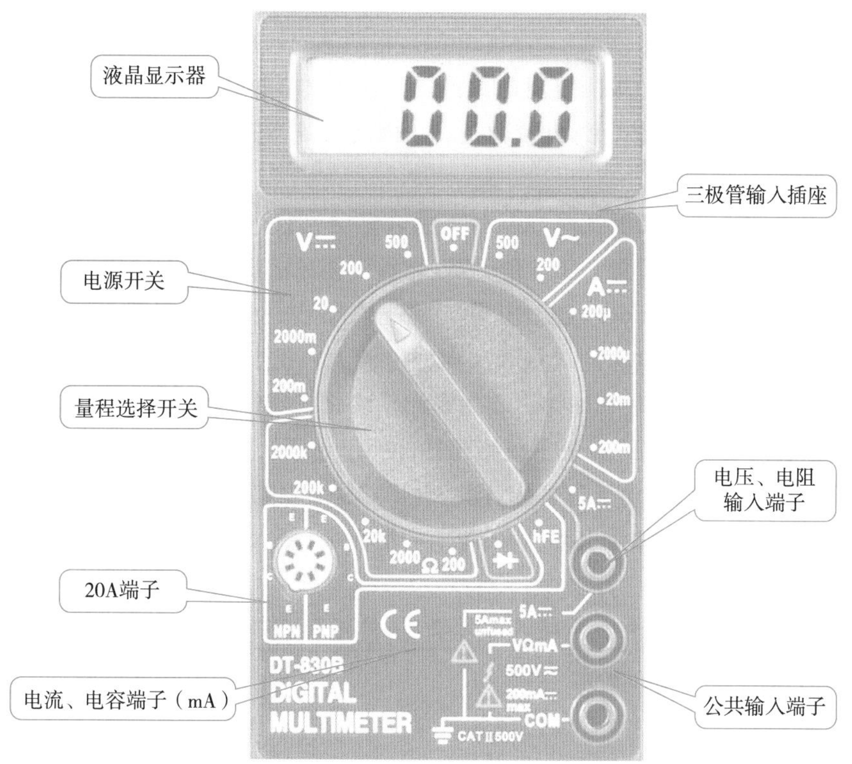


图 2-2-3　数字式万用表的面板结构

时，量程开关应停放在标有“·)))”符号的位置。

$h_{FE}$插口用以测量三极管的$h_{FE}$值时，将其B、C、E极对应插入。

输入插口是万用表通过表笔与被测量连接的部位，设有“COM”“VΩ”“mA”“20A”四个插口。使用时，黑表笔应置于“COM”插孔，红表笔依被测种类和大小置于“VΩ”“mA”或“20A”插孔。在“COM”插孔与其他三个插孔之间分别标有最大(MAX)测量值，如20 A、200 mA、交流750 V、直流1000 V。

（二）数字式万用表的用方法

测量交流电压、直流电压(ACV、DCV)时，红表笔、黑表笔分别接“VΩ”与“COM”插孔，旋动量程选择开关至合适位置(200 mV、2 V、20 V、200 V、700 V或1000 V)，红表笔、黑表笔并接于被测电路(若是直流，注意红表笔接高电位端，否则显示屏左端将显示“—”)。此时显示屏显示出被测电压数值。若显示屏只显示最高位“1”，表示溢出，应将量程调高。

测量交流电流、直流电流(ACA、DCA)时，红表笔、黑表笔分别接“mA”(大于200 mA时应接“10 A”)与“COM”插孔，旋动量程选择开关至合适位置(2 mA、20 mA、200 mA或10 A)，将两表笔串接于被测回路(直流时，注意极性)，显示屏所显示的数值即为被测电流的大小。

测量电阻时，无须调零。将红表笔、黑表笔分别插入“VΩ”与“COM”插孔，旋动量程选择开关至合适位置(200、2 k、200 k、2 M、20 M)，将两笔表跨接在被测电阻两端(不得带电测量)，显示屏所显示数值即为被测电阻的数值。当使用200 MΩ量程进行测量时，先将两表笔短路，若该数不为零，仍属正常，此读数是一个固定的偏移值，实际数值应为显示数值减去该偏移值。

进行二极管和电路通断测试时，红表笔、黑表笔分别插入“VΩ”与“COM”插孔，旋动量程选择开关至二极管测试位置。正向情况下，显示屏即显示出二极管的正向导通电压，单位为mV(锗管应为200～300 mV，硅管应为500～800 mV)。反向情况下，显示屏应显示“1”，表明二极管不导通；否则，表明此二极管反向漏电流大。正向状态下，若显示“000”，则表明二极管短路；若显示“1”，则表明断路。在用来测量线路或器件的通断状态时，若检测的阻值小于30 Ω，则表内发出蜂鸣声以表示线路或器件处于导通状态。

进行晶体管测量时，旋动量程选择开关至“$h_{FE}$”位置(或“NPN”或“PNP”)，将被测三极管依NPN型或PNP型将B、C、E极插入相应的插孔中，显示屏所显示的数值即为被测三极管的“$h_{FE}$”参数。

进行电容测量时，将被测电容插入电容插座，旋动量程选择开关至“CAP”位置，显示屏所示数值即为被测电荷的电荷量。

### (三)数字式万用表使用注意事项

(1)当显示屏出现“LOBAT”或“←”时，表明电池电压不足，应予以更换。

(2)若测量电流时，没有读数，应检查熔丝是否熔断。

(3)测量完毕，应关上电源；若长期不用，应将电池取出。

(4)不宜在日光及高温、高湿环境下使用与存放(工作温度为0～40℃，相对湿度为80%)。使用时应轻拿轻放。

## 三、实训：指针式万用表的使用

### (一)实训器材

(1)MF47指针式万用表1块。

(2)PCB板1块，9 V电池1只、发光二极管1只、开关3个，电阻560 Ω、4.6 kΩ各1只。

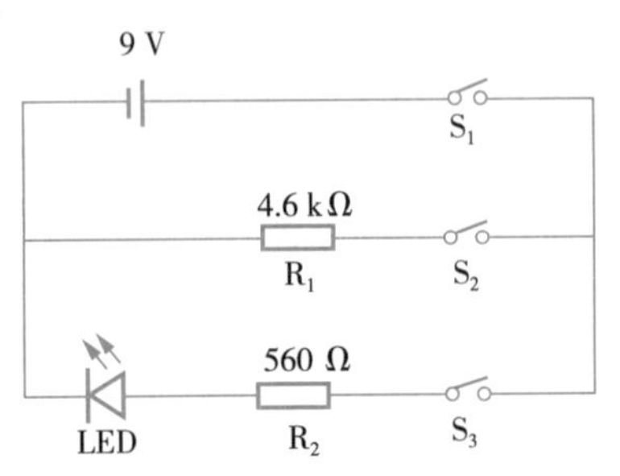

图2-2-4　电路图

### (二)实训内容及步骤

(1)检查万用表是否完好。万用表外壳应完好，挡位应灵活，表笔绝缘应完整，导线应完好无损。

(2)按附图2-2-4电路焊接线路板。

(3)用万用表分别测量LED和$R_2$两端电压，测量电源支路电流，测量$R_1$和$R_2$电阻。

(三)实训考核标准

指针式万用表的使用实训考核评定标准见表 2-2-1 所列。

表 2-2-1　指针式万用表的使用实训考核评定标准

| 考核内容 | 配分 | 扣分标准 | 扣分 | 得分 |
|---|---|---|---|---|
| 万用表<br>测直流电压 | 30 分 | (1)电路连接错误　扣 10 分<br>(2)量程选择错误　每次扣 10 分<br>(3)仪表连接错误　每次扣 10 分<br>(4)读数错误　每次扣 5 分<br>(5)因操作错误损坏仪器 扣 20 分 | | |
| 万用表<br>测直流电流 | 30 分 | (1)电路连接错误　扣 10 分<br>(2)量程选择错误　每次扣 10 分<br>(3)仪表连接错误　每次扣 10 分<br>(4)读数错误　每次扣 5 分<br>(5)因操作错误损坏仪器 扣 20 分 | | |
| 万用表<br>测电阻 | 20 分 | (1)挡位、量程选择错误　扣 5 分<br>(2)测量前未调零　扣 5 分<br>(3)读数错误　每个扣 5 分 | | |
| 万用表<br>测交流电压 | 20 分 | (1)挡位、量程选择错误　每次扣 5 分<br>(2)因操作错误引发故障　每次扣 10 分<br>(3)读数错误　每次扣 5 分 | | |
| 注:各项内容扣分总值不应超过对应项的配分数 | | | | |

## 实训任务三　钳形电流表的使用

(1)熟悉钳形电流表的结构及工作原理。

(2)掌握用钳形电流表测量电动机工作电流的方法。

(3)培养学生安全用电的意识。

我们利用普通交流电流表测量电路中的电流时,必须先把电路断开,将电流表接入电路后才能进行测量。这样做不仅不方便,而且还要短时间停电。目前,普遍使用钳形电流表,在不断开电路的情况下测量交流电流大小。

要想掌握钳形电流表的工作原理，必须先了解电流互感器。电流互感器又称为变流器，它是一种将大电流变换成小电流的变压器。如图 2-3-1 所示，在一个闭合的铁芯上绕有两个匝数不同的绕组 $N_1$、$N_2$，一次绕组（原绕组）$N_1$ 的匝数少而使用的导线粗，二次绕组（副绕组）$N_2$ 的匝数多而所用的导线细。接线时，变流器的一次绕组串联于被测电器中，即通过一次绕组的电流 $I_1$ 为被测电流（负载电流）；电流表接入二次绕组，即通过电流表的电流 $I_2$ 为变流器二次侧电流，根据变压器的原理，两个绕组中的电流与绕组的匝数成反比，即

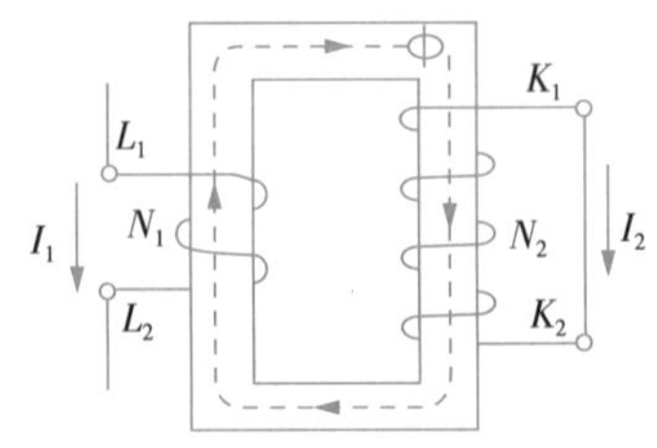

图 2-3-1 电流互感器

$$I_1/I_2=N_2/N_1=k_i \text{或} I_1=I_2k_i$$

式中：$I_1$——变压器一次侧电流；

$I_2$——变压器二次侧电流；

$N_1$——变压器一次绕组的匝数；

$N_2$——变压器二次绕组的匝数；

$k_i$——变压器的变流比。

因为变流器的 $N_2>N_1$，所以 $I_2<I_1$，即经过变流器以后，可将大电流变换成小电流。虽然通过电流表的电流为 $I_2$，但若将电流表的读数乘以变流器的变流比 $k_i$，就是被测电器的电流 $I_1$。当电流表与变流器配套使用时，电流表的标尺可按一次侧电流刻度，这样，就可以直接读出被测电源 $I_1$ 的数值了。

电流互感器的作用：一是可以扩大电流表的量限；二是可以将测量仪表和工作人员与高压电器相隔离，以保证设备和人身安全。由此可见，在高压电路中，即使被测电流没有超过电流表的最大量限，也必须经过电流互感器进行测量。

## 一、钳形电流表的基本结构和工作原理

钳形电流表简称为钳形表（图 2-3-2）。其工作部分主要由一只电磁式电流表和穿心式电流互感器组成。穿心式电流互感器铁芯制成活动开口，且成钳形，故名钳形电流表。穿心式电流互感器的副边绕组缠绕在铁芯上且与交流电流表相连，它的原边绕组即为穿过电流互感器中心的被测导线。旋钮实际上是一个量程选择开关，扳手的作用是开合穿心式电流互感器铁芯的可动部分，以便使其钳入被测导线。

测量电流时，按动扳手，打开钳口，将被测载流导线置于穿心式电流互感器的中间，当被测导线中有交变电流通过时，交流电流的磁通在穿心式电流互感器副边绕组中感应出电流，该电流通过电磁式电流表的线圈，使指针发生偏转，在表盘标度尺上指示出被测电

流值。

它是一个钳形活动铁芯电流互感器和一个整流系仪表组成，其外形如图2-3-2所示。

钳形表的最基本使用是测量交流电流，虽然准确度较低(通常为2.5级或5级)，但因在测量时无须切断电路，因而使用仍很广泛。如需进行直流电流的测量，则应选用交直流两用钳形表。

## 二、钳形电流表的正确使用

(1)一般钳形电流表适用于低压电路的测量，被测电路的电压不能超过钳形电流表所规定的使用电压。无特殊附件的钳形电流表，严禁在高压电路直接使用。

(2)使用前应检查外观是否良好，绝缘有无破损，手柄是否清洁、干燥。

(3)测量前，应检查电流表指针是否指向零位；否则，应进行机械调零。

(4)测量前，还应检查钳口的开合情况，要求钳口可动部分开合自如，两边钳口接合面接触紧密。如钳口上有油污和杂物，应用溶剂洗净；如有锈斑，应轻轻擦去。测量时务必使钳口接合紧密，以减少漏磁通，提高测量精确度。

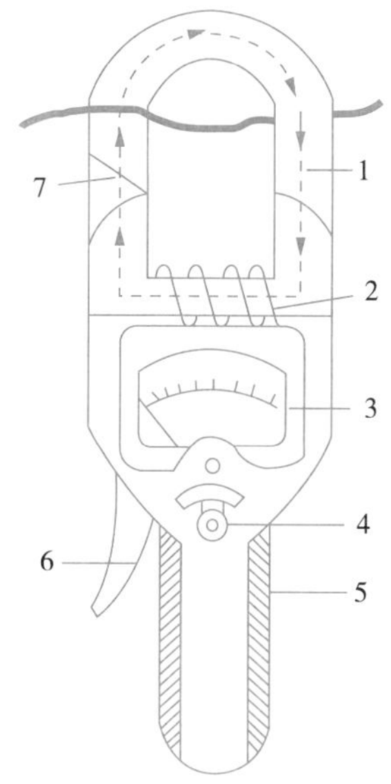


1—穿心式电流互感器铁芯；
2—互感器二次绕组；
3—电磁式电流表；4—旋钮；5—手柄；
6—扳手；7—钳口。

图2-3-2 钳形电流表

(5)测量时，量程选择开关应置于适当位置，以便在测量时使指针超过中间刻度，以减少测量误差。手持胶木手柄，用食指勾紧铁芯开关，便于打开铁芯。将被测导线从铁芯缺口引入铁芯中央，然后放松食指，铁芯即自动闭合。被测导线的电流在铁芯中产生交变磁通，表内感应出电流，即可直接读数。如事先不知道被测电路电流的大小，可先将量程选择开关置于高挡，然后再根据指针偏转情况将量程选择开关调整到合适位置。

(6)测量时，每次只能钳入一根导线，不能同时钳入两根或三根导线。为了提高准确性，应使被测导线置于钳口内中心位置，以利于减小测量误差。钳形铁芯不要靠近变压器和电动机的外壳以及其他带电部分，以免受到外界磁场的影响。

(7)当被测电路电流太小，即使在最低量程挡指针偏转角都不大时，为提高测量精确度，可将被测载流导线在钳口部分的铁芯柱上缠绕几圈后进行测量。将指针指示数除以穿入钳口内导线根数即得实测电流值。

(8)测量过程中不得切换挡位。被测线路的电压不能超过钳形电流表所规定的使用电压。若不是特别必要，一般不测量裸导线的电流。

(9)在较小空间内(如配电箱等)测量时，要防止因钳口的张开而引起相间短路。

(10)钳形电流表不用时,应将量程选择旋钮旋至最高量程挡,以免下次使用时,不慎损坏仪表,并应保存在干燥的室内。

## 三、数字式钳形电流表

数字式钳形电流表(图2-3-3)是一种不断开电路就可以测量正在运行的电气线路的电流大小的仪表。根据其结构及用途分为互感器式和电磁系两种。

常用的是互感器式钳形电流表,由电流互感器和带整流装置的磁电式表头组成。它只能测量交流电流。电磁系仪表可动部分的偏转与电流的极性无关,因此它可以交直流两用。

图2-3-3　数字式钳形电流表

数字式钳形电流表的特点如下。(1)显示清晰直观、读数方便、没有视觉误差,测量速度快,一般可达2～5次/s。(2)测量结果可保存或保持,有的可通过专用接口输出到中央处理器进行处理。(3)测试功能完善,除有指针式钳形电流表的测量种类等,还有通断声响检测、二极管正向导通电压测量,有的还增加了测量电容、频率、温度、峰值、平均值、功率因数、相序等功能,成为名副其实的钳形万用表。(4)准确度高、分辨率高、过载能力强、使用简单、携带方便。(5)不能迅速观察出被测量的变化趋势,对环境要求较高。(6)所有的测量都需要使用电池。

## 四、实训:用钳形电流表测量电动机的电流

### (一)实训器材

(1)交流钳形电流表1只。

(2)三相交流异步电动机1台。

(3)380 V三相电源1处(带三相开关)。

(4)连接导线若干。

### (二)实验内容及步骤

(1)仔细阅读本教材的有关内容。

(2)检查钳形电流表外观是否完好,绝缘有无破损,钳口是否完全密闭,表针是否灵活有效,然后进行机械调零。

(3)将三相交流异步电动机通电,用钳形电流表分别测量其三相电流,将测量结果填入表图2-3-1中。

表 2-3-1 实验测量结果

| 电机工作状态 | U 相/A | V 相/A | W 相/A |
| --- | --- | --- | --- |
| 正常工作电流 | | | |
| 缺相工作电流 | | | |

(4)先将三相电源的任意一相断开,再将三相交流异步电动机通电,使其处于缺相运行状态,用钳形电流表分别测量其三相电流,将测量结果填入表 2-3-1 中。

注意:

(1)测量时应戴绝缘手套,并注意身体各部位与带电体保持安全距离。

(2)只能测量低压电流,不能测量裸导线的电流。

(3)一定要有实验老师在场监护的情况下才能进行通电实验。

思政拓展阅读

## 实训任务四 兆欧表的使用

### 学习目标

(1)熟悉兆欧表的结构、用途和使用方法。

(2)掌握用兆欧表测量电气设备绝缘电阻的方法。

(3)能够正确判断电气设备绝缘情况。

### 工作任务

兆欧表又叫摇表、迈格表、高阻计、绝缘电阻测定仪等,是一种测量电器设备及电路绝缘电阻的仪表。兆欧表主要由三个部分组成:手摇直流发电机(有的用交流发电机加整流器)、磁电式流比计及接线桩(12、E、G)。因为它的标尺刻度以兆欧为单位,故称为兆欧表。兆欧表也是从事电气工作的人员不可缺少的检测工具之一。本任务将以一只 500 V、0～500 MΩ 的兆欧表为例,认识兆欧表的结构及用途,掌握用其测量电气设备绝缘电阻的方法。

### 任务实施

#### 一、兆欧表的选用

兆欧表(图 2-4-1)的常用规格有 250 V、500 V、1000 V、2500 V 和 5000 V 等挡级。

兆欧表的选用主要考虑两个方面:一是电压等级;二是测量范围。

测量额定电压在 500 V 以下的设备或线路的绝缘电阻时,可选用 500 V 或 1000 V 的兆

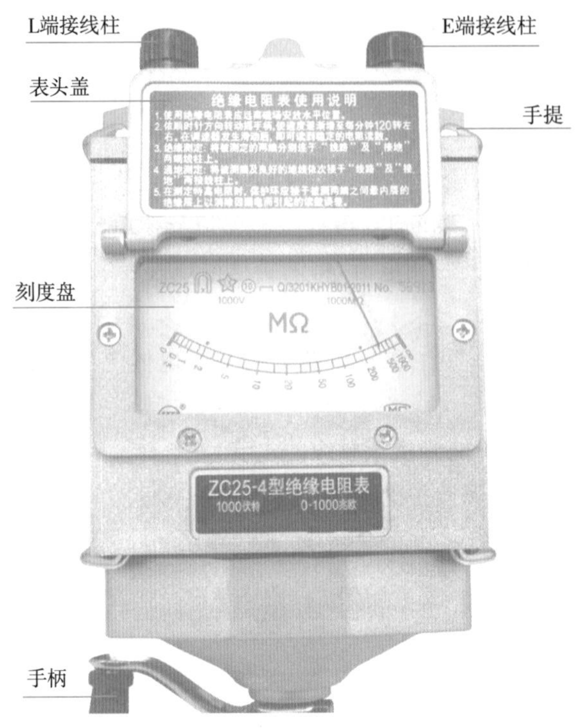


图 2-4-1 兆欧表

欧表(若使用 1000 V 或 2500 V 电压的兆欧表进行测量,则由于电压过高有可能造成设备绝缘被击穿);测量额定电压在 500 V 以上的设备或线路的绝缘电阻时,可选用 1000～2500 V 的兆欧表(若使用 500 V 电压等级的兆欧表进行测量,则由于电压偏低而影响测量的准确性);测量瓷瓶、母线、刀闸等时,应选用 2500～5000 V 的兆欧表。

兆欧表测量范围的选择主要考虑两点:一方面,测量低压电气设备的绝缘电阻时可选用 0～200 MΩ 的兆欧表,测量高压电气设备或电缆时可选用 0～2000 MΩ 兆欧表;另一方面,因为有些兆欧表的起始刻度不是零,而是 1 MΩ 或 2 MΩ,这种仪表不宜用来测量处于潮湿环境中的低压电气设备的绝缘电阻,因其绝缘电阻可能小于 1 MΩ,造成仪表上无法读数或读数不准确。

## 二、兆欧表的正确使用

兆欧表在工作时,自身产生高电压,而测量对象又是电气设备,所以必须正确使用,否则就会造成人身或设备事故。

使用前,要做好以下各种准备。

兆欧表上有三个接线柱,两个较大的接线柱上分别标有 E(接地)、L(线路),另一个较小的接线柱上标有 G(屏蔽)。其中,L 端接被测设备或线路的导体部分,E 端接被测设备或线路的外壳或大地,G 端接被测对象的屏蔽环(如电缆壳芯之间的绝缘层)或不需测量的部分。

兆欧表的常见接线方法如图 2-4-2 所示。

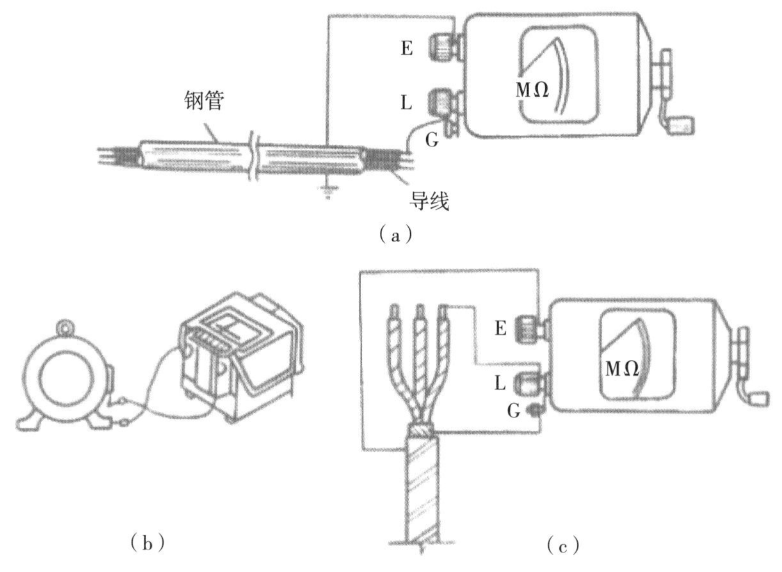


图 2-4-2　兆欧表的常见接线方法

一般被测绝缘电阻都接在“L”“E”端之间，但当被测绝缘体表面漏电严重时，必须将被测物的屏蔽环或不需测量的部分与“G”端相连接。这样漏电流就经由屏蔽端“G”端直接流回发电机的负端形成回路，而不在流过兆欧表的测量机构（动圈）。这样就从根本上消除了表面漏电流的影响，特别应该注意的是，测量电缆线芯和外表之间的绝缘电阻时，一定要接好“G”端，因为当空气湿度大或电缆绝缘表面不干净时，其表面的漏电流将很大，为防止被测物因漏电而对其内部绝缘测量所造成的影响，一般在电缆外表加一个金属屏蔽环，与兆欧表的“G”端相连。

当用兆欧表摇测电器设备的绝缘电阻时，一定要注意“L”端和“E”端不能接反，正确的接法是“L”端接被测设备导体，“E”端接设备的外壳，“G”端接被测设备的绝缘部分。如果将“L”端和“E”端接反了，流过绝缘体内及表面的漏电流经外壳汇集到地，由地经“L”端流进测量线圈，使“G”端失去屏蔽作用而给测量带来很大误差。另外，因为“E”端内部引线同外壳的绝缘程度比“L”端与外壳的绝缘程度要低，当兆欧表放在地上使用时，采用正确接线方式时，“E”端对仪表外壳和外壳对地的绝缘电阻，相当于短路，不会造成误差，而当“L”端与“E”端接反时，“E”端对地的绝缘电阻同被测绝缘电阻并联，而使测量结果偏小，给测量带来较大误差。

兆欧表的操作方法如图 2-4-3 所示。

兆欧表的使用方法如下。

(1)检查兆欧表是否能正常工作。将兆欧表水平放置于平稳牢固的地方，以免在摇动时因抖动和倾斜产生测量误差。空摇兆欧表手柄，将接线柱“L”和“E”分开，使兆欧表内发电

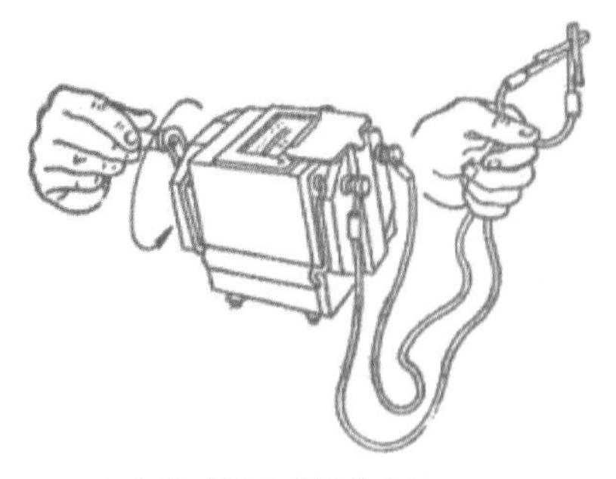

(a) 校试摇表的操作方法

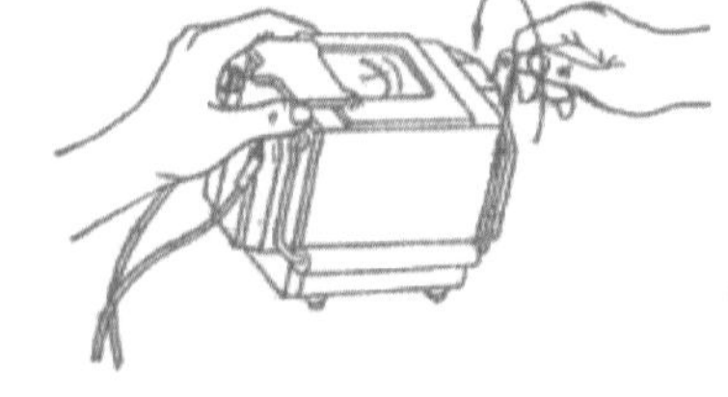

(b) 测量时摇表的操作方法

图 2-4-3 兆欧表的操作方法

机转速稳定(约 120 r/min),指针应该指到"∞"处,再慢慢摇动手柄,使"L"和"E"两接线柱输出线瞬时短接,指针应迅速指零。注意:在摇动手柄时不得让"L"和"E"两接线柱短接时间过长,否则将损坏兆欧表。

(2)检查被测电气设备和电路,看是否已全部切断。绝对不允许设备和线路带电时用兆欧表去测量。

(3)测量前,应对设备和线路先行放电,以免设备或线路的电容放电危及人身安全和损坏兆欧表,这样还可以减少测量误差,同时注意将被测试点擦拭干净,减少接触电阻,确保测量结果的正确性。用兆欧表测量过的电气设备,也须进行接地放电,才可再次测量或使用。

(4)接线必须正确无误。当测量电气设备对地绝缘电阻时,"L"端用单根导线接设备的待测部位,"E"端用单根导线接设备外壳;当测电气设备内两绕组之间的绝缘电阻时,将"L"端和"E"端分别接两绕组的接线端;当测量电缆的绝缘电阻时,为消除因表面漏电产生的误差,"L"端接线芯,"E"端接外壳,"G"端接线芯与外壳之间的绝缘层。"L"端、"E"端、"G"端与被测物的连接线必须用单根线,绝缘良好,不得绞合,表面不得与被测物体接触。

(5)摇动手柄的转速要均匀,一般规定为 120 r/min,允许有±20%的变化幅度,最多不应超过±25%。通常都要摇动 1 min 后,待指针稳定下来再读数。当被测电路中有电容时,先持续摇动一段时间,让兆欧表对电容充电,指针稳定后再读数,测完后先拆去接线,再停止摇动。若测量中发现指针指零,应立即停止摇动手柄。

(6)测试过程中两手不得同时接触两根线。

(7)测试完毕应先拆线,后停止摇动摇表。以防止电气设备向摇表反充电导致摇表损坏。还应对设备充分放电,否则容易引起触电事故。

(8)禁止在雷电时或附近有高压导体的设备上测量绝缘电阻。只有在设备不带电又不可能受其他电源感应而带电的情况下才可测量。

(9)兆欧表未停止转动以前,切勿用手去触及设备的测量部分或兆欧表接线柱。拆线时也不可直接去触及引线的裸露部分,以防触电。

(10)兆欧表应定期校验。校验方法是直接测量有确定值的标准电阻,检查其测量误差是否在允许范围以内。

## 三、注意事项

(1)仪表与被测物间的连接导线应采用绝缘良好的多股铜芯软线，而不能用双股绝缘线或绞线，且连接线间不得绞在一起，以免造成测量数据不准。

(2)手摇发电机要保持匀速，不可忽快忽慢地使指针不停地摆动。

(3)测量过程中，若发现指针为零，说明被测物的绝缘层可能击穿短路，此时应停止继续摇动手柄。

(4)测量具有大电容的设备时，读数后不得立即停止摇动手柄，否则已充电的电容将对兆欧表放电，有可能烧坏仪表。

(5)温度、湿度、被测物的有关状况等对绝缘电阻的影响较大，为便于分析比较，记录数据时应反映上述情况。

## 四、实训：用兆欧表测量电动机相、地之间的绝缘电阻

### (一)实训器材

(1)500 V、0～500 MΩ 的兆欧表 1 只。

(2)三相笼型异步电动机 1 台。

### (二)实训内容及步骤

(1)检查兆欧表是否完好。

(2)对正在运行的电动机应先停电(大型电动机还须用放电棒对电动机进行对地放电)，用验电笔确认无电后，再进行测量。

(3)打开电动机接线盒盖，测量电动机相与相之间的绝缘电阻(要分别测量 U 相- V 相、V 相- W 相及 W 相- U 相之间的绝缘电阻，共需要测量三次)，如图 2-4-4 所示；绕组对外壳的绝缘电阻，如图 2-4-5 所示。将测量结果填入表 2-4-1 中。

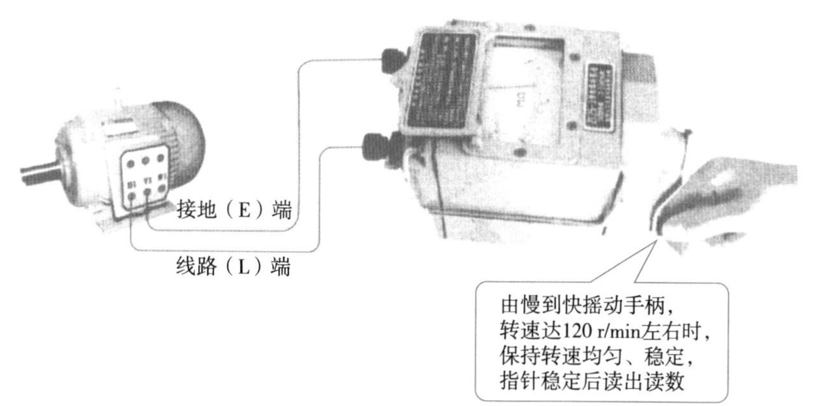
接地（E）端
线路（L）端
由慢到快摇动手柄，
转速达120 r/min左右时，
保持转速均匀、稳定，
指针稳定后读出读数

图 2-4-4　用兆欧表测量电动机每两相之间的绝缘电阻

注意:由于兆欧表内手摇发电机发出的电压较高,故在测量过程中,操作者切勿用手触及兆欧表的接线端及与其连线的导电部分。

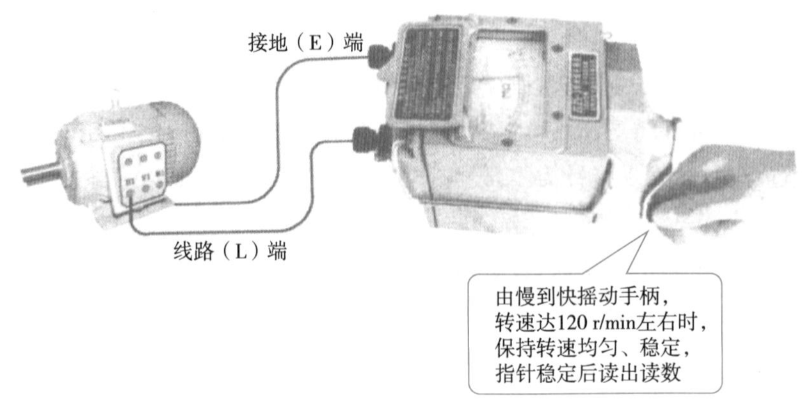
接地(E)端
线路(L)端
由慢到快摇动手柄,
转速达120 r/min左右时,
保持转速均匀、稳定,
指针稳定后读出读数

图 2-4-5　用兆欧表测量电动机每相与地之间的绝缘电阻

表 2-4-1　电动机相间及接地绝缘电阻的测量

| 测试项目 | 测试结果 | 合格值 | 判断 |
| --- | --- | --- | --- |
| U 相- V 相 | | | |
| V 相- W 相 | | | |
| W 相- U 相 | | | |
| U 相- N | | | |
| V 相- N | | | |
| W 相- N | | | |

思政拓展阅读

(4)盖好接线盒盖子。整理测量现场,恢复电机运行。

# 第三章　照明线路安装

## 实训任务一　常用导线连接

(1)熟练掌握导线绝缘层的剖削。

(2)熟练掌握导线的基本连接方法。

(3)熟练掌握导线绝缘层的恢复。

在电气安装和线路维修中,经常将两根导线连接起来,或将导线连接在接线柱上。导线连接点的故障也是低压供电线路中出现最多的,导线连接和绝缘层恢复的质量同样关系着设备、电路能否安全可靠地运行。导线的连接方法有绞接、焊接、压接和螺栓连接等多种,可适用于不同的导线及不同的工作地点。导线连接的步骤:剥离导线绝缘层,线芯连接,接头焊接或压接,恢复导线接头的绝缘。对导线连接的基本要求:接触紧密,接头电阻小,稳定性好;接头的机械强度应不小于导线机械强度的80%;耐腐蚀,对于采用熔焊法的铝与铝连接应防止残余熔剂或熔渣的化学腐蚀,对于铝与铜连接主要防止电化腐蚀;接头的绝缘层强度应与导线的绝缘强度一样。

### 任务实施

本任务的主要操作内容是通过对多种导线的连接方法进行训练,得到熟练掌握此技能。

(1)单股铜芯线的直接连接步骤如图 3－1－1 所示。

(2)单股铜芯线与多股铜芯线的分支连接步骤如图 3－1－2 所示。

(3)七股铜芯线的直接连接步骤如图 3－1－3 所示。

(4)多股铜芯线的分支连接步骤如图 3－1－4 所示。

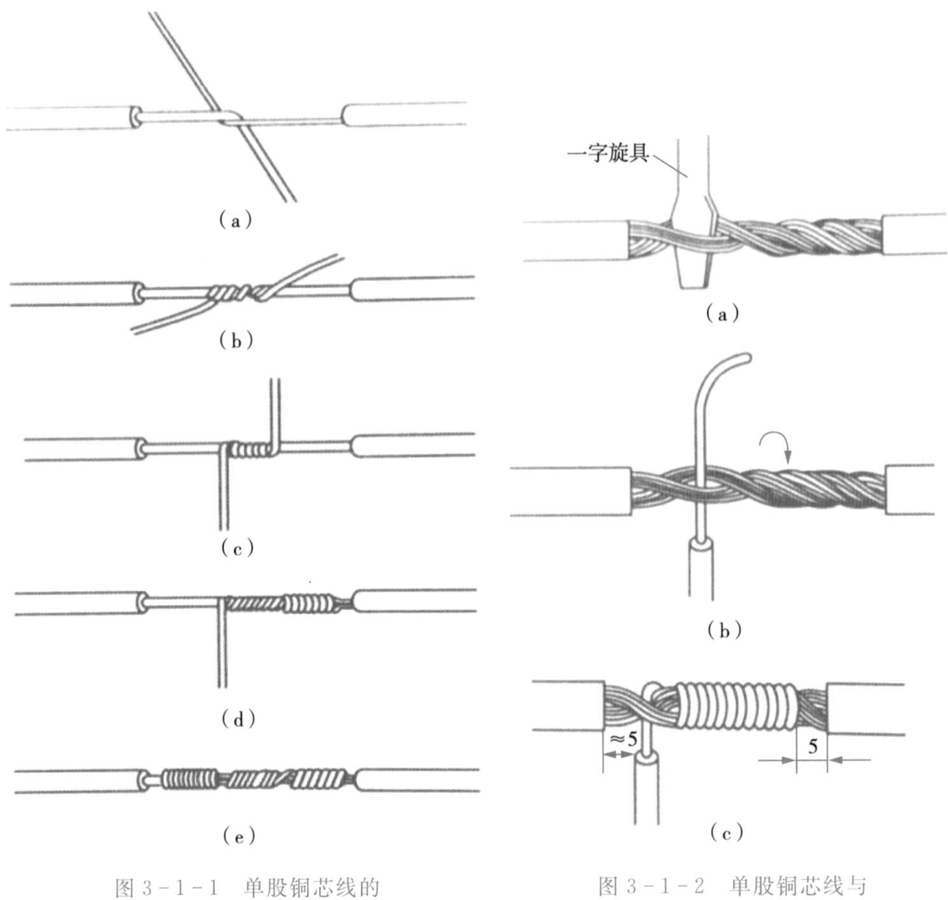


(a) (b) (c) (d) (e)

图 3-1-1　单股铜芯线的直接连接步骤

(a) (b) (c)

图 3-1-2　单股铜芯线与多股铜芯线的分支连接步骤

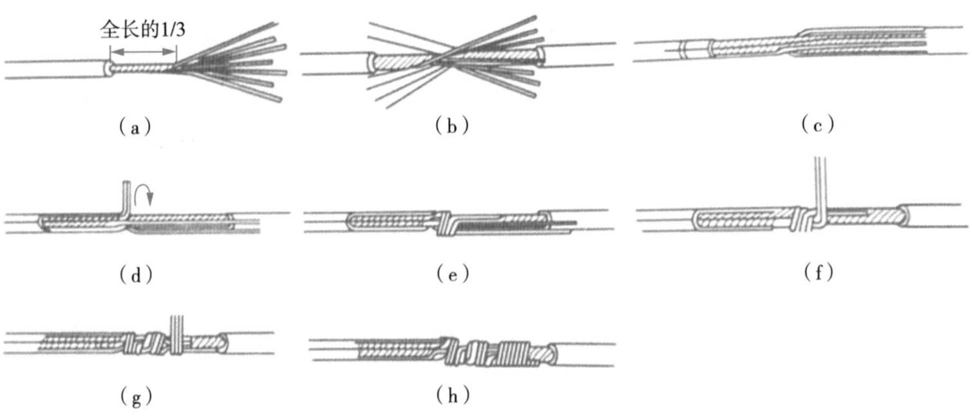


(a) (b) (c) (d) (e) (f) (g) (h)

图 3-1-3　七股铜芯线的直接连接步骤

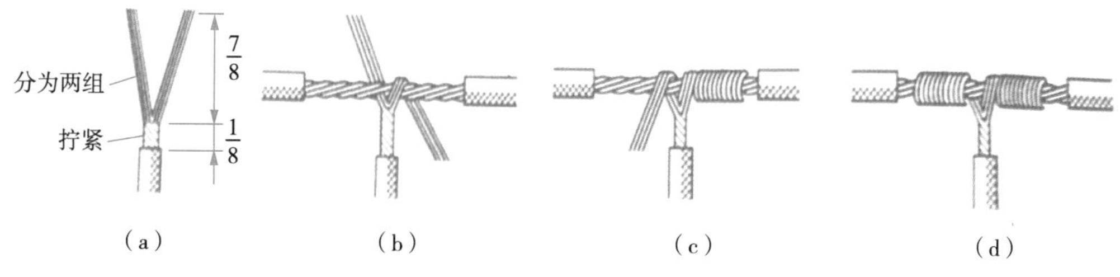


图 3-1-4　多股铜芯线的分支连接步骤

(5)单股芯线羊眼圈弯法的扎弯步骤如图 3-1-5 所示。

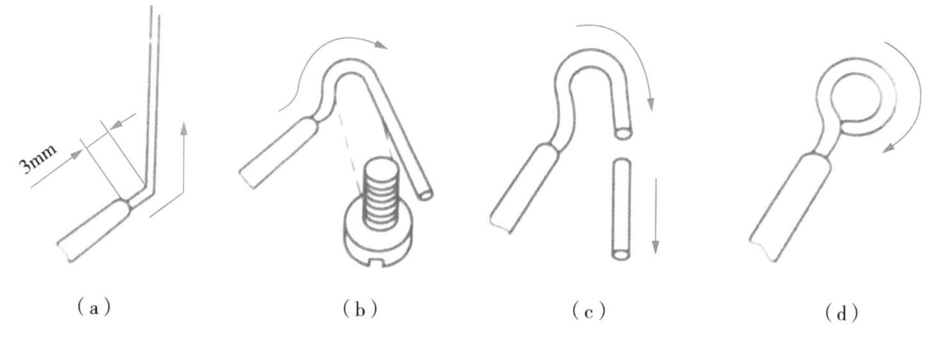


图 3-1-5　单股芯线羊眼圈弯法的扎弯步骤

(6)多股芯线压接圈弯法的扎弯步骤如图 3-1-6 所示。

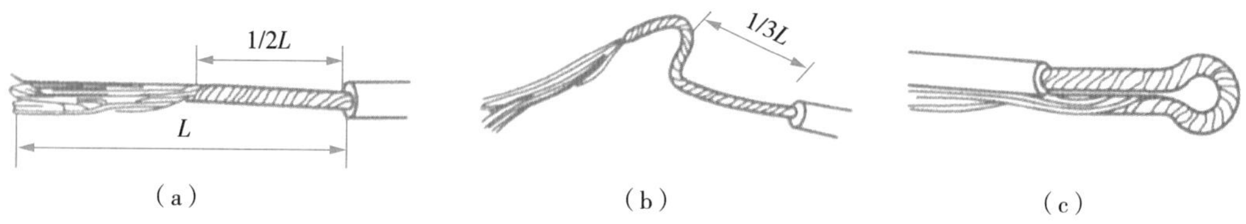


图 3-1-6　多股芯线压接圈弯法的扎弯步骤

(7)直线连接的导线接头的绝缘处理步骤如图 3-1-7 所示。

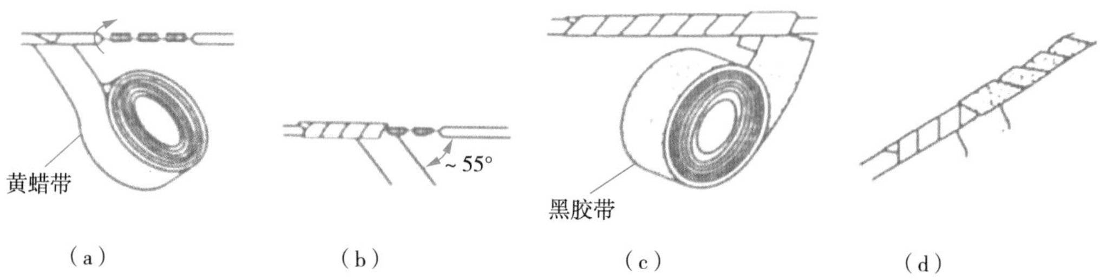


图 3-1-7　直线连接的导线接头的绝缘处理步骤

(8)T 型连接的导线接头的绝缘处理步骤如图 3-1-8 所示。

(9)导线与针孔式接线柱的连接步骤如图 3-1-9 所示。

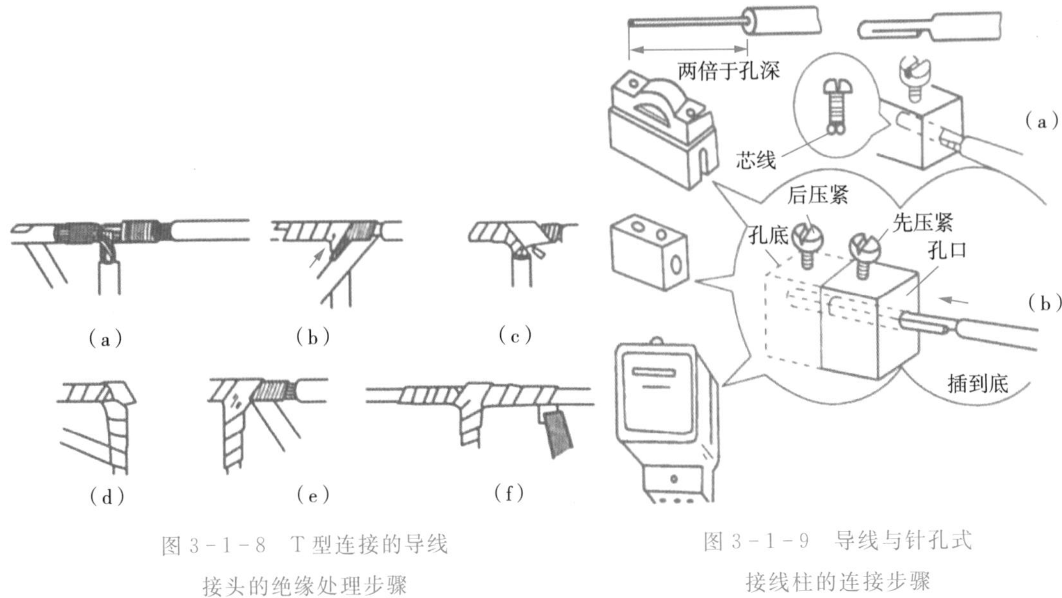


图 3-1-8　T 型连接的导线接头的绝缘处理步骤

图 3-1-9　导线与针孔式接线柱的连接步骤

实训内容及步骤:根据以上导线连接步骤,进行多次实训练习。以单股铜芯线的直接连接、单股铜芯线与多股铜芯线的分支连接、七股铜芯线的直接连接和多股铜芯线的分支连接做一次实训考核,

实训考核标准:导线连接实训考核评定标准见表 3-1-1 所列。

表 3-1-1　导线连接实训考核评定标准

| 考核内容 | 配分 | 扣分标准 | 扣分 | 得分 |
|---|---|---|---|---|
| 导线剖削 | 30 分 | (1)导线剖削方法不正确　扣 10 分<br>(2)工艺不规范　扣 10 分<br>(3)导线损伤为刀伤　扣 10 分<br>(4)导线损伤为钳伤　扣 5 分 | | |
| 导线连接 | 40 分 | (1)导线缠绕方法不正确　扣 15 分<br>(2)导线缠绕不整齐　扣 10 分<br>(3)导线连接不平直　扣 10 分<br>(4)导线连接不紧凑且不圆　扣 15 分 | | |
| 绝缘层恢复 | 30 分 | (1)包缠方法不正确　扣 15 分<br>(2)绝缘层数不够　扣 10 分<br>(3)渗水入绝缘层　扣 15 分<br>(4)渗水入铜线　扣 20 分 | | |
| 注:各项内容扣分总值不应超过对应项的配分数 | | | | |

思政拓展阅读

# 实训任务二 单控白炽灯照明线路的安装与维护

(1)认识常用的照明线路元件。

(2)正确识读单控白炽灯照明线路图。

(3)学会安装护套线的配线单控白炽灯照明线路。

(4)学会白炽灯照明线路中常见故障的检修。

照明线路中,白炽灯结构简单,主要是将灯丝通电加热到白炽状态,发出可见光的电光源。相应的电路也简单。不同用途和要求的白炽灯,其结构和部件不尽相同。白炽灯的光效虽低,但光色和集光性能很好。本任务通过对白炽灯的安装,使大家了解照明线路的安装要求,安全防护和故障检测方法。

任务实施

## 一、认识单控白炽灯照明线路元件

### (一)白炽灯及灯座

白炽灯泡如图 3－2－1 所示,白炽灯灯座如图 3－2－2 所示。

图 3－2－1 白炽灯泡

图 3－2－2 白炽灯灯座

### (二)照明线路中的开关

常见的开关:拉线开关、扳动开关、跷板开关、钮子开关。如图 3－2－3 所示为跷板开关。“联”又称为“位”,指在一个面板上有几个开关功能模块。

“单联”就是有一个开关,如图 3－2－4 所示;“双联”就是有两个开关,如图 3－2－5 所示。“控”即一个开关选择性地控制几条线路。双控开关可以作为单控开关使用,使用时选择公共接线端和任意一个控制接线端。

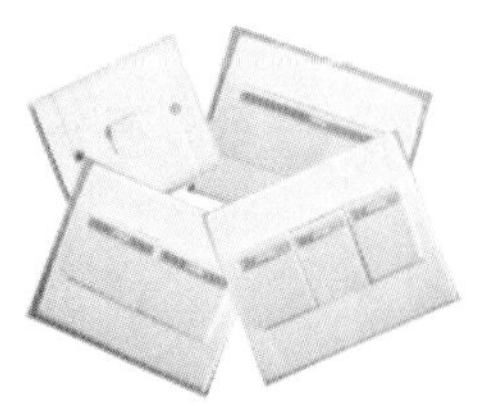

图 3-2-3　跷板开关

图 3-2-4
单联跷板开关

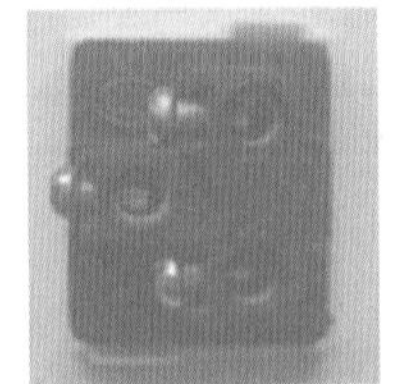

图 3-2-5
双联跷板开关

(三)漏电保护装置

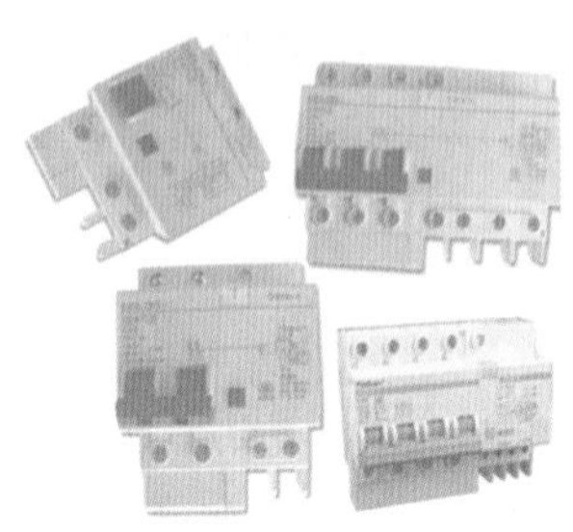

图 3-2-6　漏电断路器

“极”指漏电断路器在保护时能同时断开几根线。单相 220 V 电源供电的电气设备应选用单极二线式或二极二线式漏电断路器,如图 3-2-6 所示。

漏电断路器的额定值应能满足被保护供电线路的安全运行要求。

## 二、识读单控白炽灯照明线路电气图

(1)单控白炽灯原理图,如图 3-2-7 所示。

(2)单控白炽灯安装图,如图 3-2-8 所示。

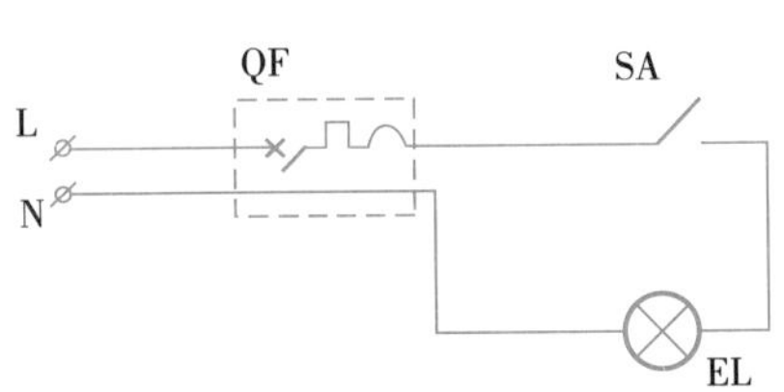



图 3-2-7　单控白炽灯原理图

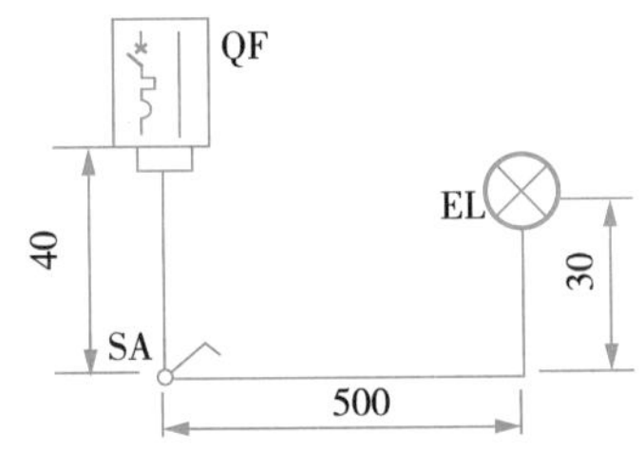



图 3-2-8　单控白炽灯安装图

## 三、安装单控白炽灯照明线路

在电工板上安装单控白炽灯照明线路:定位划线、护套线的配线、安装连接元件、通电试验。

(一)定位划线

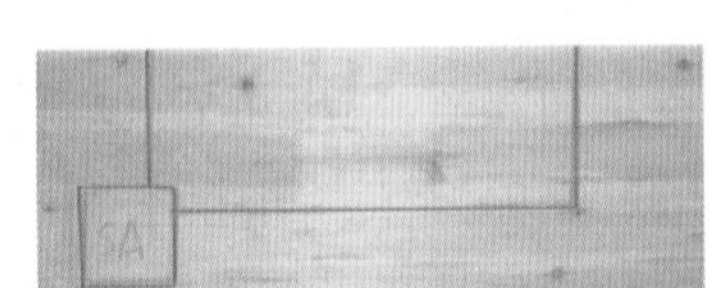



图 3-2-9　定位划线

根据布置图确定电源、开关、灯座的位置,用笔做好记号,如图 3-2-9 所示。实际安装时开关盒离地面高度应为 1.3 m,与门框的距离一般为 150～200 mm。

## (二)护套线的配线

### 1. 导线根数确定

由定位划线已确定电路涉及的灯位盒和开关盒及电源进线盒的具体位置,再由已绘制的照明灯具控制原理图,就可计算明敷设或穿管敷设每段路径导线根数了。

### 2. 护套线敷设

表示此处需要两根线,BVV 2×1.5 表示选用截面积为 1.5 $mm^2$ 聚氯乙烯铜芯绝缘两芯护套线,BVV 表示聚氯乙烯铜芯绝缘护套线,2 表示两芯,1.5 表示导线的截面积,如图 3-2-10所示。

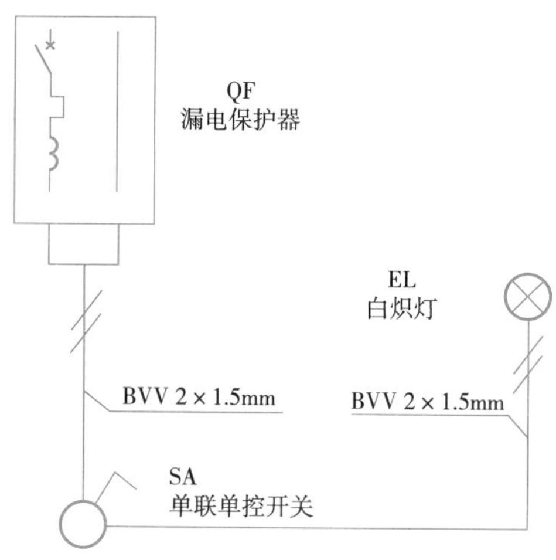


图 3-2-10 单控白炽灯安装配线图

单控白炽灯照明线路护套线敷设步骤如下。

(1)两固定线卡之间的距离为 150～300 mm。

(2)护套线转弯时,用手将导线勒平后,弯曲成型,折弯半径不得小于导线直径的 6 倍,转弯前后应各用一个线卡夹持。

(3)护套线进出元器件时应安装一个线卡夹持。

(4)护套线的敷设要做到横平竖直。

## (三)安装连接元件

### 1. 开关的安装与连接

操作提示:

(1)开关必须串接在火线上,不应串接在零线回路上,这样当开关处于断开位置时,灯头及电气设备上不带电,以保证检修的安全。

(2)去除绝缘层不能太长,安装后接线柱处不要漏铜。

2. 灯座的安装与连接

操作提示：

(1)螺口平灯座有两个接线柱，来自开关的受控火线必须连接中心舌簧片的接线柱上，零线连接到螺纹圈接线柱上。

(2)压接圈应顺时针弯曲，保证拧紧的时候不会使其松开。

3. 漏电保护断路器的安装与连接

操作提示：

(1)做到连接处不漏铜，也不能压绝缘皮。

(2)单极二线漏电断路器上有“N”标志，表示此接线端接零线，即黑线。

(四)通电试验

(1)通电前，需进行短路检查，如图 3-2-11 所示。

(2)通电试验，如图 3-2-12 所示。

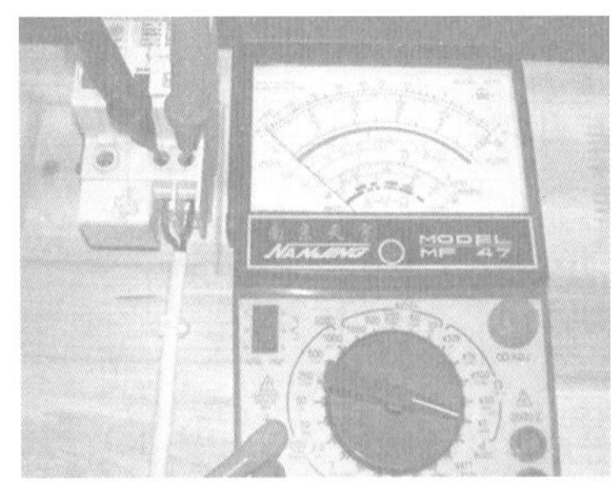


图 3-2-11　短路检查

图 3-2-12　单控白炽灯照明线路通电试验

## 四、故障的检修

(一)故障检修的步骤

照明线路的维修可分为三个步骤：了解故障现象，故障现象分析，检修。

(二)验电笔检测故障

使用验电笔可以检测低压电线、电器和电气装置是否带电，如图 3-2-13 所示。

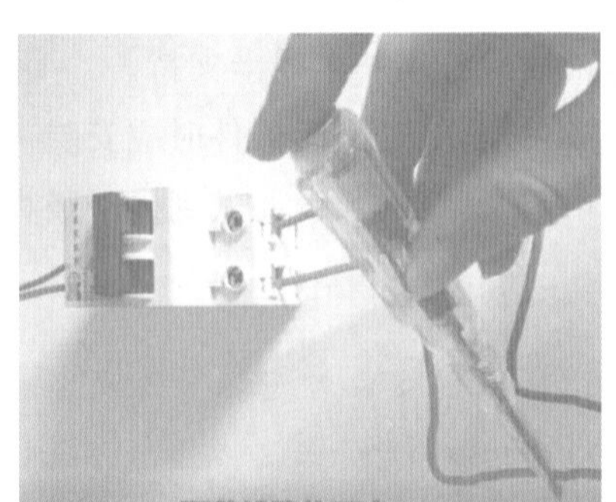

图 3-2-13　使用验电笔检测低压电线是否带电

(三)万用表检测

使用万用表可以检测低压电线、电器和电气装置的带电情况，操作如图 3-2-14 所示。

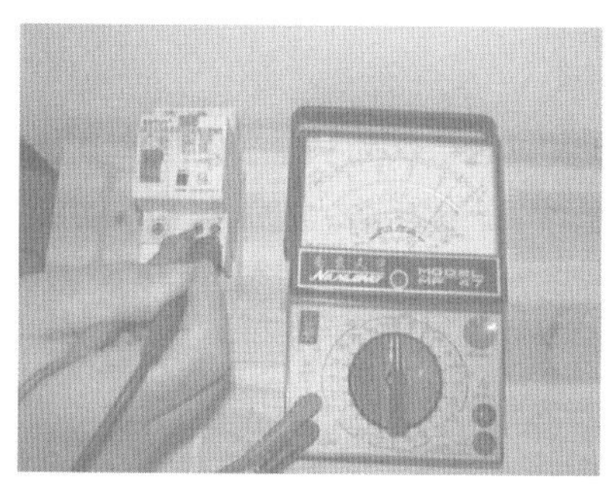

(a)检测漏电断路器输出电压

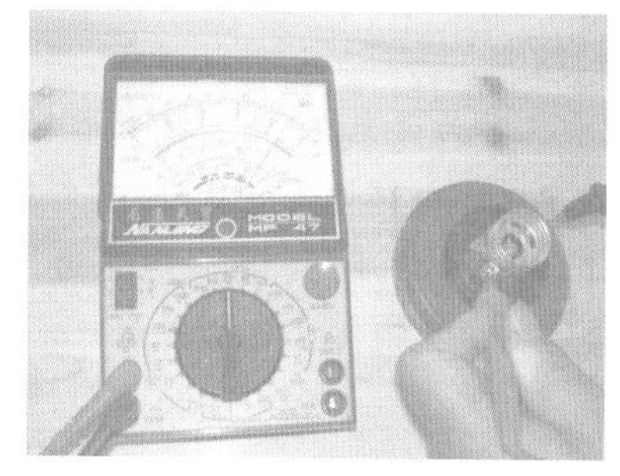
(b)检测灯座两接线端电压

图 3-2-14　使用万用表检测操作

### (四)白炽灯照明电路的常见故障及检修方法

白炽灯照明电路的常见故障及检修方法见表 3-2-1 所列。

表 3-2-1　白炽灯照明电路的常见故障及检修方法

| 故障现象 | 产生原因 | 检修方法 |
|---|---|---|
| 灯泡不亮 | (1)灯泡钨丝烧断<br>(2)灯座或开关接线松动或接触不良<br>(3)线路中有断路故障 | (1)调换新灯泡<br>(2)检查灯座和开关的接线并修复<br>(3)用验电笔检查线路的断路处并修复 |
| 开关合上后漏电开关自动关闭 | (1)灯座内两线头短路<br>(2)螺口灯座内中心铜片与螺旋铜圈相碰短路<br>(3)线路中发生短路或漏电<br>(4)用电量超过容量 | (1)检查灯座内两线头并修复<br>(2)检查灯座并扳校准中心舌簧<br>(3)检查导线绝缘是否老化或损坏并修复<br>(4)减小负载 |
| 灯泡忽亮忽灭 | (1)灯丝烧断，但受震动后忽接忽离<br>(2)灯座或开关接线松动<br>(3)电源电压不稳 | (1)更换灯泡<br>(2)检查灯座和开关并修复<br>(3)检查电源电压 |

## 实训任务三　日光灯照明线路的安装

### 学习目标

(1)掌握日光灯照明线路的结构。

(2)理解并掌握日光灯的工作原理。

(3)学会日光灯照明线路的安装。

(4)学会日光灯照明线路常见故障的分析及检修。

日光灯又称为荧光灯，是一种最普通的照明灯具，其寿命较长，一般为白炽灯的 2～3 倍，发光效率也比白炽灯高得多，但日光灯电路较复杂，价格较高，故障率高于白炽灯，而且安装维修比白炽灯难度大。本任务将通过对日光灯电路的结构认识、原理理解和线路安装训练，学会分析日光灯照明线路的常见故障及检修方法。

## 一、日光灯照明线路的结构

日光灯电路有日光灯管、镇流器、启辉器、灯座和灯架五个部分组成，如图 3－3－1 所示日光灯管是一个普通的玻璃管，管内壁涂有一层均匀的荧光粉，日光灯管两端各有一根螺旋状灯丝。

镇流器有电感式镇流器和电子镇流器两种，其主要作用是在瞬间产生一个足够高的电动势，使日光灯管内气体被电离导电。

启辉器俗称启动器、别火、跳泡，是启动日光灯管发光的器件。其由氖泡、纸介电容和铝质外壳组成，氖泡内有一个固定的静触片和一个双金属片制成的倒 U 形触片。启辉器结构示意图如图 3－3－2 所示。

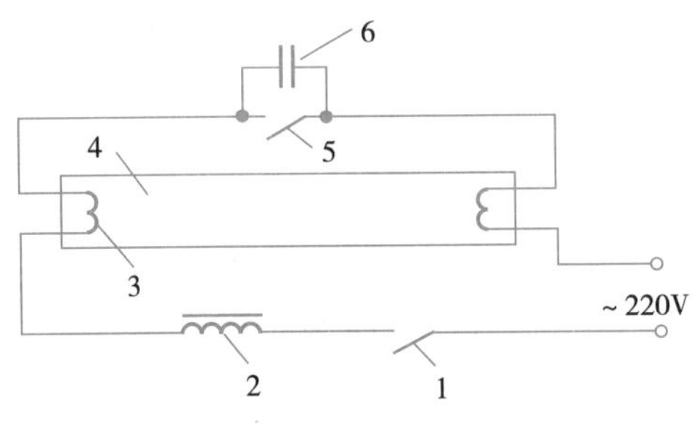


1—开关；2—镇流器；3—灯丝；4—日光灯管；
5—启辉器内 U 形触片；6—启辉器电容。

图 3－3－1 日光灯结构示意图

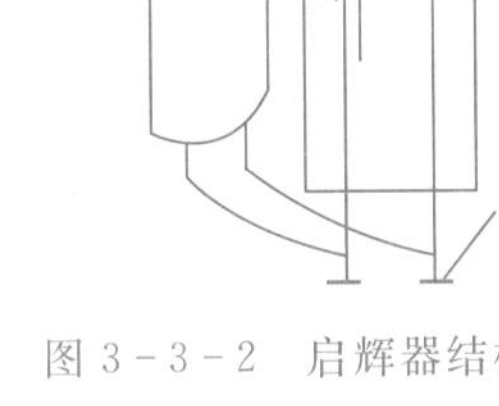

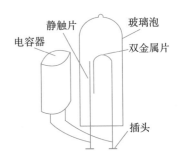

图 3－3－2 启辉器结构示意图

灯架用来安装日光灯电路的各零部件。灯架两端的一对绝缘灯座将日光灯管支承在灯架上，再连入导线接成日光灯的完整电路。

## 二、日光灯的工作原理

在如图 3－3－1 所示电路中，当开关接通时，电源电压立即通过镇流器和灯丝加到启辉器的两极。220 V 的电压立即使启辉器的惰性气体电离，产生辉光放电。辉光放电的热量使倒 U 形触片膨胀伸长，与静触片接通，于是镇流器线圈和灯丝就有电流通过。电流通过镇流器、启辉器触极和两端灯丝构成通路。灯丝很快被电流加热，发射出大量电子。这时，由于启辉器两极闭合，两极间电压为零，辉光放电消失，日光灯管内温度降低；双金属片自动复位，两极断开。在两极断开的瞬间，电路电流突然切断，镇流器产生很大的自感电动势，与电源电压叠加后作用于日光灯管两端。灯丝受热时发射出来的大量电子，在日光灯管两端高电压作用下，以极大的速度由低电势端向高电势端运动。在加速运动的过程中，碰撞日光灯管内的氩气分子，使之迅速电离。氩气电离产生的热量使水银产生蒸气，随之水银蒸气也被电离，并发出强烈的紫外线。在紫外线的激发下，管壁内的荧光粉发出近乎白色的可见光。

日光灯正常发光后，交流电不断通过镇流器的线圈，线圈中产生自感电动势，自感电动势阻碍线圈中的电流变化。镇流器起到降压限流的作用，使电流稳定在灯管的额定电流范围内，灯管两端电压也稳定在额定工作电压范围内。由于这个电压低于启辉器的电离电压，因此并联在两端的启辉器也就不再起作用了。

## 三、日光灯照明线路的安装

安装日光灯，先是对照电路图连接电路，组装灯具的配件，通电试亮，然后再建筑物上固定，并接通室内的控制电源，如图 3－3－3 所示。

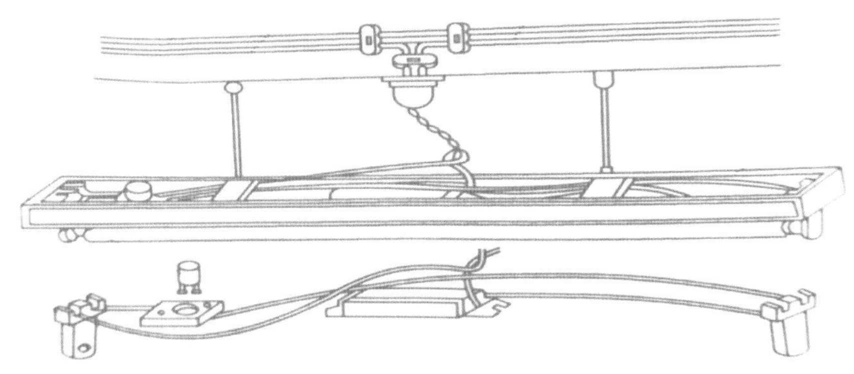

图 3－3－3　日光灯线路安装图

启辉器座上的两个接线柱分别与两个灯座中的一个接线柱连接。一个灯座中余下的另一个接线柱与电源的中性线相连接，另一个灯座中余下的另一个接线柱与镇流器的一个接头连接。镇流器另一个接头与开关的一个接线柱连接，而开关的另一个接线柱与电源相线连接。

思政拓展阅读

## 四、日光灯照明线路的常见故障及检修方法

日光灯照明线路的常见故障及检修方法见表 3－3－1 所列。

表 3-3-1　日光灯照明线路的常见故障及检修方法

| 故障现象 | 产生原因 | 检修方法 |
| --- | --- | --- |
| 日光灯管不能发光 | (1)灯座或启辉器底座接触不良<br>(2)日光灯管漏气或灯丝断<br>(3)镇流器线圈断路<br>(4)电源电压过低<br>(5)新装日光灯接线错误 | (1)转动灯管,使灯管四极和灯座四夹座接触,使启辉器两极与底座两铜片接触,找出原因并修复<br>(2)用检查或观察荧光粉是否变色,确认日光灯管坏,可换新日光灯管<br>(3)修理或调换镇流器<br>(4)不必修理<br>(5)检查线路 |
| 日光灯抖动或两头发光 | (1)接线错误或灯座灯脚松动<br>(2)启辉器氖泡内动、静触片不能分开或电容击穿<br>(3)镇流器配用规格不合适或接头松动<br>(4)日光灯管陈旧,灯丝上电子发射物质放电作用降低<br>(5)电源电压过低或线路电压降过大<br>(6)气压过低 | (1)检查线路或修理灯座<br>(2)将启辉器取下,用两把螺丝刀的金属头分别触及启辉器底座两块铜片,然后将两根金属杆相碰,并立即分开,如灯管能跳亮,则启辉器是坏了,应更换启辉器<br>(3)调换适当镇流器或加固接头<br>(4)调换日光灯管<br>(5)如有条件升高电压或加粗导线<br>(6)用热毛巾对日光灯管加热 |
| 日光灯管两端发黑或生黑斑 | (1)日光灯管陈旧,寿命将终止的现象<br>(2)如果新日光灯管,可能因启辉器损坏使灯丝发射物质加速挥发<br>(3)日光灯管内水银凝结是细灯管常见现象<br>(4)电源电压太高或镇流器配用不当 | (1)调换灯管<br>(2)调换启辉器<br>(3)日光灯管工作后即能蒸发或日光灯管旋转 180°<br>(4)调整电源电压或调换适当的镇流器 |
| 灯光闪烁或光在日光灯管内滚动 | (1)新日光灯管暂时现象<br>(2)日光灯管质量不好<br>(3)镇流器配用规格不符或接线松动<br>(4)启辉器损坏或接触不好 | (1)开用几次或对调日光灯管两端<br>(2)换一根日光灯管试一试有无闪烁<br>(3)调换合适的镇流器或加固接线<br>(4)调换启辉器或加固启辉器 |
| 日光灯管光度减低或色彩转差 | (1)日光灯管陈旧的必然现象<br>(2)日光灯管上积垢太多<br>(3)电源电压太低或线路电压降太大<br>(4)气温过低或冷风直吹日光灯管 | (1)调换日光灯管<br>(2)消除日光灯管积垢<br>(3)调整电压或加粗导线<br>(4)加防护罩或避开冷风 |
| 日光灯管寿命短或发光后立即熄灭 | (1)镇流器配用规格不合适或质量较差,或镇流器内部线圈短路,致使日光灯管电压过高<br>(2)受到剧震,将使灯丝震断<br>(3)新装日光灯管因接线错误将灯管烧坏 | (1)调换或修理镇流器<br>(2)调换安装位置或更换日光灯管<br>(3)检修线路 |

（续表）

| 故障现象 | 产生原因 | 检修方法 |
| --- | --- | --- |
| 镇流器有杂音或电磁声 | (1)镇流器质量较差或其铁芯的硅钢片未夹紧<br>(2)镇流器过载或其内部短路<br>(3)镇流器受热过度<br>(4)电源电压过高引起镇流器发出声音<br>(5)启辉器不好引起开启时辉光杂音<br>(6)镇流器有微弱声，但影响不大 | (1)调换或修理镇流器<br>(2)调换镇流器<br>(3)检查受热原因<br>(4)如有条件设法降压<br>(5)调换启辉器<br>(6)是正常现象，可用橡皮垫衬，以减少振动 |
| 镇流器过热或冒烟 | (1)电源电压过高或容量过低<br>(2)镇流器内线圈短路<br>(3)日光灯管闪烁时间长或使用时间太长 | (1)有条件可调低电压或换用容量较大的镇流器<br>(2)调换镇流器<br>(3)检查闪烁原因或减少连续使用的时间 |

## 实训任务四 双控白炽灯照明线路的安装

学习目标

(1)理解双控白炽灯照明线路的工作原理。

(2)学会安装线管、明装配线双控白炽灯照明线路。

工作任务

在前面的实训中，同学们练习了用一只开关控制一盏白炽灯或日光灯的照明线路安装。那么在控制照明灯时，如何来实现在两地控制一盏灯。通常楼梯上的照明灯，需要做这种异地控制，其具体要求：在楼上、楼下都能控制照明灯的开与关。本任务就是使用两个双控开关在两地均能控制一盏白炽灯的照明线路安装。

任务实施

### 一、识读双控白炽灯照明线路电气图

(1)双控白炽灯照明线路原理图，如图 3-4-1 所示。

(2)双控白炽灯照明线路安装图，如图 3-4-2 所示。

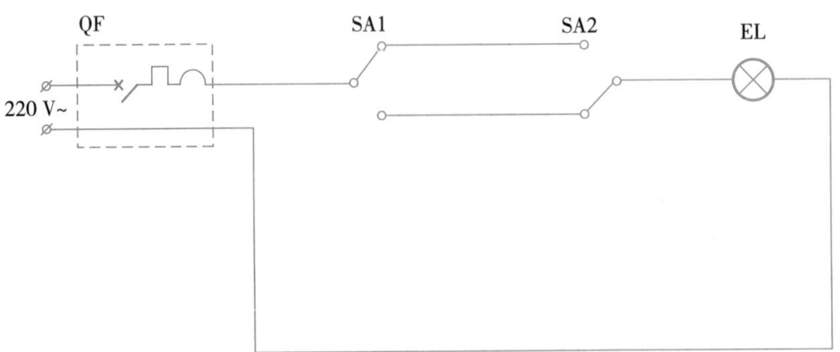


图 3-4-1　双控白炽灯照明线路原理图

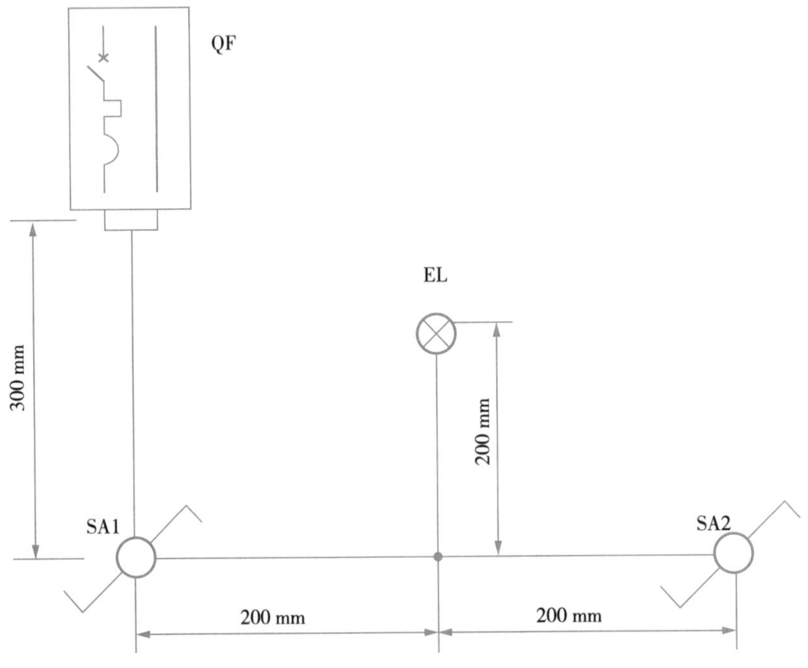


图 3-4-2　双控白炽灯照明线路安装图

## 二、安装双控白炽灯照明线路

在电工板上安装双控白炽灯照明线路步骤:划线定位、线管敷设、配线、元件安装、通电试验、故障检修。

(1)双控白炽灯照明线路划线定位,如图 3-4-3 所示。

(2)双控白炽灯照明线路线管敷设,如图 3-4-4 所示。

(3)双控白炽灯照明线路配线,如图 3-4-5、图 3-4-6 所示。

确定导线根数穿线:火线——红色,零线——蓝色,单联双控开关之间连接线——黑色。

(4)双控白炽灯照明线路元件安装,如图 3-4-7 所示。

安装开关:安装灯座与漏电保护开关。

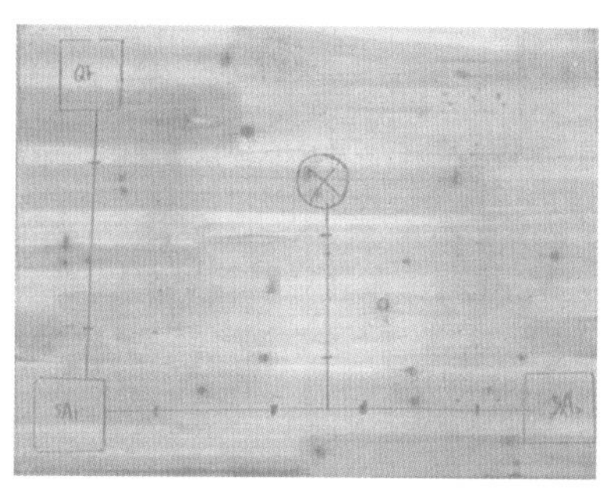


图 3-4-3　定位白炽灯照明线路划线

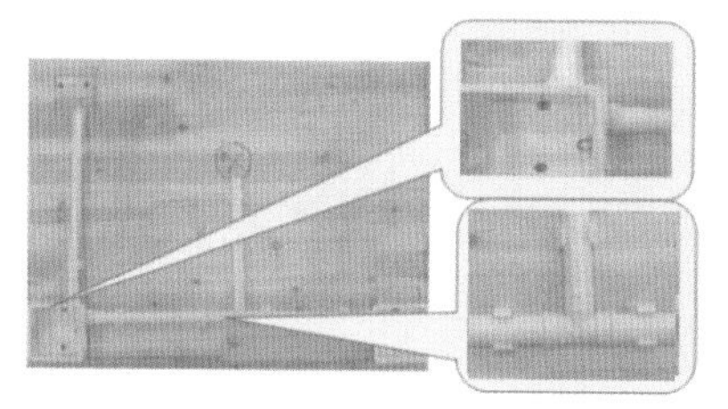

图 3-4-4　双控白炽灯照明线路线管敷设

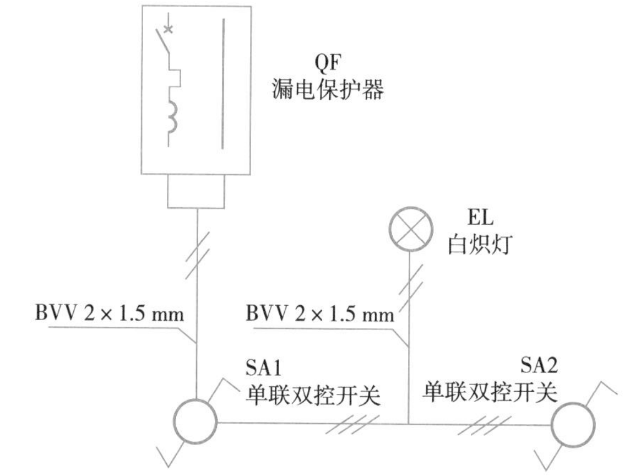


图 3-4-5　双控白炽灯照明线路配线接线图

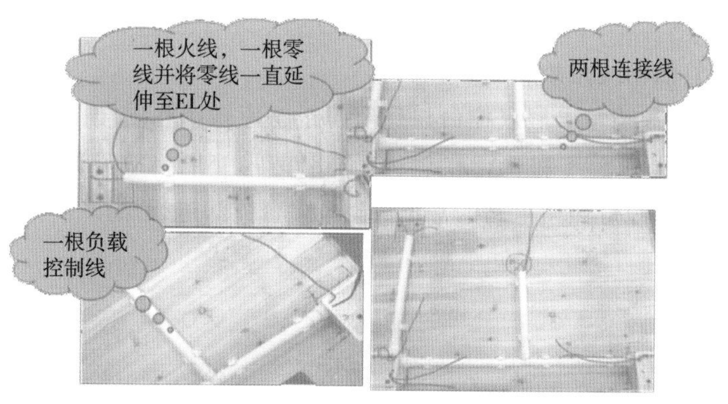


图 3-4-6　双控白炽灯照明线路穿管配线

操作提示：

利用两个双控开关实现双控白炽灯时，火线进入一个开关的公共接线柱，另一个开关的公共接线柱接灯座的舌簧接线柱，两开关的受控接线柱分别用两根导线连接。

(5)双控白炽灯照明线路通电试验，如图 3-4-8 和图 3-4-9 所示。

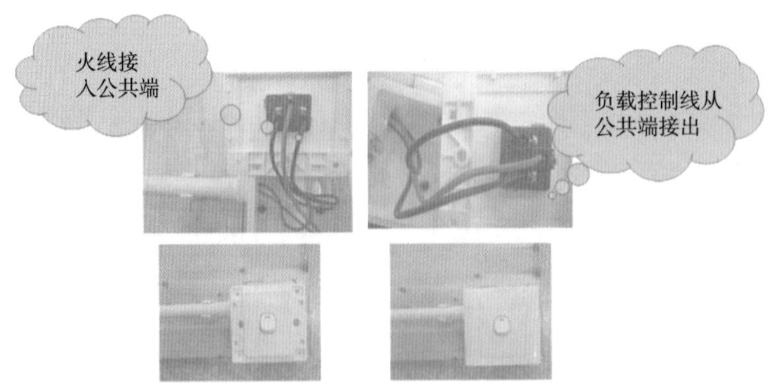


图 3-4-7　双控白炽灯照明线路元件安装

① 通电前,需进行短路检查。

② 通电试验。

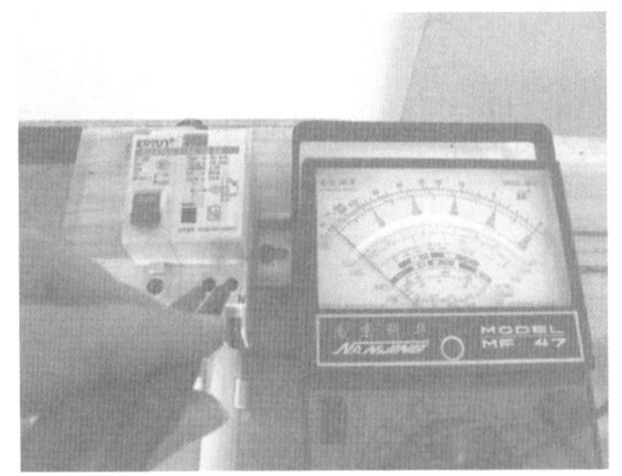

图 3-4-8　双控白炽灯照明线路短路检查

图 3-4-9　双控白炽灯照明线路通电试验

(6)双控白炽灯照明线路故障检修。

在控制线路上的故障可参照双控白炽灯照明线路原理图和安装图,利用验电笔检测漏电保护断路器输出、开关 SA1 和 SA2 的输入、输出端等,判断出故障部位并修复,如照明灯具故障,可参照单控白炽灯照明电路的常见故障及检修方法进行操作。

## 实训任务五　家庭用小型配电箱的安装

(1)了解单相电能表、漏电保护开关、自动空气开关的作用及接线方法。

(2)熟悉家庭小型配电箱的电器安装及接线工艺。

(3)学会使用验电笔、万用表对电路进行测试与检修。

室外交流电源通过进户装置进入室内，再通过量电装置和配电装置将电能送至用电设备。量电装置通常由进户总开关、电能表等组成；配电装置一般由控制开关、过载保护电器、短路保护电器等组成。

## 一、空气开关

空气开关又名空气断路器，如图 3-5-1 所示，是断路器的一种，是一种只要电路中电流超过额定电流就会自动断开的开关。空气开关是低压配电网络和电力拖动系统中非常重要的一种电器，它集控制和短路、严重过载及欠电压等多种保护功能于一身。

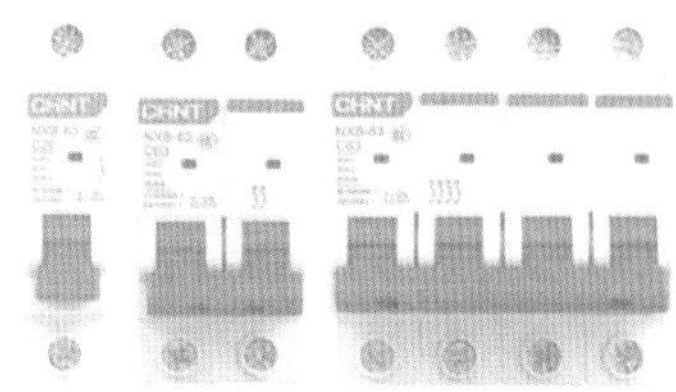

图 3-5-1　空气开关

一般住户配电箱总开关要选择双极 32～63 A 的小型空气开关，大功率用电器、空调要选择 16～25 A 的空气开关，插座一般是 16～20 A 的空气开关，灯具照明一般是 10～16 A 的空气开关。

把空气开关整齐排列在配电箱卡槽内。根据“上进下出，左零右火”的接电基本方法进行接线。将入户线接到电源总开关的空气开关中，然后根据家中电器功率逐一将线路接入各回路的空气开关中。接线时最好是贴好各个回路的标识，方便后期使用和维修。

## 二、漏电保护开关

漏电保护开关与其他断路器一样可将主电路接通或断开，而且具有对漏电流检测和判断的功能，当主回路中发生漏电或绝缘破坏时，漏电保护开关可根据判断结果将主电路接通或断开。图 3-5-2 中的漏电保护开关同时还具有过载、短路、过负荷、漏电、过压、欠压等多种保护功能。

安装之前，首先需要大致判断家庭所有用电设备的功率总和，所需电流有多少安培。一般家用总漏电保护器用 32 A 比较合适，选择完成之后，就需要布线安装了。注意漏电保护器的进出线连接，即零线、火线、地线的安装。安装完成之后，闭合漏电保护器，按下漏电保护器的实验按钮（T 字），检查漏电保护器是否能正常工作。在使用过程中，建议每 3 个月进行一次漏电保护实验测试，以确认该设备的运行状态。

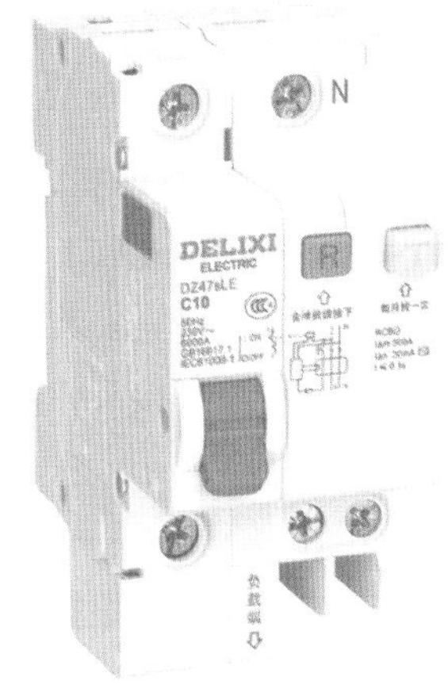

图 3-5-2　漏电保护开关

## 三、电能表

电能表又称为电度表或火表，是用来测量电能、累计记录用户在一段时间内消耗电能的仪表。电能表的表头符号是“kWh”，家庭用户通常使用的是单相机械式电能表或单相电子式电能表。

单相机械式电能表主要由驱动元件、转动元件、制动元件、轴承、计数机构等核心部件组成，如图 3-5-3(a)所示的结构示意图。

单相电能表接入交流电源，接通负载，电路电压加在电压线圈上，电路电流通过电流线圈后，产生两个交变磁通穿过铝盘，这两个交变磁通在时间上相同，分别在铝盘上产生涡流。磁通与涡流的相互作用会产生转动力矩，使铝盘转动。制动磁铁的磁通，也穿过铝盘，当铝盘转动时，切割此磁通，在铝盘上感应出电流，这电流和制动磁铁的磁通相互作用会产生一个与铝盘旋转方向相反的制动力矩，使铝盘的转速均匀。由于磁通与电路中的电压和电流成比例，因此铝盘转动与电路中所消耗的电能成比例，也就是说，负载功率越大，铝盘转得越快。铝盘的转动经过蜗杆传动计数器，计数器就自动累计线路中实际所消耗的电能。

(a)单相机械式电能表

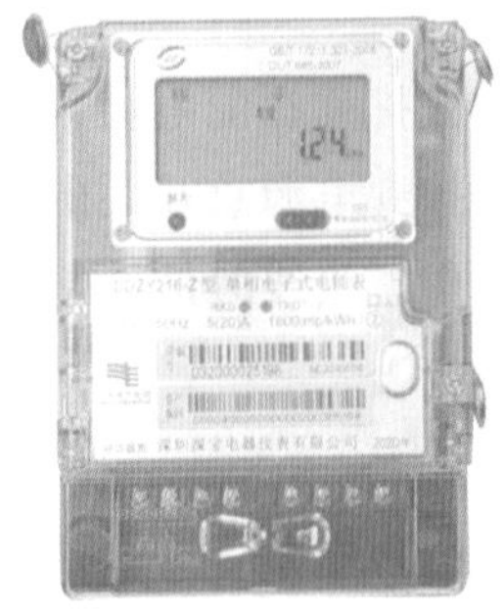

(b)单相数字式电能表

图 3-5-3 单相电能表

电能表应安装在明亮、干燥和易于抄表的地方；几块单相电能表安装在一起，每块之间距离应保持在 50 mm 以上，电能表的水平中心线距地面高度应为 1.8～2 m；电能表应安装在箱内，电能表应垂直安装，容许偏差不超过 2°；接线要正确，接至电能表的导线应使用铜芯线，导线中间不应有接头，线头导线金属部分不外露。

## 四、实训家用小型配电箱的安装及排故

(1)按照任务要求根据如图 3-5-6 所示家用小型配电箱电气原理图准备元器件。

(2)对相关的元件进行测试以判别元件的好坏，并将检测结果记录下来。

(3)对器件进行定位划线，将各器件在配电箱内进行位置安排和摆放，注意器件的位置

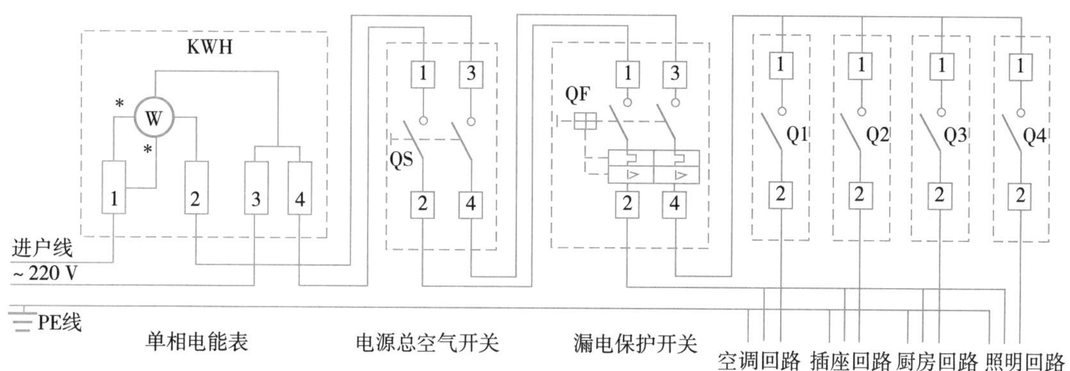


图 3-5-4　家用小型配电箱电气原理图

要方便布线和接线，各器件应疏密相间。

(4)固定各器件，选择合适的导线按照原理图连接各器件。注意电能表的接线柱位置。

(5)连接完毕后，用万用表的欧姆挡对电路进行断电检查，有无接错、漏接等。

(6)通电后，用验电笔、万用表的交流电压挡测试各处电压是否正常。各回路开关能否控制该回路，使之正常工作。

思政拓展阅读

# 第四章　机床电气控制

## 实训任务一　低压电器的拆装与检修

(1)了解常用低压电器的规格、基本构造及工作原理。

(2)能识读常用低压电器的符号及型号含义。

(3)会根据具体情况选用低压电器。

(4)掌握常用低压电器的修复技术。

电器通常是根据外界的信号和要求,手动或自动接通或断开电路,实现对电路或非电对象切换、控制、保护、检测和调节的元件或设备。如居民楼、办公楼、工矿企业、建筑工地等常使用的开关箱;电力拖动的生产机械中电动机的运转都是由各种接触器、继电器、按钮、行程开关等电器构成的控制线路来进行控制的。本任务就是认识常用的低压电器,并掌握其选择、拆装及检修等。

### 一、低压电器的分类和常用术语

电器:能根据外界的信号和要求,手动或自动接通或断开电路,实现对电路或非电对象切换、控制、保护、检测和调节的元件或设备。

电器设备根据工作电压高低分类:工作在交流额定电压 1200 V 及以下、直流额定电压 1500 V 及以下的电器称为低压电器;工作在交流额定电压 1200 V 及以上、直流额定电压 1500 V 及以上的电器称为高压电器。

### (一)低压电器常见的分类方法

低压电器常见的分类方法见表 4－1－1 所列。

表 4－1－1　低压电器常见的分类方法

| 分法 | 类别 | 说明及用途 |
|---|---|---|
| 按用途 | 低压配电电器 | 包括低压开关、低压熔断器等，主要用于低压配电系统及动力设备 |
| | 低压控制电器 | 包括接触器、继电器、电磁铁等，主要用于电力拖动与自动控制系统 |
| 按动作方式 | 自动切换电器 | 依靠电器本身参数的变化或外来信号的作用，自动完成接通或分断等动作的电器，如接触器、继电器等 |
| | 非自动切换电器 | 主要依靠外力(如手控)直接操作来进行切换的电器，如按钮、低压开关等 |
| 按执行机构 | 有触点电器 | 具有可分离的动触点和静触点，利用触点的接触和分离实现电路的接通和断开控制，如接触器、继电器等 |
| | 无触点电器 | 没有可分离的触点，主要利用半导体元器件的开关效应来实现电路的通断控制，如接近开关、固态继电器等 |

### (二)低压电器的常用术语

低压电器的常用术语见表 4－1－2 所列。

表 4－1－2　低压电器的常用术语

| 常用术语 | 常用术语的含义 |
|---|---|
| 通断时间 | 从电流开始在开关电器的一个极流过的瞬间起，到所有极的电弧最终熄灭瞬间为止的时间间隔 |
| 燃弧时间 | 电器分断过程中，从触头断开(或熔体熔断)出现电弧的瞬间开始，至电弧完全熄灭为止的时间间隔 |
| 分断能力 | 开关电器在规定的条件下，能在给定的电压下分断的预期分断电流值 |
| 接通能力 | 开关电器在规定的条件下，能在给定的电压下接通的预期接通电流值 |
| 通断能力 | 开关电器在规定的条件下，能在给定的电压下接通和分断的预期电流值 |
| 短路接通能力 | 在规定的条件下，包括开关电器的出线端短路在内的接通能力 |
| 短路分断能力 | 在规定的条件下，包括开关电器的出线端短路在内的分断能力 |
| 操作频率 | 开关电器在每小时内可能实现的最高循环操作次数 |
| 通电持续率 | 电器的有载时间和工作周期之比，常以百分数表示 |
| 电寿命 | 在规定的正常工作条件下，机械开关电器不需要修理或更换零件的负载操作循环次数 |

低压开关一般为非自动切换电器，主要用作隔离、转换及接通和分断电路。

## 二、负荷开关

### (一)开启式负荷开关

(1)开启式负荷开关结构组成如图 4－1－1 所示。

(2)开启式负荷开关符号及型号含义如图 4－1－2 所示。

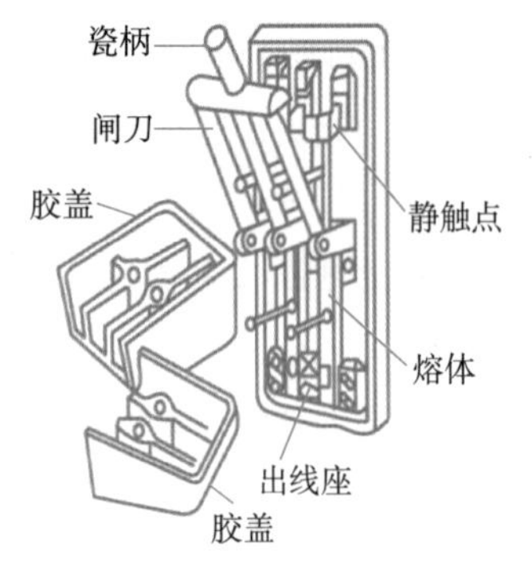


图 4－1－1　开启式负荷开关结构组成

HK□－□/□

极数

额定电流

设计序号

开启式负荷开关

QS 单极　QS 两极　QS 三极

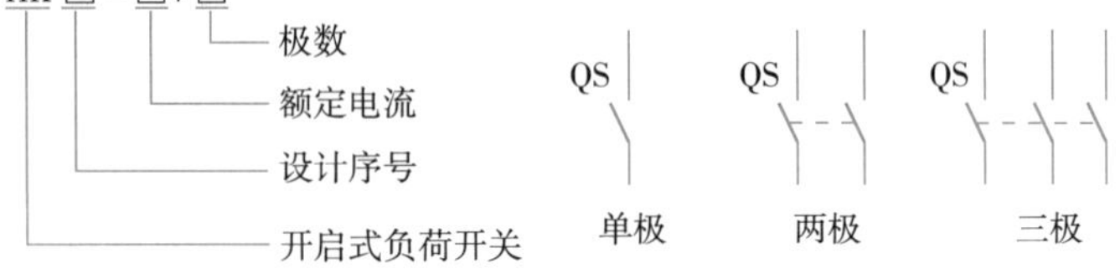

图 4－1－2　开启式负荷开关符号及型号含义

(3)开启式负荷开关的选用:HK 开启式负荷开关用于一般的照明电路和功率小于 5.5 kW 的电动机控制线路中。

① 用于照明和电热负载。

② 用于控制电动机的直接启动和停止。

(4)开启式负荷开关的安装与使用。

① 开启式负荷开关必须垂直安装在控制屏或开关板上,且合闸状态时手柄应朝上。不允许倒装或平装。

② 开启式负荷开关控制照明和电热负载使用时,要装接熔断器用作短路保护和过载保护。

③ 开启式负荷开关用作电动机的控制开关时,应根据电动机的容量选配合适的熔件并装于开关内。

④ 在分闸和合闸操作时,应动作迅速,使电弧尽快熄灭。

### (二)封闭式负荷开关

(1) 封闭式负荷开关结构如图 4－1－3 所示。

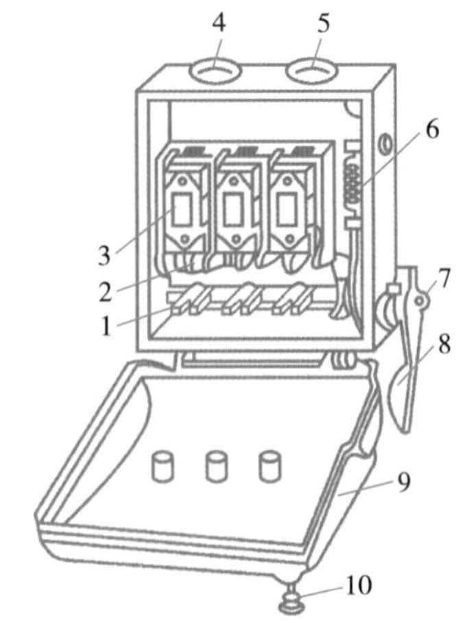


1—动触刀;2—静夹座;3—熔断器;
4—进线孔;5—出线孔;6—速断弹簧;7—转轴;
8—手柄;9—罩盖;10—罩盖锁紧螺栓。

图 4－1－3　封闭式负荷开关结构

(2)封闭式负荷开关符号及型号含义如图 4－1－4 所示。

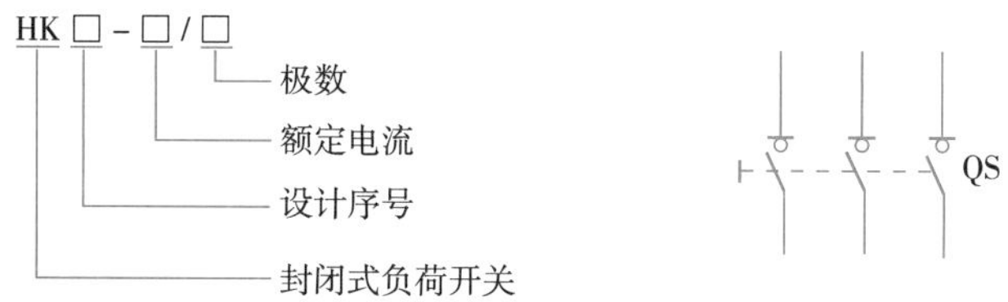


图 4－1－4　封闭式负荷开关符号及型号含义

(3)封闭式负荷开关的选用:封闭式负荷开关的额定电压应不小于工作电路的额定电压;额定电流应等于或稍大于电路的工作电流。

(4)封闭式负荷开关的安装与使用。

① 封闭式负荷开关必须垂直安装。

② 安装高度一般离地不低于 1.5m。

③ 外壳必须可靠接地。

④ 接线要正确。

⑤ 操作时,要站在开关的手柄侧。

### (三)负荷开关常见故障及处理方法

负荷开关常见故障及处理方法见表 4－1－3 所列。

表 4－1－3　负荷开关常见故障及处理方法

| 故障现象 | 可能原因 | 处理方法 |
| --- | --- | --- |
| 操作手柄带电 | 外壳未接地或接地线松脱 | 检查后,加固接地导线 |
| | 电源进出线绝缘损坏碰壳 | 更换导线或恢复绝缘 |
| 夹座(静触头)过热或烧坏 | 夹座表面烧毛 | 用细挫修整夹座 |
| | 闸刀与夹座压力不足 | 调整夹座压力 |
| | 负载过大 | 减轻负载或更换大容量开关 |

## 三、组合开关

(1)HZ10－10/3 组合开关结构如图 4－1－5 所示。

(2)HZ10 系列组合开关的符号及型号含义如图 4－1－6 所示。

(3)组合开关的安装与使用。

① HZ10 系列组合开关应安装在控制箱内。

② 若需在箱内操作,开关最好装在箱内右上方。

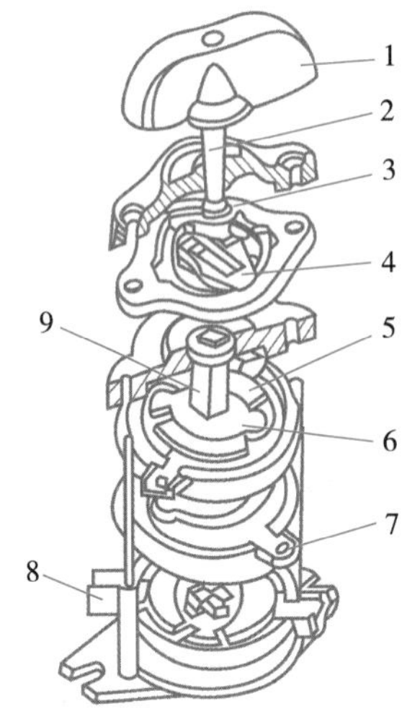


1—手柄;2—转轴;3—弹簧;4—凸轮;
5—绝缘垫板;6—动触片;7—静触片;
8—接线柱;9—绝缘杆。

图 4-1-5　H210 系列-10/3
组合开关结构

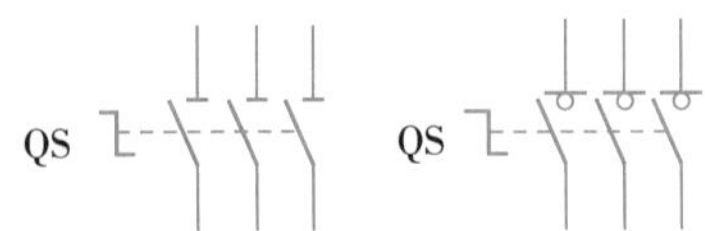


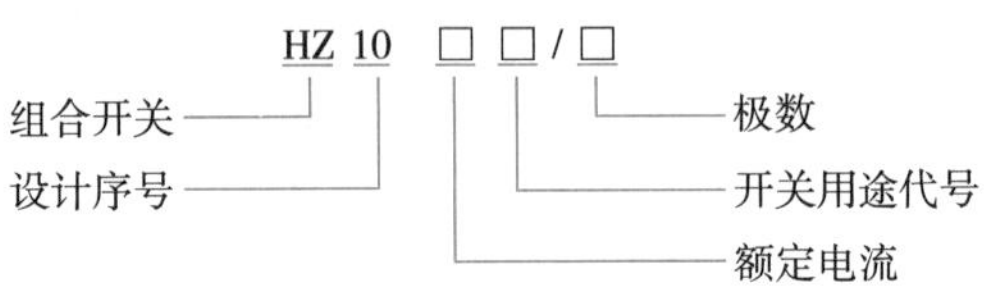


图 4-1-6　H210 系列组合开关符号及型号含义

③ 组合开关的通断能力较低,不能用来分断故障电流。

④ 当操作频率过高时,应降低开关容量使用。

(4)组合开关的常见故障及处理方法见表 4-1-4 所列。

表 4-1-4　组合开关的常见故障及处理方法

| 故障现象 | 可能原因 | 处理方法 |
| --- | --- | --- |
| 手柄转动后,内部触头未动 | 手柄上的轴孔磨损变形 | 调换手柄 |
| | 绝缘杆变形(由方形磨损为圆形) | 更换绝缘杆 |
| | 手柄与方轴,或轴与绝缘杆配合松动 | 紧固松动部件 |
| 手柄转动后,动静触头不能按要求动作 | 组合开关型号选用不正确 | 更换开关 |
| | 触头角度装配不正确 | 重新装配 |
| | 触头失去弹性或接触不良 | 更换触头或清除氧化层或尘污 |
| 接线柱间短路 | 因铁屑或油污附着在接线柱间,形成导电层,将胶木烧焦,绝缘损坏而形成短路 | 更换开关 |

## 四、低压断路器

### (一)低压断路器的功能

低压断路器又叫自动空气开关,简称断路器。它集控制和多种保护功能于一体,当电路中发生短路、过载和失压等故障时，它能自动跳闸切断故障电路。

### (二)低压断路器的分类

按结构型式低压断路器可分为塑壳式、万能式、限流式、直流快速式、灭磁式、漏电保护式。

按操作方式低压断路器可分为人力操作式、动力操作式、储能操作式。

按极数低压断路器可分为单极式、二极式、三极式、四极式。

按安装方式低压断路器可分为固定式、插入式、抽屉式。

按在电路中的用途低压断路器可分为配电用断路器、电动机保护用断路器、其他负载用断路器。

### (三)低压断路器结构及工作原理

低压断路器结构及工作原理如图 4－1－7 所示。

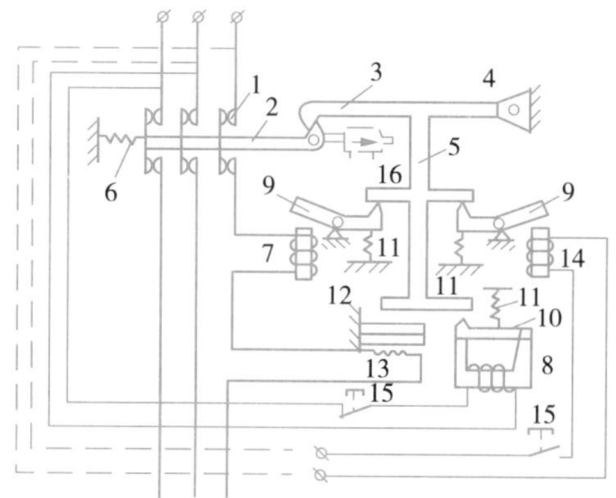


1—主触头；2—锁键；3—搭钩；4—转轴；5—杠杆；6—复位弹簧；7—过流脱扣器；8—欠压脱扣器；9、10—衔铁；11—弹簧；12—热脱扣器双金属片；13—热脱扣器加热电阻丝；14—分励脱扣器；15—释放按钮；16—后电磁铁。

图 4－1－7　低压断路器结构及工作原理

### (四)低压断路器的符号及型号含义

低压断路器的符号及型号含义如图 4－1－8 所示。

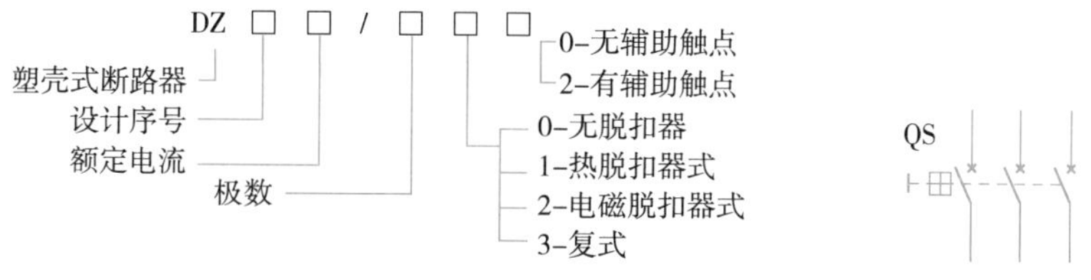


图 4－1－8　低压断路器的符号及型号含义

### (五)低压断路器的选用

(1)低压断路器的额定电压应不小于线路、设备的正常工作电压，额定电流应不小于线路、设备的正常工作电流。

(2)热脱扣器的整定电流应等于所控制负载的额定电流。

(六)低压断路器的安装与使用

(1)低压断路器应垂直安装,电源线应接在上端,负载线接在下端。

(2)低压断路器用作电源总开关或电动机的控制开关时,在电源进线侧必须加装刀开关或熔断器等,以形成明显的断开点。

(3)低压断路器使用前应将脱扣器工作面上的防锈油脂擦净,以免影响其正常工作。同时应定期检修,清除断路器上的积尘,给操作机构添加润滑剂。

(4)各脱扣器的动作值调整好后,不允许随意变动,并应定期检查各脱扣器的动作值是否满足要求。

(5)断路器的触头使用一定次数或分断短路电流后,应及时检查触头系统,如果触头表面有毛刺、颗粒等,应及时维修或更换。

(七)低压断路器的常见故障及处理方法

低压断路器的常见故障及处理方法见表 4-1-5 所列。

表 4-1-5 低压断路器的常见故障及处理方法

| 故障现象 | 可能原因 | 处理方法 |
|---|---|---|
| 不能合闸 | 欠压脱扣器无电压或线圈损坏 | 检查施加电压或更换线圈 |
| | 储能弹簧变形 | 更换储能弹簧 |
| | 反作用弹簧力过大 | 重新调整 |
| | 操作机构不能复位再扣 | 调整再扣接触面至规定值 |
| 电流达到整定值,断路器不动作 | 热脱扣器双金属片损坏 | 更换双金属片 |
| | 电磁脱扣器的衔铁与铁芯距离太大或电磁线圈损坏 | 调整衔铁与铁芯的距离或更换断路器 |
| | 主触头熔焊 | 检查原因并更换主触头 |
| 启动电动机时断路器立即分断 | 电磁脱扣器瞬时整定值过小 | 调高整定值至规定值 |
| | 电磁脱扣器的某些零件损坏 | 更换脱扣器 |
| 断路器闭合后一定时间自行分断 | 热脱扣器整定值过小 | 调高整定值至规定值 |
| 断路器温升过高 | 触头压力过小 | 调整触头压力或更换弹簧 |
| | 触头表面过分磨损或接触不良 | 更换触头或修整接触面 |
| | 两个导电零件链接螺钉松动 | 重新拧紧 |

## 五、主令电器

主令电器是用作接通或断开控制电路,以发出指令的开关电器。

## (一)按钮

### 1. 按钮的功能

按钮是一种用人体某一部分所施加力而操作、并具有弹簧储能复位功能的控制开关,是一种常见的主令电器。

### 2. 按钮的结构

按钮的结构如图 4-1-9 所列。

### 3. 按钮的符号及型号含义

按钮的符号及型号含义如图 4-1-10 所示。

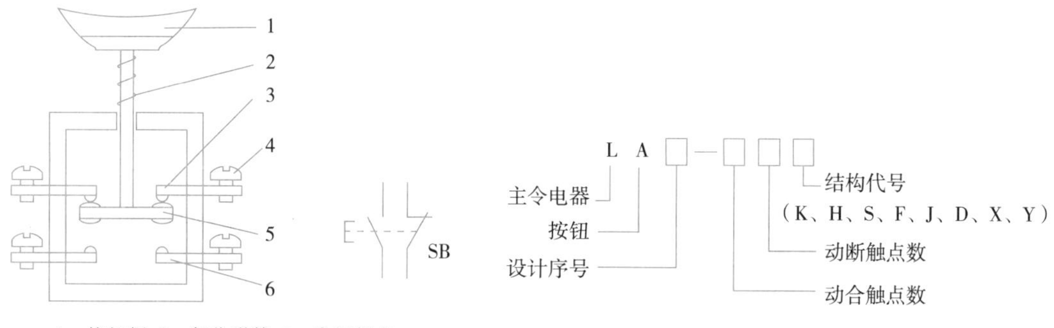


1—按钮帽;2—复位弹簧;3—常闭触点;
4—触点接线柱;5—动触桥;6—常开触点。

图 4-1-9 按钮的结构

图 4-1-10 按钮的符号及型号含义

K——开启式,镶嵌在操作面板上;H——保护式,带保护外壳,可防止内部零件受机械损伤或人偶然触及带电部分;S——防水式,具有密封外壳,可防止雨水侵入;F——防腐式,能防止腐蚀性气体进入;J——紧急式,带有红色大蘑菇按钮(突出在外),做紧急切断电源用;D——光标按钮,按钮内装有信号灯,兼信号指示;X——旋钮式,用旋钮旋转进行操作,有通和断两个位置;Y——钥匙操作式,用钥匙插入进行操作,可防止误操作或他人操作。

### 4. 按钮的选用

(1)根据使用场合和具体用途选择按钮的种类。

(2)根据工作状态指示和工作情况要求,选择按钮的颜色。

(3)根据控制回路的需要选择按钮的数量。

### 5. 按钮的安装与使用

(1)按钮安装在面板上时,应布置整齐,排列合理。

(2)同一机床运动部件有几种不同的工作状态时,应使控制每一对相反状态的按钮安装在一组。

(3)按钮的安装应牢固,安装按钮的金属板或金属按钮盒必须可靠接地。

(4)由于按钮的触头间距较小,应注意保持触头间的清洁。

(5)光标按钮一般不宜用于需长期通电显示处。

6. 按钮的常见故障及处理方法

按钮的常见故障及处理方法见表 4-1-6 所列。

表 4-1-6　按钮的常见故障及处理方法

| 故障现象 | 可能原因 | 处理方法 |
| --- | --- | --- |
| 触头接触不良 | 触头烧损 | 修整触头或更换产品 |
| | 触头表面有尘垢 | 清洁触头表面 |
| | 触头弹簧失效 | 重绕弹簧或更换产品 |
| 触头间短路 | 塑料受热变形导致接线螺钉相碰短路 | 查明发热原因排除故障并更换产品 |
| | 杂物或油污在触头间形成通路 | 清洁按钮内部 |

(二)行程开关

1. 行程开关的功能

行程开关是一种利用生产机械某些运动部件的碰撞来发出控制指令的主令电器。行程开关的作用原理与按钮相同。

2. 行程开关的结构及符号

行程开关的结构及符号如图 4-1-11 所示。

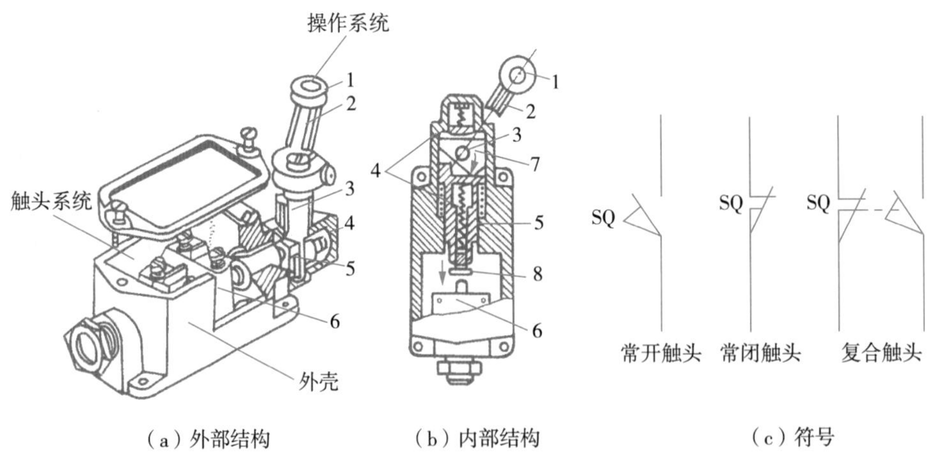


(a) 外部结构　　(b) 内部结构　　(c) 符号

1—滚轮;2—杠杆;3—转轴;4—复位弹簧;5—撞块;6—微动开关;7—凸轮;8—调节螺钉。

图 4-1-11　行程开关的结构及符号

3. 接近开关

接近开关又称为无触点行程开关,是一种与运动部件无机械接触而能操作的行程开关。接近开关具有动作可靠、性能稳定、频率响应快、使用寿命长、抗干扰能力强、防水、防震、耐腐蚀等特点。

## (三)万能转换开关

### 1. 万能转换开关的功能

万能转换开关是由多组相同的触头组件叠装而成的、控制多回路的主令电器。

### 2. 万能转换开关的结构及符号型号

万能转换开关的结构原理、符号及型号如图 4－1－12 所示。

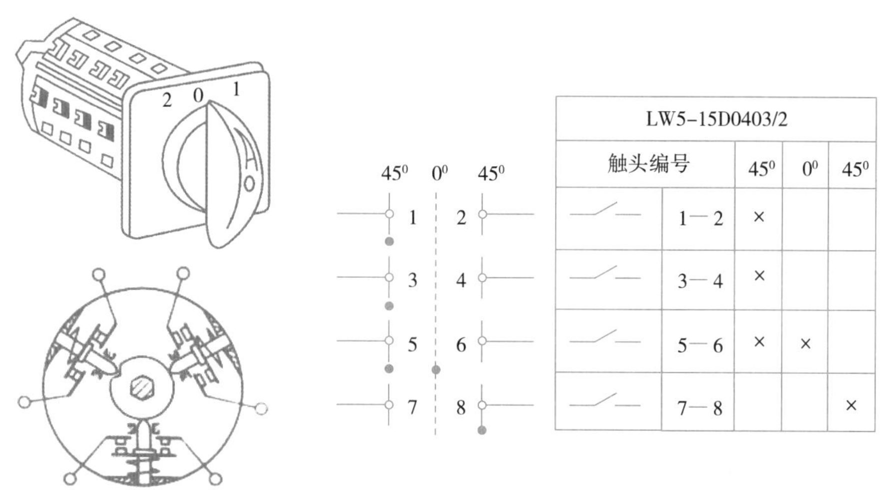


| LW5-15D0403/2 | | | | |
|---|---|---|---|---|
| 触头编号 | | 45° | 0° | 45° |
| | 1—2 | × | | |
| | 3—4 | × | | |
| | 5—6 | × | × | |
| | 7—8 | | | × |

图 4－1－12　万能转换开关的结构原理、符号及型号

### 3. 万能转换开关的选用

万能转换开关主要根据用途、接线方式、所需触头挡数和额定电流来选择。

### 4. 万能转换开关的安装及注意事项

(1)万能转换开关的安装位置应与其他电器元件或机床的金属部件有一定间隙。

(2)万能转换开关一般应水平安装在平板上。

(3)万能转换开关的通断能力不高,用来控制电动机时,LW5 系列只能控制 5.5 kW 以下的小容量电动机;用于控制电动机的正反转则只能在电动机停止后才能反向启动。

(4)万能转换开关本身不具有电路保护功能,必须与其他电器配合使用。

(5)当万能转换开关有故障时,应切断电路检查相关部件。

## (四)主令控制器

### 1. 主令控制器的功能

主令控制器是按照预定程序换接控制电路接线的主令电器。

### 2. 主令控制器的结构

主令控制器的结构如图 4－1－13 所示。

3. 主令控制器的选用

主令控制器主要根据使用环境、所需控制的回路数、触头闭合顺序等进行选择。

4. 主令控制器的安装及注意事项

(1)安装前应操作手柄不少于5次。

(2)主令控制器投入运行前,应测量其绝缘电阻。

(3)主令控制器外壳上的接地螺栓应可靠接地。

(4)应注意定期清除控制器内的灰尘。

(5)主令控制器不使用时,手柄应停在零位。

5. 主令控制器的常见故障及处理方法

主令控制器的常见故障及处理方法见表4-1-7所列。

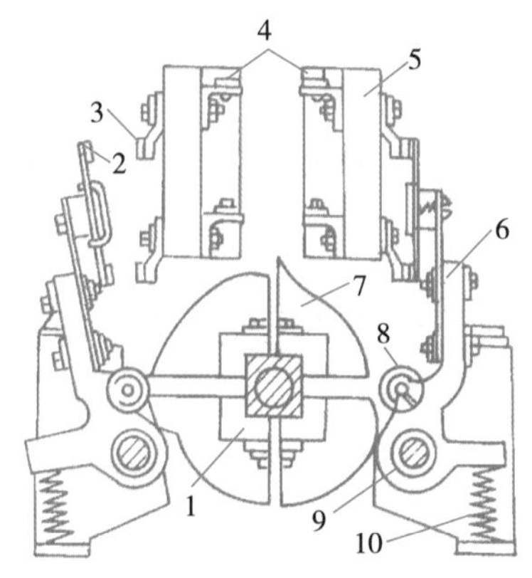


1—方形转轴;2—动触头;3—静触头;4—接线柱;5—绝缘板;6—支架;7—凸轮块;8—小轮;9—转动轴;10—复位弹簧。

图4-1-13 主令控制器的结构

表4-1-7 主令控制器的常见故障及处理方法

| 故障现象 | 可能原因 | 处理方法 |
|---|---|---|
| 操作不灵活 | 滚动轴承损坏或卡死 | 修理或更换轴承 |
| | 凸轮鼓或触头嵌入异物 | 取出异物,修复或更换产品 |
| 触头过热或烧毁 | 控制器容量过小 | 选用较大容量的主令控制器 |
| | 触头压力过小 | 调整或更换触头弹簧 |
| | 触头表面烧毛或有油污 | 修理或清洗触头 |
| 定位不准或分合顺序不对 | 凸轮片碎裂脱落或凸轮角度磨损变化 | 更换凸轮片 |

(五)凸轮控制器

1. 凸轮控制器的功能

凸轮控制器是利用凸轮来操作动触头动作的控制器,主要用于控制容量不大于30 kW的中小型绕线转子异步电动机的启动、调速和换向。

2. 凸轮控制器的结构

凸轮控制器的结构如图4-1-14所示。

3. 凸轮控制器的选用

凸轮控制器主要根据所控制电动机的容量、额定电压、额定电流、工作制和控制位置数目等来选择。

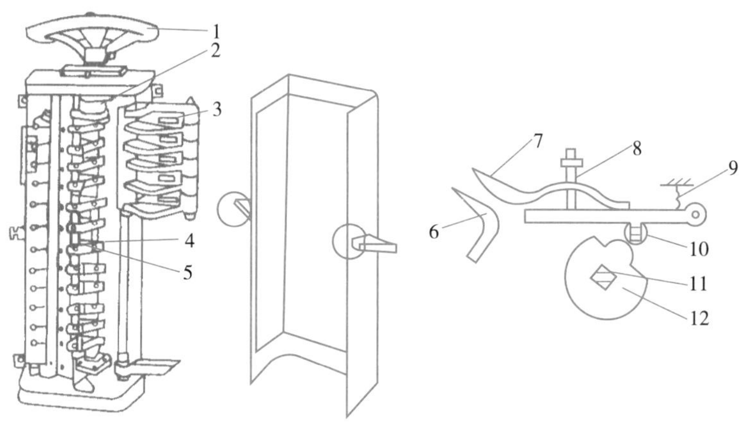


1—手轮；2、11—转轴；3—灭弧罩；4、7—动触头；5、6—静触头；8—触头弹簧；9—弹簧；10—滚轮；12—凸轮。

图 4-1-14　凸轮控制器的结构

### 4. 凸轮控制器的安装及注意事项

(1)凸轮控制器在安装前应检查外壳及零件有无损坏。

(2)安装前应操作控制器手轮不少于 5 次。

(3)凸轮控制器必须牢固可靠地用安装螺钉固定在墙壁或支架上。

(4)应按照触头分合表或电路图的要求接线。

(5)凸轮控制器安装结束后，应进行空载试验。

(6)启动操作时，手轮不能转动太快。

思政拓展阅读

### 5. 凸轮控制器的常见故障

(1)主电路中常开主触头短路。

(2)触头过热使触头支持件烧焦。

(3)触头熔焊。

(4)操作时有卡轧现象及噪声。

## 实训任务二　交流接触器、继电器的识别与拆装

### 学习目标

(1)了解交流接触器、继电器的规格、基本构造及工作原理。

(2)能识读交流接触器、继电器的符号及型号含义。

(3)会根据具体情况选择使用交流接触器、继电器。

(4)掌握常用交流接触器、继电器的修复技术。

低压开关电器都是依靠手控直接操作来实现触点接通或断开电路，属于非自动切换电器。电力拖动系统广泛应用自动切换电器，即通过接触器、继电器来实现电路的自动控制与保护。本任务就是认识常用的接触器、继电器，了解其基本构造及工作原理，并掌握其选择、拆装及检修与校验的基本方法等。

## 一、交流接触器

接触器是一种通用性很强的电磁式自动开关，它可以频繁地接通和分断交、直流主电路，并可实现远距离控制，常用于控制电动机，也可控制电容器、电阻炉和照明器具等电力负载。

接触器按主触点上通过电流的类型，可分为交流接触器和直流接触器两类。二者都是利用电磁吸力和弹簧的反作用力使触头闭合或断开的原理进行工作的，但结构上各有各的特点，不能相互混用。下面重点介绍交流接触器。

交流接触器的工作原理是利用电磁力与弹簧弹力相配合，实现触头的接通和分断。交流接触器有两种工作状态：失电状态（释放状态）和得电状态（动作状态）。如图 4－2－1 所示，当线圈通电后，线圈电流产生磁场，使静铁芯产生足够的吸力，并克服弹簧的反作用力，将衔铁吸合，通过传动机构带动三对主触点和辅助常开触点闭合，辅助常闭触点断开。当线圈断电时，静铁芯的电磁吸引力消失，动铁芯在反作用弹簧力的作用下释放，各触点随之复位。

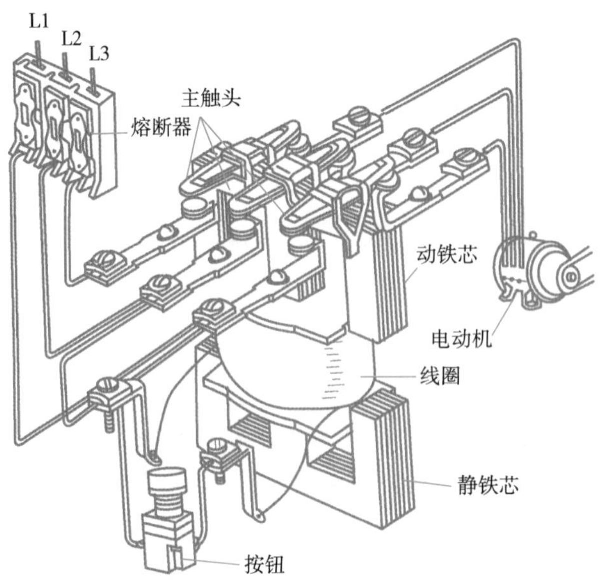


图 4－2－1　交流接触器的结构

交流接触器的爆炸图如图 4-2-2 所示，其主要由触点系统、电磁机构、灭弧装置和辅助部件等组成。

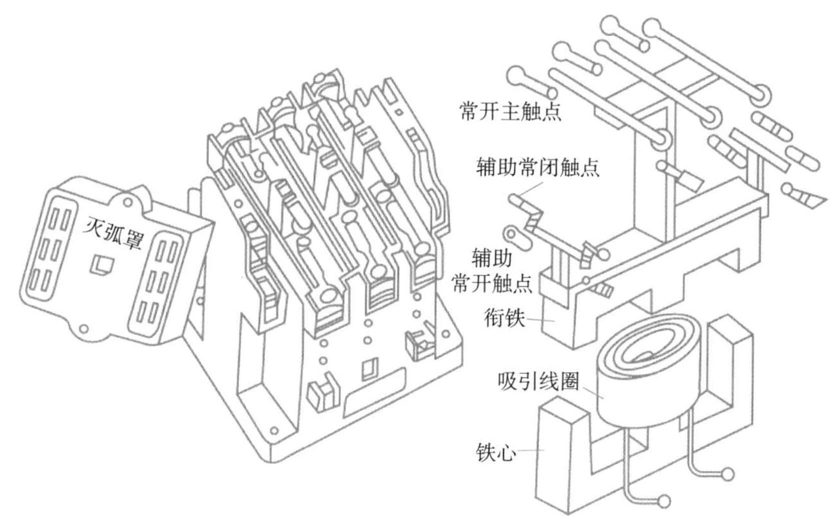


图 4-2-2 交流接触器的爆炸图

触点系统由主触点和辅助触点组成，用来接通或断开电路。其中，主触点的接触面积较大，常用于接通或断开电流较大的主电路，一般为三对常开主触点；辅助触点的接触面积较小，常用于接通或断开电流较小的控制电路，一般由两对辅助常开触点和常闭触点组成。

电磁机构由铁芯（静铁芯）、衔铁（动铁芯）和吸引线圈等部件组成，其主要作用是将电磁能量转换成机械能量，带动触头动作，控制电路的通断。根据衔铁的运动方式不同，电磁机构可分为转动式和直动式两种。

灭弧装置由耐火材料制成，里面有隔栅，用来将各触头分开，起到切断电源并消除电弧的作用。

交流接触器中其他辅助部件包括反作用弹簧、缓冲弹簧、触头压力弹簧、传动机构及外壳等。

在选用交流接触器时，应满足以下原则：

(1)主触头的额定电压应大于或等于控制线路的额定电压。

(2)主触头的额定电流有 10 A、20 A、40 A、60 A 等规格，选用时其大小应略大于或等于负载电流。

(3)线圈的额定电压有 36 V、110 V、220 V、380 V 等规格，当控制线路较简单、电器元件较少时，可选择 220 V 或 380 V 电压；当控制线路较复杂，电器元件超过 5 个时，宜选择 36 V 或 110 V 电压，以保证控制电路的安全。

## 二、交流接触器的拆装实训

### (一)实训目的

(1)熟悉交流接触器的外形和基本结构。

(2)熟悉交流接触器的拆装方法、步骤和装配工艺。

(二)实训设备、工具和仪器仪表

(1)工具:螺钉旋具、电工刀、尖嘴钳、斜口钳。

(2)仪表:MF47 型指针式万用表、ZC25 - 3 型兆欧表。

(3)器材:CJ20 - 20 型交流接触器一只。

(三)实训内容与步骤

1. 交流接触器的拆装

(1)卸下灭弧罩紧固螺钉,取下紧固螺钉。

(2)拉紧主触头定位弹簧夹,取下主触头及主触头压力弹簧片,拆卸主触头,必须将主触头侧转 45°后取下。

(3)松开辅助常开静触头的线桩螺钉,取下常开静触头。

(4)松开接触器底部的盖板螺钉,取下盖板。松开盖板螺钉时,要用手按住螺钉并慢慢放松。

(5)取下静铁芯缓冲绝缘纸片及静铁芯。

(6)取下静铁芯支架及缓冲弹簧。

(7)拔出线圈接线端的弹簧夹片,取下线圈。

(8)取下反作用弹簧。

(9)取下衔铁和支架。

(10)从支架上取下动铁芯定位销。

(11)取下动铁芯及缓冲绝缘纸片。

2. 交流接触器的检查与维修

(1)检查灭弧罩有无破裂和烧损,清除灭弧罩内金属飞溅物和颗粒。

(2)检查触头的磨损程度,磨损严重时应更换触头。若不需要更换,则清除触头表面上的烧毛的颗粒。

(3)清除铁芯表面的污垢,检查铁芯有无变形及接触端面是否平整。

(4)检查触头压力弹簧及反作用弹簧是否变形或弹力不足。如有,则需要更换弹簧。

(5)检查线圈是否有短路、断路及发热变色现象。

(6)用万用表欧姆挡检查线圈及各触头是否良好;用兆欧表测量各触头对地电阻是否符合要求;用手按住主触头检查运动部件是否灵活,以防产生接触不良、振动和噪声。

3. 交流接触器的装配

装配时按拆卸的相反顺序进行。

4. 注意事项

(1)在交流接触器拆卸过程中,应将零件放入容器内,以防零件丢失。

(2)拆装过程中不允许硬撬,以免损坏电器。装配辅助静触头时,要防止卡住动触头。

(3)通电校验时,接触器应固定在控制板上,并有教师监护,以确保用电安全;通电校验过程中,要均匀、缓慢地改变调压变压器的输出电压,以使测量结果尽量准确。

## 三、热继电器的调整

继电器是一种根据电流、时间、电压、速度和温度等信号的变化,来接通或分断小电流电路,以实现自动控制和保护电气设备的电器元件。它一般不直接控制电流较大的主电路,而是通过接触器等器件对主电路进行间接控制。

与接触器相比,继电器的触点具有结构简单、体积小、反应灵敏、动作准确、工作可靠等特点,但触点的分断能力较低。

继电器的种类很多,按输入信号的性质可分为电流继电器、电压继电器、速度继电器和压力继电器等;按工作原理可分为热继电器、电磁式继电器、电动式继电器、感应式继电器等;按输出方式可分为有触点式和无触点式。

热继电器是利用电流的热效应而反时限动作的具有自动保护功能的继电器,常用于电动机的过载保护、电流不平衡运行的保护等。

### (一)热继电器的结构

JR16 系列热继电器主要由加热元件、动作机构、触点系统、电流整定装置及手动复位装置等部分组成。如图 4-2-3 所示为热继电器的结构及符号。

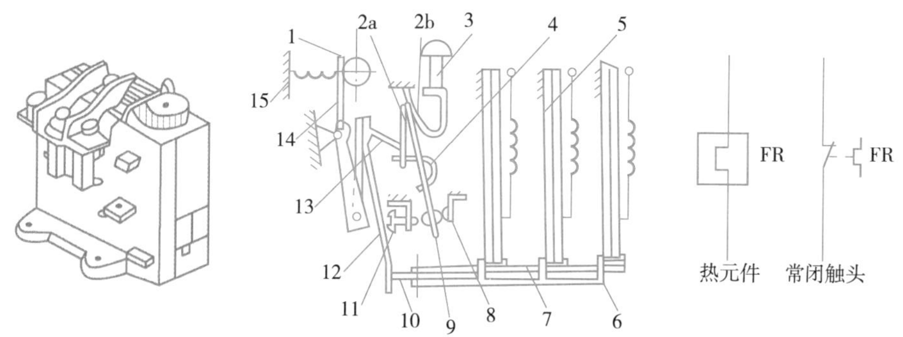


1—电流整定旋钮;2a,2b—簧片;3—手动复位按钮;4—弓簧;5—主双金属片;6—外导板;7—内导板;8—常闭静触点;9—动触点;10—杠杆;11—复位调节螺钉;12—补偿双金属片;13—推杆;14—连杆;15—压簧。

图 4-2-3 热继电器的结构及符号

#### 1. 加热元件

加热元件由双金属片和绕在外面的电阻丝组成,它是热继电器的重要组成部分。其中,双金属片由热膨胀系数不同的两种金属片压焊而成,它在被电阻丝加热后,会因两层金属片的伸长率不同而发生弯曲。

#### 2. 动作机构和触点系统

动作机构由外导板、内导板、杠杆、弓簧等组成,其作用是将双金属片的弯曲转换为触点的动作。触点为单断点跳跃式动作，通常为一个常开触点、一个常闭触点。

3. 电流整定装置

利用整定旋钮调节推杆间隙，改变推杆移动距离，从而调节整定电流值。

4. 手动复位装置

利用复位调节螺钉使触点复位。

热继电器的三相加热元件分别与电动机的三相电源连接，常闭静触点串接在电动机控制电路的接触器线圈回路中。当电动机正常运行时，加热元件产生的热量不会使触点系统动作；当电动机过载时，电阻丝中的电流超过整定电流，发热量增大，主双金属片向左的弯曲程度超过一定值，通过动作机构推动触点系统动作，常闭静触点分开，使接触器线圈断电，从而切除电动机电源。故障排除后，通过手动复位按钮可使热继电器复位，以重新接通电路。

（二）安装热继电器的注意事项

(1)严格按照产品说明书中规定的安装方向进行安装，以确保热继电器在使用时的动作性能与预期一致。

(2)热继电器安装处的环境温度应和电动机周围介质的温度相近，否则会影响热继电器动作的准确性。

(3)安装前应清除触点表面的尘污，以免影响触点的接触性能。

（三）选用热继电器的原则

(1)热继电器的额定电流应略大于电动机的额定电流。

(2)若电动机定子绕组作 Y 形连接，则选用普通三相结构的热继电器；若电动机定子绕组作△形连接，则选用三相结构带断相保护的热继电器。

## 实训任务三　三相异步电动机的直接启动控制电路

(1)能阅读三相异步电动机直接启动控制电路图。

(2)了解三相异步电动机直接启动控制电路的工作原理及使用方法。

(3)能进行三相异步电动机直接启动控制线路的安装接线。

(4)会使用电工电子仪表进行三相异步电动机直接启动控制线路调试。

### 工作任务

电动机的启动有全压直接启动和减压启动两种方式。较大容量(大于 10 kW)的电动机，因启动电流较大(可达额定电流的 4～7 倍)，一般采用减压启动方式来降低启动电流。普通机床上的冷却泵、小型台钻和砂轮机等小容量电动机可直接用开关启动。本任务将完成三相异步电动机采用低压断路器直接启动控制线路安装与调试，并学习其工作原理。本任务的主要操作内容包括：

(1)根据图 4-3-1 选用合适的电器元件及导线规格；

(2)按照图 4-3-2 安装连接三相异步电动机直接启动控制线路；

(3)通电空运转检查调试。

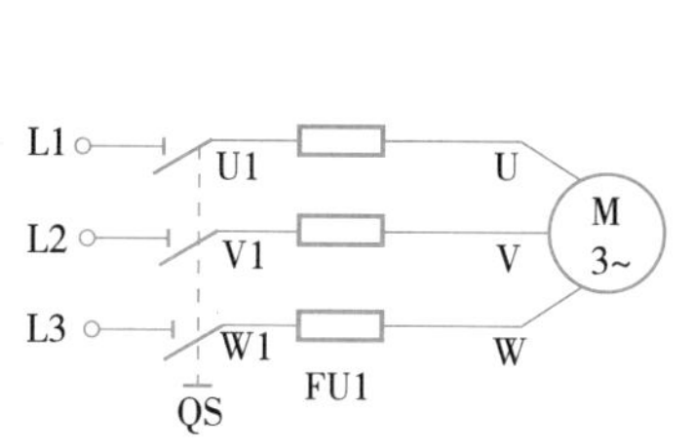

图 4-3-1　三相异步电动机直接启动电路原理图

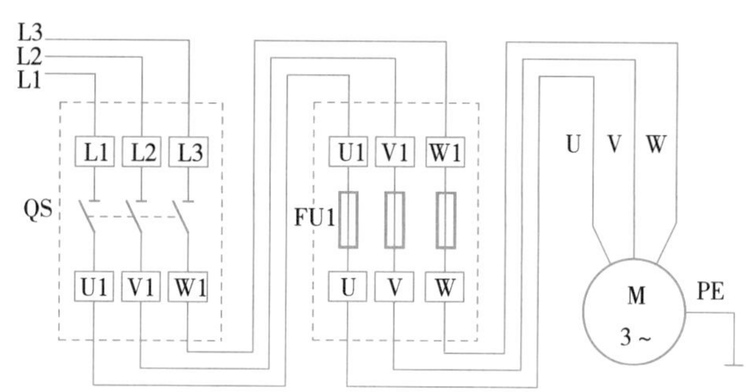

图 4-3-2　电器布置及接线示意图

## 一、实训所需电器元件明细

实训所需电器元件明细见表 4-3-1 所列。

表 4-3-1　实训所需电器元件明细

| 代号 | 名　称 | 型　号 | 数量 | 备　注 |
|---|---|---|---|---|
| QS | 低压断路器 | DZ108-20(1.6-2.5 A) | 1 | |
| FU1 | 螺旋式熔断器 | RL1-15 | 3 | 3 A |
| M | 三相鼠笼异步电动机 | WDJ26 | 1 | 380 V/△ |

## 二、电气原理

如图 4-3-1 所示，该线路简单、元件少，低压断路器中装有用于过载保护的双金属片热脱扣器，熔断器主要用于短路保护。因此，该线路对于容量较小，启动不频繁的电动机来说，是经济方便的启动控制方法。

## 三、实训接线

按图 4-3-2 的布置要求，根据器件型号在面板上选择所需器件。电机 M 放在桌面上，安装的动力电路采用黑色接线，用专用的导线引入电源。

思政拓展阅读

### 四、检测与调试

确认安装牢固、接线无误后，先接通三相总电源，再“合”上 QS 开关，电机应正常启动和平稳运转。若熔丝熔断则应“分”断电源，检查分析并排除故障后才可重新“合”电源。

## 实训任务四　三相异步电动机点动控制电路

(1)能阅读三相异步电动机点动控制电路图。

(2)了解三相异步电动机点动控制的工作原理及使用方法。

(3)能进行三相异步电动机点动控制线路的安装接线。

(4)会使用电工电子仪表进行三相异步电动机点动控制线路调试。

机床电气设备正常工作时，电动机一般处于连续运行状态，但在试车或调整刀具与加工工件位置时，则需要电动机能实现点动运行。本任务将完成三相异步电动机点动控制线路的安装与调试，并学习其工作原理。本任务的主要操作内容包括：

(1)根据图 4－4－1 选用合适的电器元件及导线规格；

(2)按照图 4－4－2 安装连接三相异步电动机点动控制线路；

(3)通电空运转检查调试。

### 一、实训所需电器元件明细

实训所需电器元件明细见表 4－4－1 所列。

表 4－4－1　实训所需电器元件明细

| 代号 | 名　称 | 型　号 | 数量 | 备　注 |
|---|---|---|---|---|
| QS | 低压断路器 | DZ108－20(1.6～2.5 A) | 1 | |
| FU1 | 螺旋式熔断器 | RL1－15 | 3 | 3 A |
| FU2 | 直插式熔断器 | RT14－20 | 2 | 2 A |

（续表）

| 代号 | 名　称 | 型　号 | 数量 | 备　注 |
|---|---|---|---|---|
| KM1 | 交流接触器 | LC1－D0610Q5N 380 V | 1 | |
| SB5 | 按钮开关 | Φ22－LAY16(黑) | 1 | |
| M | 三相鼠笼异步电动机 | WDJ26 | 1 | 380 V/△ |

## 二、电路原理

在点动控制电路中，电动机的启动停止是通过按下或松开按钮来实现的，所以电路中不需要停止按钮；电动机的运行时间较短，所以无须过热保护装置。

三相异步电动机控制电路电器布置示意图及原理图如图 4－4－1 所示。当合上电源开关 QS 时，电动机是不会启动运转的，因为这时接触器 KM1 线圈未能得电，它的触头处在断开状态，电动机 M 的定子绕组上没有电流。若要使电动机 M 转动，只要按下按钮 SB5，使接触器 KM1 线圈通电，KM1 在主电路中的主触头闭合，电动机即可启动，但当松开按钮 SB5 时，KM1 线圈失电，而使其主触头分开，切断电动机 M 的电源，电动机即停止转动。

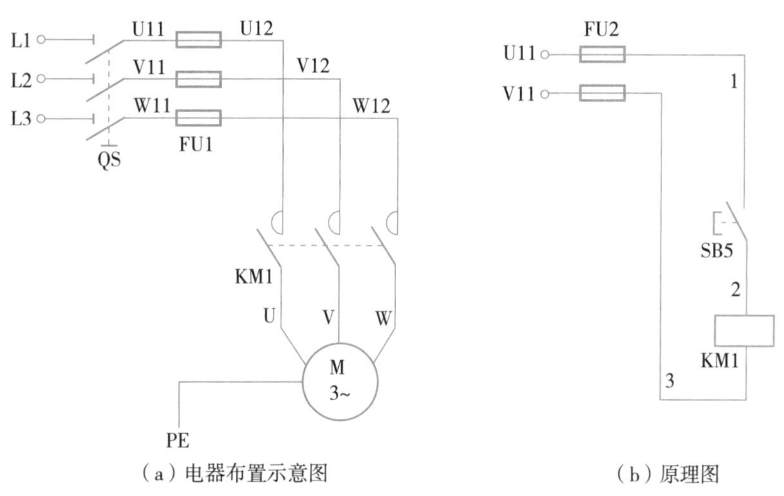


（a）电器布置示意图　　（b）原理图

图 4－4－1　三相异步电动机点动控制电路电器布置示意图及原理图

## 三、实训接线

按照图 4－4－2 在面板上选择熔断器 FU1 及 FU2、低压断路器 QS、接触器 KM1、按钮 SB5 后开始接线，主电路的接线用黑色，控制电路的接线用红色，接线工艺应符合要求。

在通电试车前，应仔细检查各接线端连接是否正确、可靠，并用万用表检查控制回路是否短路或开路、主电路有无开路或短路。

## 四、检查与调试

检查接线无误后，接通交流电源，合上 QS，此时电动机不转，按下按钮 SB5，电动机即可

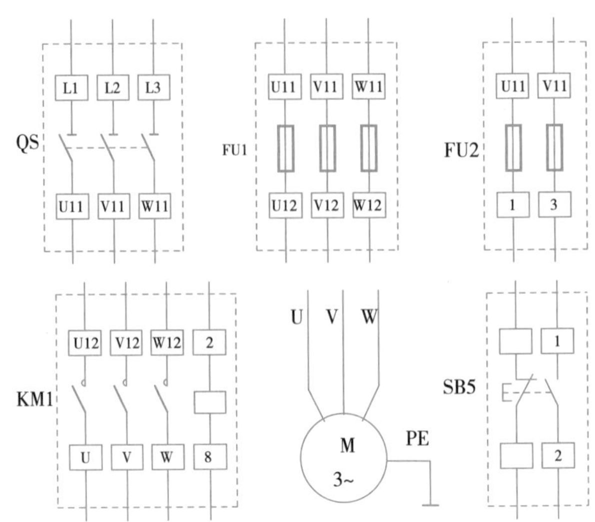


图 4-4-2　三相异步电动机点动控制电路接线示意训练图

启动，松开按钮电动机即停转。若电动机不能点动控制或存在熔芯熔断等故障，则应分断电源，分析排除故障后使之正常工作。

# 实训任务五　三相异步电动机自锁控制电路

(1)能阅读三相异步电动机自锁控制电路图。

(2)了解三相异步电动机自锁控制的工作原理及使用方法。

(3)能理解电路中"自锁"概念。

(4)能进行三相异步电动机自锁控制线路的安装接线。

(5)会使用电工电子仪表进行三相异步电动机自锁控制线路调试。

在电动机运转中，我们学习掌握了三相异步电动机点动控制线路，在要求电动机启动后能连续运转时，采用点动控制就不行了，为实现电动机的连续运转，可采用接触器自锁控制线路。本任务将完成三相异步电动机自锁控制线路的安装与调试，并学习其工作原理。本任务的主要操作内容包括：

(1)根据图 4-5-1 选用合适的电器元件及导线规格；

(2)按照图 4-5-2 安装连接三相异步电动机自锁控制线路；

(3)通电空运转检查调试。

任务实施

## 一、实训所需电器元件明细

实训所需电器元件明细见表 4-5-1 所列。

表 4-5-1 实训所需电器元件明细

| 代号 | 名 称 | 型 号 | 数量 | 备 注 |
|---|---|---|---|---|
| QS | 低压断路器 | DZ108-20(1.6～2.5 A) | 1 | |
| FU1 | 螺旋式熔断器 | RL1-15 | 3 | 3 A |
| FU2 | 直插式熔断器 | RT14-20 | 2 | 2 A |
| KM1 | 交流接触器 | LC1-D0610Q5N 380 V | 1 | |
| FR1 | 热继电器 | JRS1D-25/Z(0.63～1 A) | 1 | |
| | 热继电器座 | JRS1D-25 座 | 1 | |
| SB1 | 按钮开关 | Φ22-LAY16(红) | 1 | |
| SB2 | 按钮开关 | Φ22-LAY16(绿) | 1 | |
| M | 三相鼠笼异步电动机 | WDJ26 | 1 | 380 V/△ |

## 二、电路原理

在点动控制的电路中，要使电动机转动，就必须按住按钮不放，而在实际生产中，有些电动机需要长时间连续地运行，使用点动控制是不可现实的，这就需要具有接触器自锁的控制电路。

相对于点动控制的自锁触头必须是常开触头且与启动按钮并联。因电动机是连续工作，必须加装热继电器以实现过载保护。具有过载保护的自锁控制电路的电气原理图如图 4-5-1所示，它与点动控制电路的不同之处在于控制电路中增加了一个停止按钮 SB1，在启动按钮的两端并联了一对接触器的常开触头，增加了过载保护装置(热继电器)。

电路的工作过程：当按下启动按钮 SB2 时，接触器 KM1 线圈通电，主触头闭合，电动机 M 启动旋转，当松开按钮时，电动机不会停转，因为这时，接触器 KM1 线圈可以通过辅助触点继续维持通电，保证主触点 KM1 仍处在接通状态，电动机 M 就不会失电停转。这种松开按钮仍然自行保持线圈通电的控制电路叫作具有自锁(或自保)的接触器控制电路，简称自锁控制电路。与 SB2 并联的接触器常开触头称自锁触头。

### (一)欠电压保护

“欠电压”是指电路电压低于电动机应加的额定电压。这样的后果是电动机转矩要降

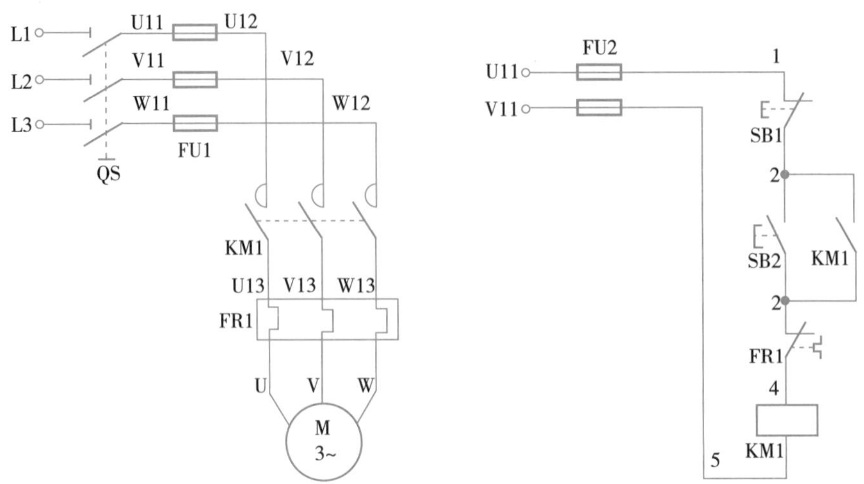


图 4-5-1　三相异步电动机自锁控制电路原理图

低，转速随之下降，从而影响电动机的正常运行。欠电压严重时会损坏电动机，发生事故。在具有接触器自锁的控制电路中，当电动机运转时，电源电压降低到一定值时（一般低到额定电压的 85%以下），由于接触器线圈磁通减弱，电磁吸力克服不了反作用弹簧的压力，动铁芯因而释放，从而使接触器主触头分开，自动切断主电路，电动机停转，达到欠电压保护的作用。

（二）失电压保护

当生产设备运行时，由于其他设备发生故障，引起瞬时断电，而使生产机械停转。当故障排除后，恢复供电时，由于电动机的重新启动，很可能引起设备与人身事故的发生。采用具有接触器自锁的控制电路时，即使电源恢复供电，由于自锁触头仍然保持断开，接触器线圈不会通电，因此电动机不会自行启动，从而避免了可能出现的事故。这种保护称为失电压保护或零电压保护。

（三）过载保护

具有自锁的控制电路虽然有短路保护、欠电压保护和失电压保护的作用，但实际使用中还不够完善。电动机在运行过程中，长期负载过大或操作频繁、三相电路断掉一相运行等都可能使电动机的电流超过它的额定值，有时熔断器在这种情况下尚不会熔断，这将会引起电动机绕组过热，损坏电动机绝缘，因此应对电动机设置过载保护，通常由三相热继电器来完成过载保护。

## 三、实训接线

表 4-5-1 在面板上选择熔断器 FU1、低压断路器 QS 等器件，然后进行接线。接主电路用黑色线，接控制电路用红色线三相异步电动机自锁控制电路接线示意训练图如图 4-5-2所示。

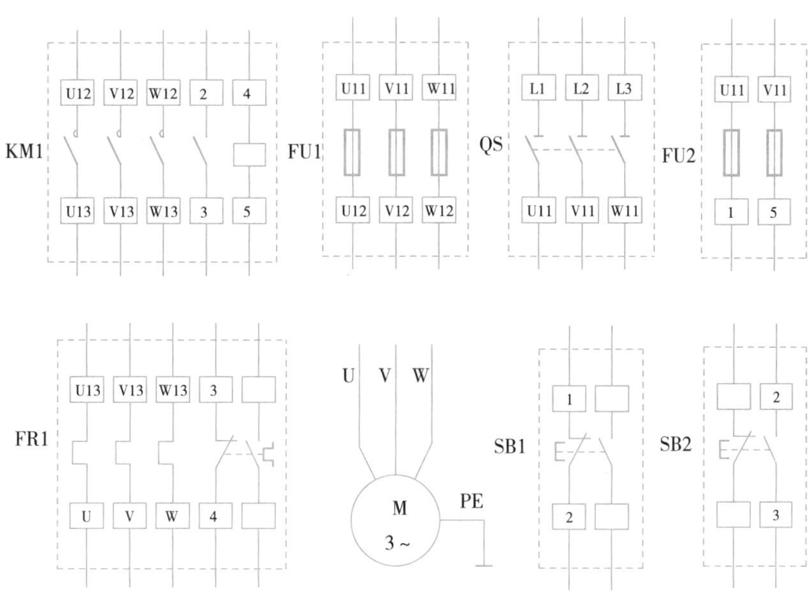


图 4-5-2　三相异步电动机自锁控制电路接线示意训练图

## 四、检查与调试

检查接线无误后，接通交流电源，合上 QS，按下 SB2，电动机应启动并连续转动，按下 SB1 电动机应停转。若按下 SB2 电机启动运转后，电源电压降到 320 V 以下或电源断电，则接触器 KM1 的主触头会断开，电机停转。当电压再次恢复为 380 V（允许 ±10% 的波动）时，电机应不会自行启动——具有欠压或失压保护。

如果电机转轴卡住而接通交流电源，则在几秒内热继电器应动作断开加在电动机上的交流电源（注意：不能超过 10 s，否则电机过热会冒烟而导致损坏）。

# 实训任务六　三相异步电动机多地控制电路

（1）能阅读三相异步电动机多地控制电路图。

（2）了解三相异步电动机多地控制的工作原理及使用方法。

（3）能进行三相异步电动机多地控制线路的安装接线。

（4）会使用电工电子仪表进行三相异步电动机多地控制线路调试。

大型机床为了操作方便，常常要求在两个或两个以上地点都能进行操作，即在各操作地点各安装一套按钮，其接线原则是各按钮的常开触头并连接接，常闭触头串联接接。多人操作的大型冲压设备，为了保证操作安全，要求几个操作者都发出主令信号（如按下启动按钮）后，设备才能工作，此时应将启动按钮的常开触头串联。本任务将完成三相异步电动机多地控制线路的安装与调试，并学习其工作原理。本任务的主要操作内容包括：

(1)根据图 4-6-1 选用合适的电器元件及导线规格；

(2)按照图 4-6-2 安装连接三相异步电动机多地控制线路；

(3)通电空运转检查调试。

## 一、实训所需电器元件明细

实训所需电器元件明细见表 4-6-1 所列。

表 4-6-1　实训所需电器元件明细

| 代号 | 名　称 | 型　号 | 数量 | 备　注 |
|---|---|---|---|---|
| QS | 低压断路器 | DZ108-20(1.6～2.5 A) | 1 | |
| FU1 | 螺旋式熔断器 | RL1-15 | 3 | 装熔芯 3 A |
| FU2 | 直插式熔断器 | RT14-20 | 2 | 装熔芯 2 A |
| KM1 | 交流接触器 | LC1-D0610Q5N 380 V | 1 | |
| FR1 | 热继电器 | JRS1D-25/Z(0.63～1 A) | 1 | |
| | 热继电器座 | JRS1D-25 座 | 1 | |
| SB1、SB3 | 按钮开关 | Φ22-LAY16(红) | 2 | |
| SB2、SB4 | 按钮开关 | Φ22-LAY16(绿) | 2 | |
| M | 三相鼠笼异步电机 | WDJ26 | 1 | 380 V/△ |

## 二、电气原理

图 4-6-1 中，SB1 和 SB2 分别为甲地的启动和停止按钮；SB3 和 SB4 分别为乙地的启动和停止按钮。它们可以分别在两个不同地点上控制接触器 KM1 的接通和断开，达到实现两地控制同一台电动机起停的目的。

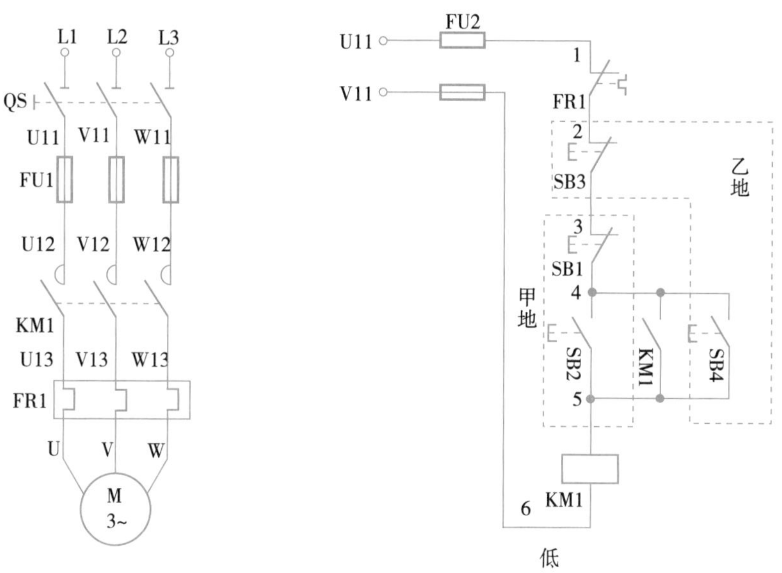


图 4-6-1　三相异步电动机多地控制电路原理图

## 三、实训接线

在面板上分别选择 QS、FU1、FU2、KM1、FR、SB1、SB2、SB3、SB4 等器件。接线可参考图 4-6-2，操作者应画出实际接线图。

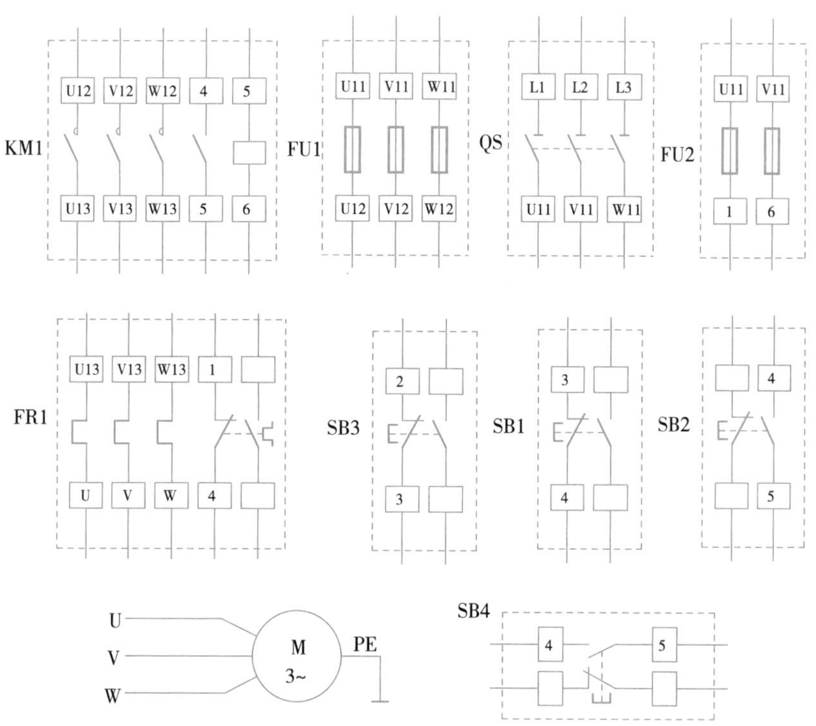


图 4-6-2　三相异步电动机多地控制电路接线示意训练图

### 四、检查与调试

确认接线正确后，可接通交流电源自行操作，若操作中发现有不正常现象，应断开电源分析排除故障后重新操作。

## 实训任务七　三相异步电动机自动顺序控制电路

(1)能阅读三相异步电动机自动顺序控制电路图。

(2)了解三相异步电动机自动顺序控制的工作原理及使用方法。

(3)能理解电路中时间继电器的工作原理及使用方法。

(4)能进行三相异步电动机自动顺序控制线路的安装接线。

(5)会使用电工电子仪表进行三相异步电动机自动顺序控制线路调试。

在生产中经常需要两台电动机 M1、M2 实现自动顺序控制，即 M1 启动后经过生产需要的一定时间后，才能启动 M2。本任务将完成三相异步电动机自动顺序控制线路的安装与调试，并学习其工作原理；同时能理解电路中时间继电器的工作原理及使用方法。本任务的主要操作内容包括：

(1)根据图 4-7-1 选用合适的电器元件及导线规格；

(2)按照图 4-7-2 安装连接三相异步电动机自动顺序控制线路；

(3)通电空运转检查调试。

### 一、实训所需电器元件明细

实训所需电器元件明细见表 4-7-1 所列。

表 4-7-1　实训所需电器元件明细

| 代号 | 名　称 | 型　号 | 数量 | 备　注 |
|---|---|---|---|---|
| QS | 低压断路器 | DZ108-20(1.6～2.5 A) | 1 | |
| FU1 | 螺旋式熔断器 | RL1-15 | 3 | 3 A |

（续表）

| 代号 | 名　称 | 型　号 | 数量 | 备　注 |
|---|---|---|---|---|
| FU2 | 直插式熔断器 | RT14－20 | 2 | 2 A |
| KM1、KM2 | 交流接触器 | LC1－D0610Q5N 380 V | 2 | |
| KT1 | 时间继电器 | ST3PA－B(0～60 s)/380 V | 1 | |
| | 时间继电器方座 | PF－083A | 1 | |
| FR1、FR2 | 热继电器 | JRS1D－25/Z(0.63～1 A) | 2 | |
| | 热继电器座 | JRS1D－25 座 | 2 | |
| SB1 | 按钮开关 | Φ22－LAY16(红) | 1 | |
| SB2 | 按钮开关 | Φ22－LAY16(绿) | 1 | |
| M1、M2 | 三相鼠笼式异步电动机 | WDJ24、WDJ24－1 | 2 | |

## 二、电气原理

接触器 KM1 的另一常开触(线号为 4～6)串联在接触器 KM2 线圈的控制电路中，按下 SB2，KM1 线圈得电吸合使电机 M1 启动运转，触点 KM1(4～6)闭合，时间继电器 KT1 通电开始延时，经过一段时间的延时，时间继电器触点 KT1(6～7)闭合，KM2 线圈得电吸合并通过 KM2(6～7)自锁，其主触头接通电机 M2 电路，M2 启动运转。停止时，只要按下 SB1，M1、M2 都停机。

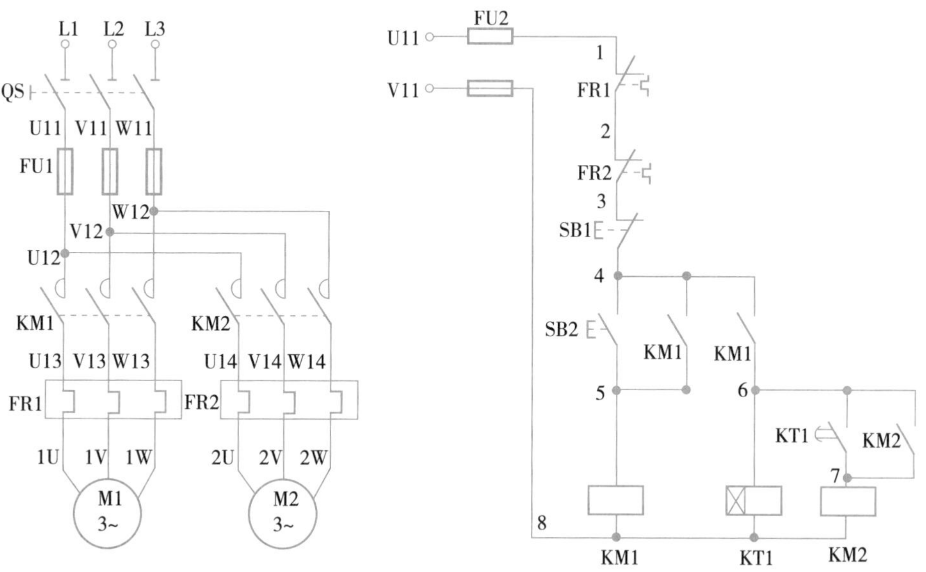


图 4－7－1　三相异步电动机自动顺序控制电路原理图

## 三、实训接线

操作者应按电路原理图及图 4－7－2 画出实际接线图。接线应符合工艺的要求。

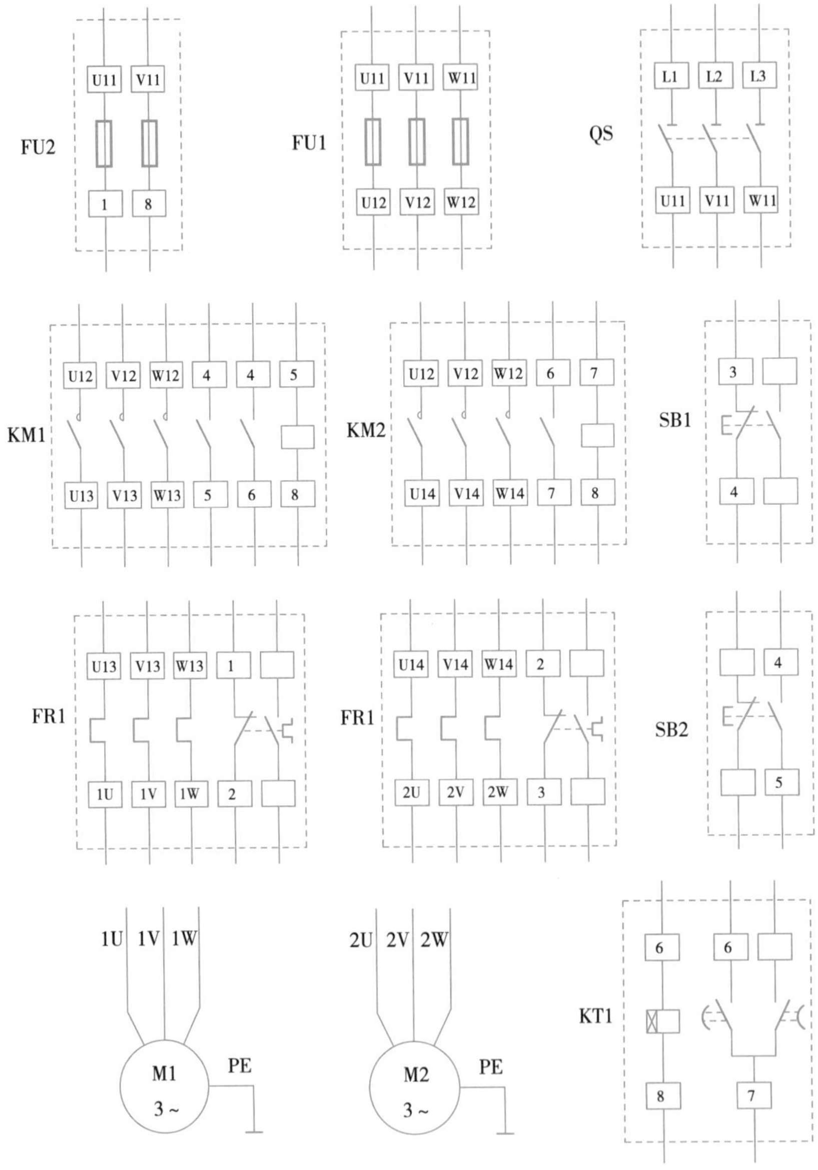

图 4－7－2　三相异步电动机自动顺序控制电路接线示意训练图

思政拓展阅读

## 四、检测与调试

经检查安装接线无误后，操作者可自行通电试车，若出现故障应分析排除使之正常工作。

# 实训任务八　三相异步电动机顺序控制电路

学习目标

(1)能阅读三相异步电动机顺序控制电路图。

(2)了解三相异步电动机顺序控制的工作原理及使用方法。

(3)能进行三相异步电动机顺序控制线路的安装接线。

(4)会使用电工电子仪表进行三相异步电动机顺序控制线路调试。

在生产机械中,有时要求电动机间的启动停止必须满足一定的顺序,如主轴电动机的启动必须在油泵启动之后,钻床的进给必须在主轴旋转之后等。实现顺序控制可以在主电路也可以在控制电路实现。本任务的主要操作内容包括:

(1)根据图 4-8-1、图 4-8-2、图 4-8-3 选用合适的电器元件及导线规格;

(2)按照图 4-8-4、图 4-8-5 安装连接三相异步电动机顺序控制线路;

(3)通电空运转检查调试。

## 一、实训所需电器元件明细

实训所需电器元件明细见表 4-8-1 所列。

表 4-8-1　实训所需电器元件明细

| 代号 | 名　称 | 型　号 | 数量 | 备　注 |
|---|---|---|---|---|
| QS | 低压断路器 | DZ108-20(1.6～2.5 A) | 1 | |
| FU1 | 螺旋式熔断器 | RL1-15 | 1 | 3 A |
| FU2 | 直插式熔断器 | RT14-20 | 1 | 2 A |
| KM1、KM2 | 交流接触器 | LC1-D0610Q5N 380 V | 2 | |
| FR1、FR2 | 热继电器 | JRS1D-25/Z(0.63～1 A) | 2 | |
| | 热继电器座 | JRS1D-25 座 | 2 | |

(续表)

| 代号 | 名　称 | 型　号 | 数量 | 备　注 |
|---|---|---|---|---|
| SB1、SB3 | 按钮开关 | Φ22 - LAY16(红) | 2 | |
| SB2、SB4 | 按钮开关 | Φ22 - LAY16(绿) | 2 | |
| M1 | 三相鼠笼异步电动机 | WDJ26 | 1 | 380 V/△ |
| M2 | 三相鼠笼异步电动机 | WDJ26 - 1 | 1 | 带速度继电器 |

## 二、电气原理

三相异步电动机顺序控制电路原理图如图 4 - 8 - 1 所示。图 4 - 8 - 2 中，接触器 KM1 的另一对常开触头(线号为 5、6)串联在接触器 KM2 线圈的控制电路中，当按下 SB2 使电动机 M1 启动运转，再按下 SB4，电动机 M2 才会启动运转，若要 M2 电动机停转，则只要按下 SB3 即可。在此电路中，SB1 是总停止按钮，只要按下 SB1，电动机 M1 和 M2 均停转。

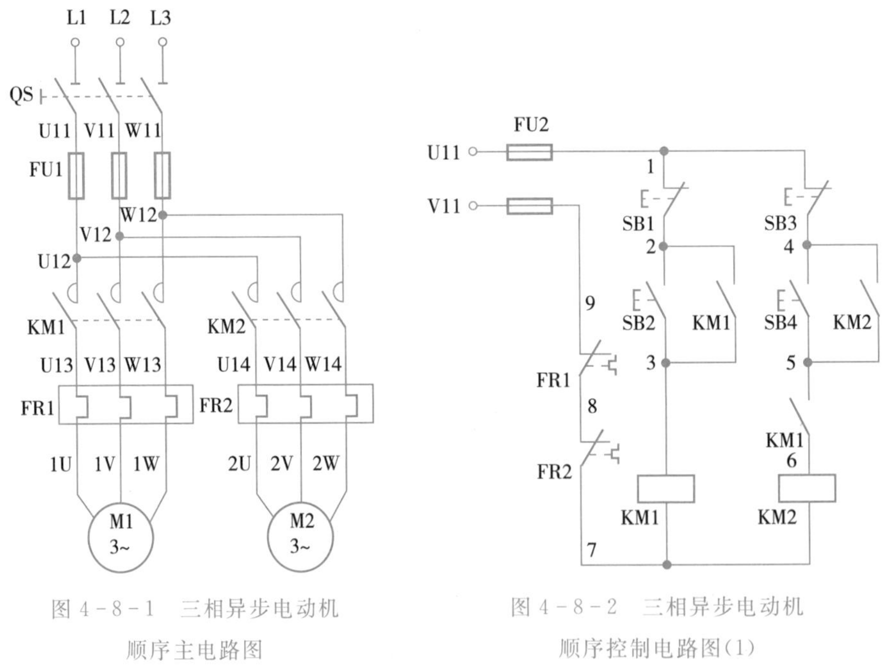


图 4 - 8 - 1　三相异步电动机顺序主电路图

图 4 - 8 - 2　三相异步电动机顺序控制电路图(1)

图 4 - 8 - 3 中，由于在 SB1 停止按钮两端并联一个接触器 KM2 的常开辅助触头(线号为 1、2)，因此只有先使接触器 KM2 线圈失电，即电动机 M2 停止，同时 KM2 辅助常开触头断开，然后才能按 SB1 达到断开接触器 KM1 线圈电源的目的，使电动机 M1 停止。这种顺序控制线路的特点：使两台电动机依次顺序启动，而逆序停止。

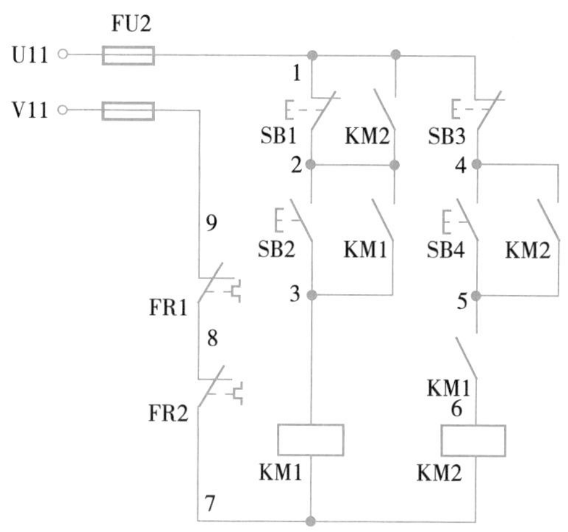


图 4－8－3　三相异步电动机顺序控制电路图(2)

## 三、实训接线

接线可参考图 4－8－4 和图 4－8－5，操作者可画出实际接线图。

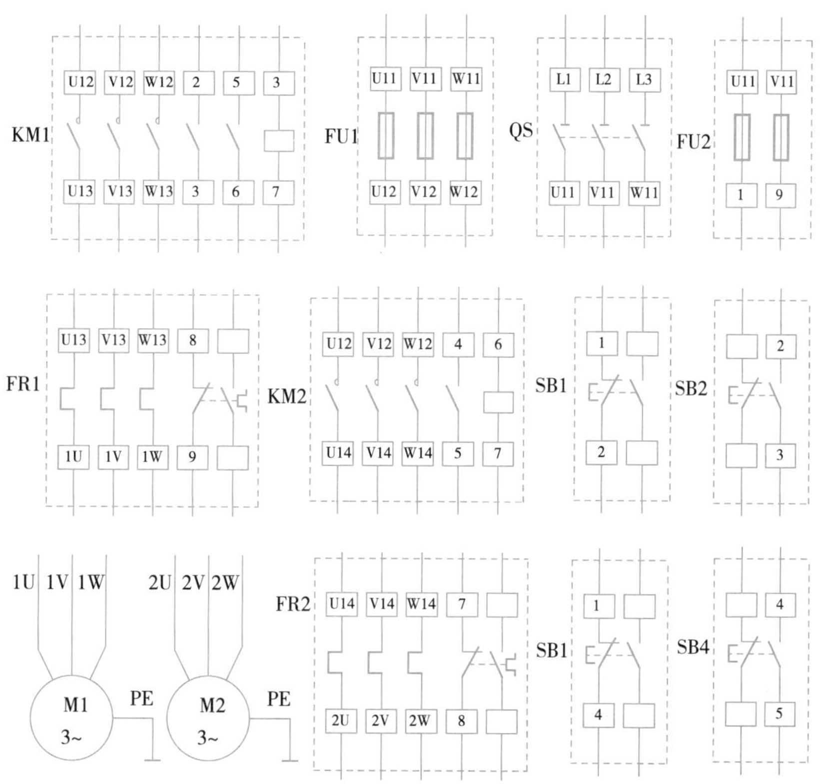


图 4－8－4　三相异步电动机顺序控制电路接线示意训练图(1)

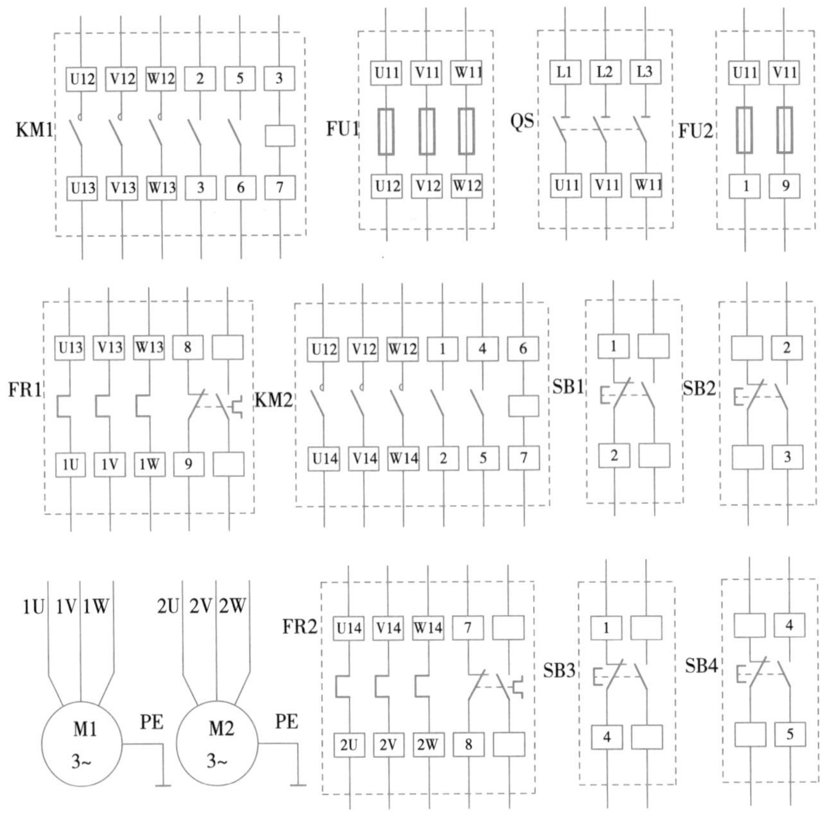


图 4-8-5 三相异步电动机顺序控制电路接线示意训练图(2)

## 四、检查与调试

确认接线正确后，可接通交流电源自行操作，若操作中发现有不正常现象，应断开电源分析，排除故障后重新操作。

# 实训任务九 接触器切换星形/三角形启动控制电路

(1)能阅读三相异步电动机接触器切换星形/三角形启动控制电路图。

(2)了解三相异步电动机接触器切换星形/三角形启动控制的工作原理及使用方法。

(3)能进行三相异步电动机接触器切换星形/三角形启动控制线路的安装接线。

(4)会使用电工电子仪表进行三相异步电动机接触器切换星形/三角形启动控制线路调试。

在生产机械中，对于 7.5 kW 以上容量较大的电动机，要求对电动机采取减压启动控制，运行于三角形连接方式的电动机，可采用一种接触器切换控制的星形/三角形减压启动的控制电路。本任务将完成接触器切换星形/三角形减压启动的控制电路的安装与调试，并学习接触器切换星形/三角形减压启动的控制电路的工作原理。本任务的主要操作内容包括：

(1)根据图 4-9-1 选用合适的电器元件及导线规格；

(2)按照图 4-9-2 安装连接三相异步电动机接触器切换星形/三角形减压启动的控制线路；

(3)通电空运转检查调试。

## 一、实训所需电器元件明细表

实训所需电器元件明细见表 4-9-1 所列。

表 4-9-1　实训所需电器元件明细

| 代号 | 名　称 | 型　号 | 数量 | 备　注 |
|---|---|---|---|---|
| QS | 低压断路器 | DZ108-20(1.6～2.5 A) | 1 | |
| FU1 | 螺旋式熔断器 | RL1-15 | 3 | 3 A |
| FU2 | 直插式熔断器 | RT14-20 | 2 | 2 A |
| KM1～KM3 | 交流接触器 | LC1-D0610Q5N 380 V | 3 | |
| FR1 | 热继电器 | JRS1D-25/Z(0.63～1 A) | 1 | |
| | 热继电器座 | JRS1D-25 座 | 1 | |
| SB1 | 按钮开关 | Φ22-LAY16(红) | 1 | |
| SB2、SB4 | 按钮开关 | Φ22-LAY16(绿) | 2 | |
| M | 三相鼠笼异步电动机 | WDJ26 | 1 | 380 V/△ |

## 二、电气原理

三相异步电动机接触器切换星形/三角形启动控制电路原理图如图 4-9-1 所示。线路的动作过程：合上 QS，按下 SB2，接触器 KM1、KM2 线圈同时得电动作，KM1 辅助自锁触头闭合，完成自锁；接触器 KM1、KM2 主触头闭合，电动机连接成星形启动，同时 KM2 的互锁触头断开，对接触器 KM3 完成互锁；在电动机转速上升接近额定值时，按下 SB4，KM2 线圈失电，接触器 KM2 主触头断开，电动机在惯性下运行；同时 KM2 互锁触头闭合，接触器 KM3 线圈得电动作，KM3 互锁触头断开，完成对 KM2 互锁，KM3 自锁触头、主触头闭合，电动机绕组处于三角形接法下全压运行。按下 SB1，电动机停转。

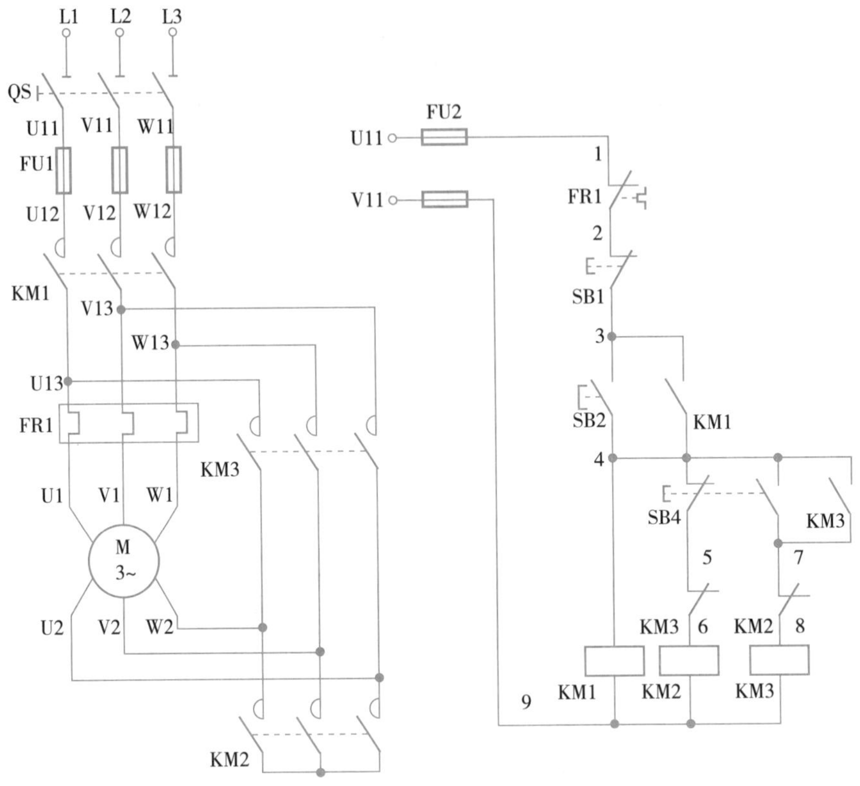


图 4－9－1　三相异步电动机接触器切换控制星形/三角形启动控制电路图

## 三、实训接线

接线如图 4－9－2 所示，按照此图把各元器件连接起来，接线时要仔细，不能有漏接或错接现象。

## 四、检查与调试

确认接线正确方可接通交流电源，合上 QS，按下 SB2，控制线路的动作过程应按原理所述，若操作中发现有不正常现象，应断开电源分析，排除故障后重新操作。

思政拓展阅读

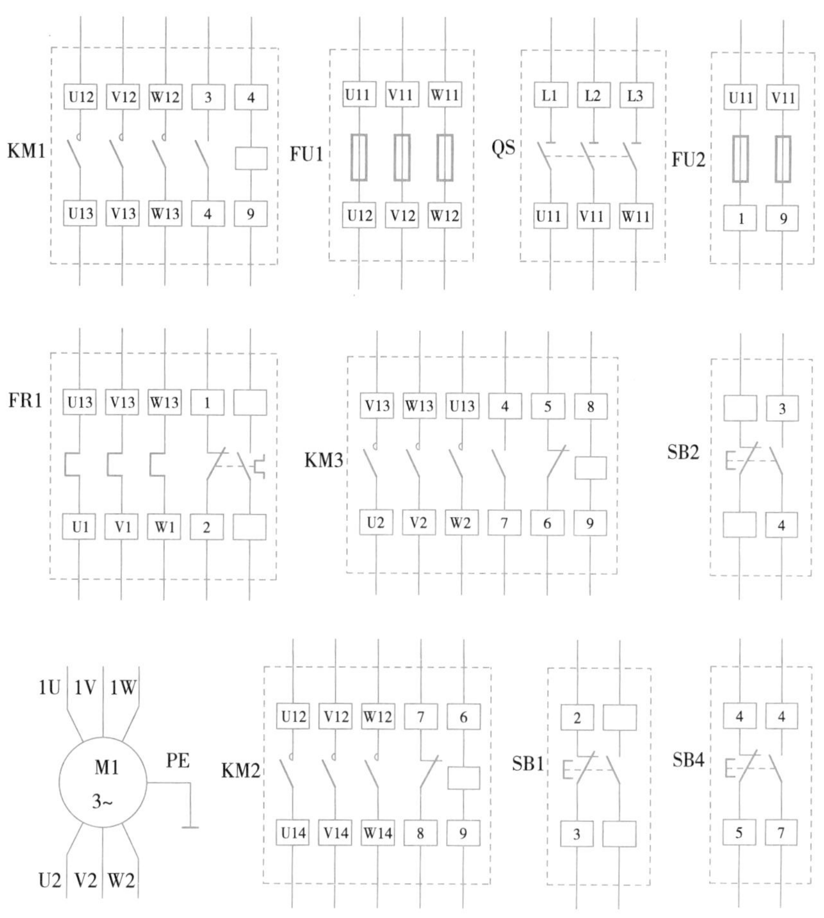


图 4-9-2　三相异步电动机接触器切换控制星形/三角形启动控制电路接线示意训练图

# 实训任务十　按钮切换星形/三角形启动控制电路

(1)能阅读三相异步电动机按钮切换星形/三角形启动控制电路图。

(2)了解三相异步电动机按钮切换星形/三角形启动控制的工作原理及使用方法。

(3)能进行三相异步电动机按钮切换控制星形/三角形启动控制线路的安装接线。

(4)会使用电工电子仪表进行三相异步电动机按钮切换星形/三角形启动控制线路调试。

前面我们学习并实训了电动机减压启动的接触器切换星形/三角形的控制电路，还可采用按钮切换星形/三角形启动控制电路。本任务将完成按钮切换星形/三角形减压启动的控制电路的安装与调试，并学习按钮切换星形/三角形减压启动的控制电路的工作原理。本任务的主要操作内容包括：

(1)根据图 4-10-1 选用合适的电器元件及导线规格；

(2)按照图 4-10-2 安装连接三相异步电动机按钮切换星形/三角形减压启动的控制线路；

(3)通电空运转检查调试。

## 一、实训所需电器元件明细表

实训所需电器元件明细见表 4-10-1 所列。

表 4-10-1 实训所需电器元件明细

| 代号 | 名 称 | 型 号 | 数量 | 备 注 |
| --- | --- | --- | --- | --- |
| QS | 低压断路器 | DZ108-20(1.6～2.5 A) | 1 | |
| FU1 | 螺旋式熔断器 | RL1-15 | 3 | 3 A |
| FU2 | 直插式熔断器 | RT14-20 | 2 | 2 A |
| KM1～KM3 | 交流接触器 | LC1-D0610Q5N 380 V | 3 | |
| FR1 | 热继电器 | JRS1D-25/Z(0.63～1 A) | 1 | |
| | 热继电器座 | JRS1D-25 座 | 1 | |
| SB1 | 按钮开关 | Φ22-LAY16(红) | 1 | |
| SB2、SB4 | 按钮开关 | Φ22-LAY16(绿) | 2 | |
| M | 三相鼠笼异步电机 | WDJ26(厂编) | 1 | 380 V/△ |

## 二、电气原理

三相异步电动机按钮切换星形/三角形启动控制电路原理图如图 4-10-1 所示。

线路的动作过程：合上 QS，按下 SB2，其按钮的常闭点断开、常开点闭合，接触器 KM1、KM3 线圈同时得电动作，KM1 辅助自锁触头闭合，完成自锁；接触器 KM1、KM3

主触头闭合，电动机连接成星形启动，同时 KM3 的互锁触头断开，对接触器 KM2 完成互锁；在电动机转速上升接近额定值时，按下 SB4，其按钮的常闭点断开、常开点闭合，KM3 线圈失电，接触器 KM3 主触头断开，电动机在惯性下运行；同时按钮的常开点和 KM3 互锁触头闭合，接触器 KM2 线圈得电动作，KM2 互锁触头断开，完成对 KM3 互锁，KM2 自锁触头、主触头闭合，电动机绕组处于三角形接法下全压运行。按下 SB1，电动机停转。

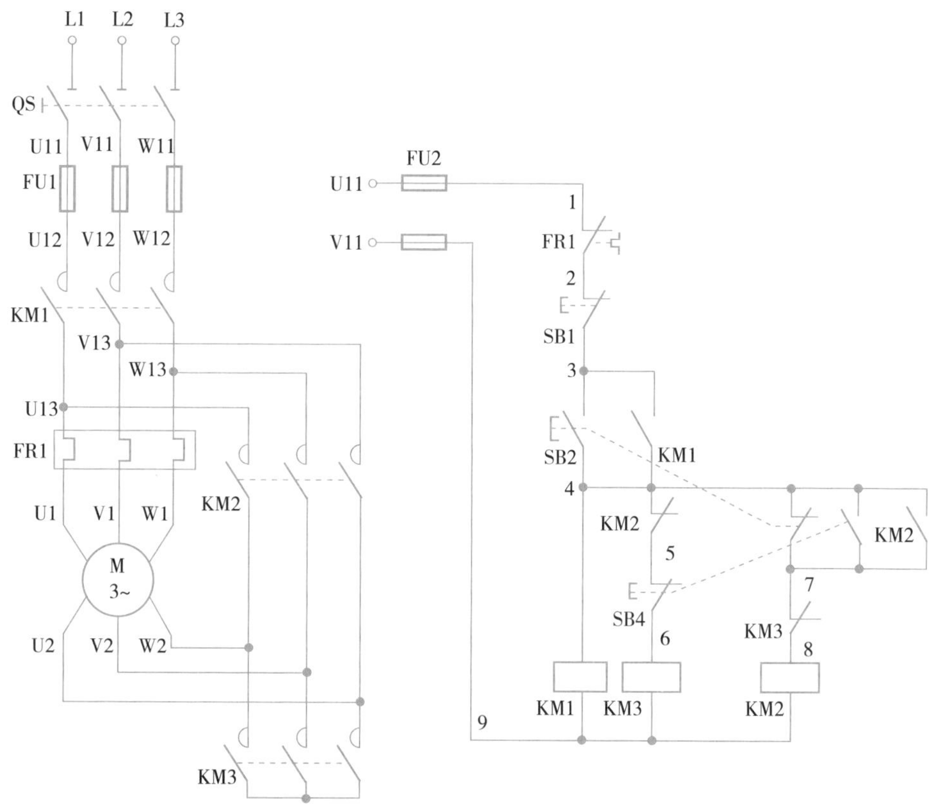


图 4-10-1　三相异步电动机按钮切换星形/三角形启动控制电路原理图

## 三、实训接线

接线如图 4-10-2 所示，按照此图把各元器件连接起来，接线时要仔细，不能有漏接或错接现象。

## 四、检查与调试

确认接线正确方可接通交流电源，合上 QS，按下 SB2，控制线路的动作过程应按原理所述，若操作中发现有不正常现象，应断开电源分析排除故障后重新操作。

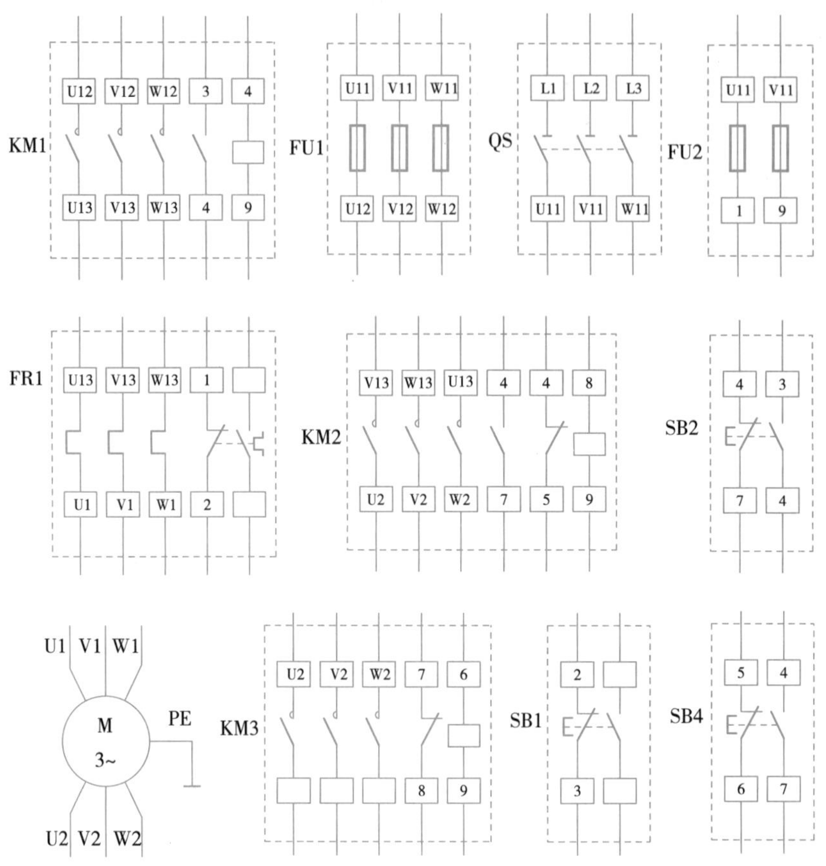


图 4-10-2　三相异步电动机按钮切换星形/三角形启动控制电路接线示意训练图

# 实训任务十一　时间继电器切换星形/三角形启动控制电路

## 学习目标

(1)能阅读三相异步电动机时间继电器切换星形/三角形启动控制电路图。

(2)了解三相异步电动机时间继电器切换星形/三角形启动控制的工作原理及使用方法。

(3)能进行三相异步电动机时间继电器切换控制星形/三角形启动控制线路的安装接线。

(4)会使用电工电子仪表进行三相异步电动机时间继电器切换星形/三角形启动控制线路调试。

前面学习的两种星形/三角形减压启动，均是手动控制切换，还可以采用自动切换控制来实现星形/三角形减压启动，即采用时间继电器切换控制星形/三角形启动控制电路。本任务将完成时间继电器切换星形/三角形启动控制电路的安装与调试，并学习时间继电器切换星形/三角形减压启动的控制电路的工作原理。本任务的主要操作内容包括：

(1)根据图 4－11－1 选用合适的电器元件及导线规格；

(2)按照图 4－11－2 安装连接三相异步电动机时间继电器切换星形/三角形启动控制线路；

(3)通电空运转检查调试。

## 一、实训所需电器元件明细

实训所需电器元件明细见表 4－11－1 所列。

表 4－11－1　实训所需电器元件明细

| 代号 | 名　称 | 型　号 | 数量 | 备　注 |
|---|---|---|---|---|
| QS | 低压断路器 | DZ108－20(1.6～2.5 A) | 1 | |
| FU1 | 螺旋式熔断器 | RL1－15 | 3 | 3 A |
| FU2 | 直插式熔断器 | RT14－20 | 2 | 2 A |
| KM1～KM3 | 交流接触器 | LC1－D0610Q5N 380 V | 3 | |
| FR1 | 热继电器 | JRS1D－25/Z(0.63～1 A) | 1 | |
| | 热继电器座 | JRS1D－25 座 | 1 | |
| KT1 | 时间继电器 | ST3PA－B(0～60S)/380 V | 1 | |
| | 时间继电器方座 | PF－083A | 1 | |
| SB1 | 按钮开关 | Φ22－LAY16(红) | 1 | |
| SB2 | 按钮开关 | Φ22－LAY16(绿) | 1 | |
| M | 三相鼠笼异步电机 | WDJ26 | 1 | 380 V/△ |

## 二、电气原理

三相异步电动机时间继电器切换星形/三角形启动控制电路原理如图 4－11－1 所示。星形/三角形启动是指为减少电动机启动时的电流，将正常工作接法为三角形的电动机，在启动时改为星形接法。此时启动电流降为原来的 1/3，启动转矩也降为原来的 1/3。

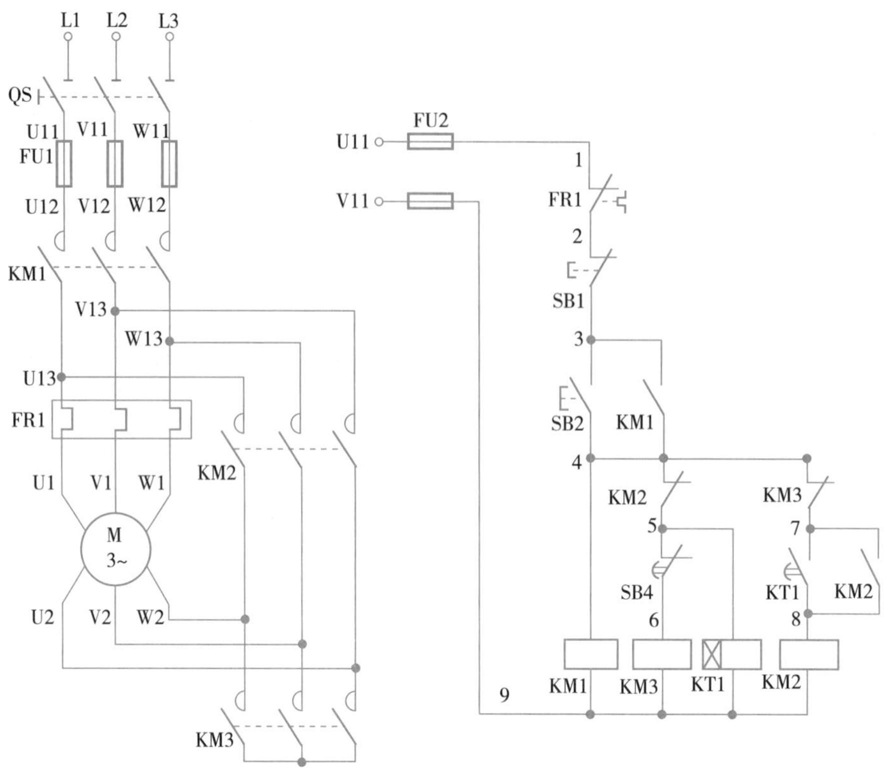


图 4-11-1　三相异步电动机时间继电器切换星形/三角形启动控制电路原理图

线路的动作过程：合上 QS，按下 SB2，接触器 KM1、KM3、时间继电器 KT1 线圈得电动作，KM3 互锁触头断开，避免 KM2 误动作、KM1 自锁触头闭合，自锁启动按钮 SB2，接触器 KM1、KM3 主触头闭合，电动机绕组线圈处于星形接法，并得电启动运转。时间继电器延时到达后，KT1 延时断开的常闭触头断开，KM3 线圈断电，电动机处于惯性运转，同时 KM3 互锁触头闭合、KT1 延时闭合的常开触头闭合，则接触器 KM2 线圈得电，KM2 的自锁触头、主触头闭合，电动机绕组线圈处于三角形接法，并得电呈运转状态。KM2 的互锁触头断开，确保 KM3 不能得电误动作，同时停止为时间继电器线圈供电。停止时，必须要按下 SB1 使全部接触器线圈失电，才能停止运转。

## 三、实训接线

接线如图 4-11-2 所示，按照此图把各元器件连接起来，接线时要仔细，不能有漏接或错接现象。

## 四、检查与调试

思政拓展阅读

确认接线正确方可接通交流电源，合上 QS，按下 SB2，控制线路的动作过程应按原理所述，若操作中发现有不正常现象，应断开电源分析，排除故障后重新操作。

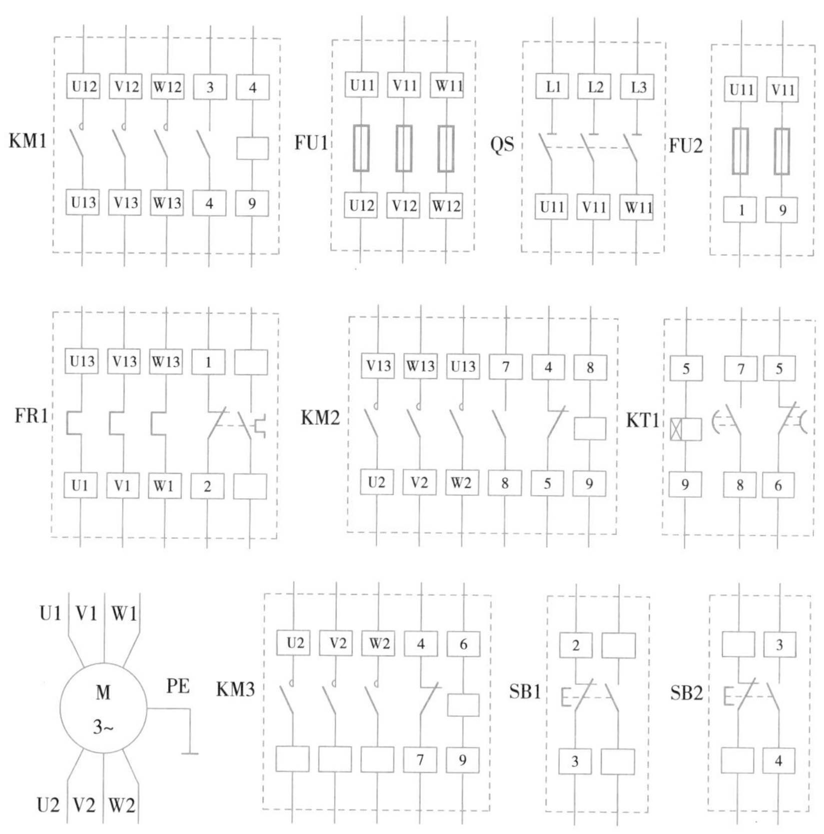


图 4-11-2　三相异步电动机时间继电器切换星形/三角形启动控制电路接线示意训练图

# 实训任务十二　接触器联锁的电动机正反转控制电路

## 学习目标

(1)能阅读接触器联锁的三相异步电动机正反转控制电路图。

(2)了解接触器联锁的三相异步电动机正反转控制电路的工作原理及使用方法。

(3)能进行接触器联锁的三相异步电动机正反转控制线路的安装接线。

(4)会使用电工电子仪表进行接触器联锁的三相异步电动机正反转控制线路调试。

## 工作任务

在生产过程中，往往要求电动机能实现正、反两个方向的转动。由三相异步电动机的工作原理可知，只要将电动机接到三相电源中的任意两根连线对调，即可使电动机反转。为此，只要用两只交流接触器就能实现这一要求(图 4－12－1 主电路)。如果这两个接触器同时工作，这两根对调的电源线将通过它们的主触头引起电源短路。所以，在正反转控制线路中，对实现正反转的两个接触器之间要互相连锁(即“互锁”)，保证它们不能同时工作。电动机的正反转控制线路，实际上是由互相连锁的两个相反方向的单向运行线路组成的。本任务将完成接触器联锁的三相异步电动机正反转控制电路的安装与调试，并学习接触器联锁的三相异步电动机正反转控制电路的工作原理。此电路中，两个接触器的常闭触头起互锁作用，因此在作电动机的换向操作时，必须先按停止按钮才能反方向启动，故常称为“正—停—反”控制电路。本任务的主要操作内容包括：

(1)根据图 4－12－1 选用合适的电器元件及导线规格；

(2)按照图 4－12－2 安装连接接触器联锁的三相异步电动机正反转控制线路；

(3)通电空运转检查调试。

## 一、实训所需电器元件明细

实训所需电器元件明细见表 4－12－1 所列。

表 4－12－1　实训所需电器元件明细

| 代号 | 名　称 | 型　号 | 数量 | 备　注 |
| --- | --- | --- | --- | --- |
| QS | 低压断路器 | DZ108－20(1.6～2.5 A) | 1 | |
| FU1 | 螺旋式熔断器 | RL1－15 | 3 | 3 A |
| FU2 | 直插式熔断器 | RT14－20 | 2 | 2 A |
| KM1、KM2 | 交流接触器 | LC1－D0610Q5N 380 V | 2 | |
| FR1 | 热继电器 | JRS1D－25/Z(0.63～1 A) | 1 | |
| | 热继电器座 | JRS1D－25 座 | 1 | |
| SB1 | 按钮开关 | Φ22－LAY16(红) | 1 | |
| SB2、SB4 | 按钮开关 | Φ22－LAY16(绿) | 2 | |
| M | 三相鼠笼异步电动机 | WDJ26 | 1 | 380 V/△ |

## 二、电气原理

如图 4－12－1 所示控制电路的动作过程如下。

(1)正转控制。合上 QS，按正转启动按钮 SB2，正转控制回路接通，KM1 的线圈通电动作，其常开触头闭合自锁、常闭触头断开对 KM2 的联锁，同时主触头闭合，主电路按 U—V—W 相序接通，电动机正转。

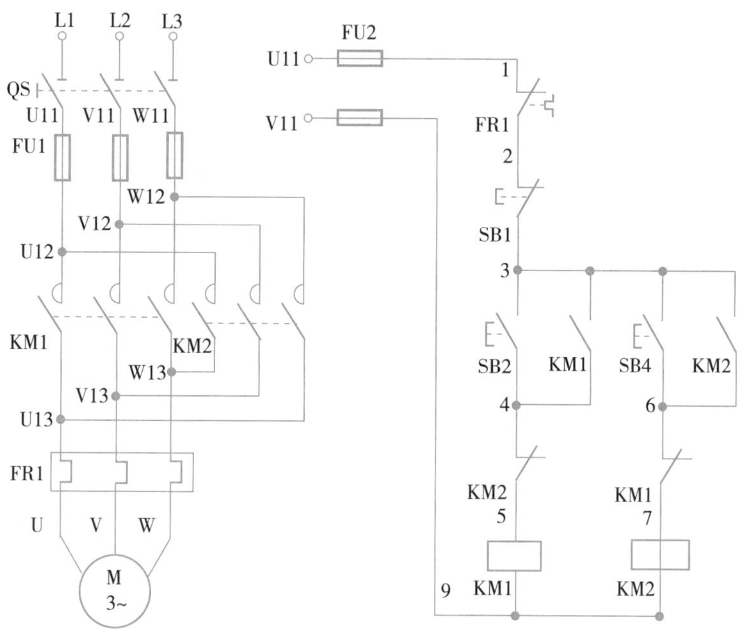


图 4-12-1　接触器联锁的三相异步电动机正反转控制电路原理图

(2)反转控制。要使电动机改变转向(即由正转变为反转)时应先按下停止按钮SB1,使正转控制电路断开,电动机停转,然后才能使电动机反转,为什么要这样操作呢?因为反转控制回路中串联了正转接触器KM1的常闭触头,当KM1通电工作时,它是断开的,若这时直接按反转按钮SB4,反转接触器KM2是无法通电的,电动机也就得不到电源,故电动机仍然正转状态,不会反转。电机停转后按下SB4,反转接触器KM2通电动作,主触头闭合,主电路按W—V—U相序接通,电动机的电源相序改变了,故电动机反向旋转。

## 三、实训接线

正反转控制电路的接线较为复杂,特别是按钮使用较多。在电路中,两处主触头的接线必须保证相序相反;联锁触头必须保证常闭互串;按钮接线必须正确、可靠、合理。接线如图4-12-2所示。

## 四、检查与调试

检查接线无误后,可接通交流电源,合上开关QS,按下SB2,电动机应正转(电动机右侧的轴伸端为顺时针转,若不符合转向要求,可停机,换接电机定子绕组任意两个接线即可)。按下SB4,电动机仍应正转。如要电动机反转,应先按SB1,使电动机停转,然后再按SB4,则电动机反转。若不能正常工作,应切断电源分析并排除故障,使线路能正常工作。

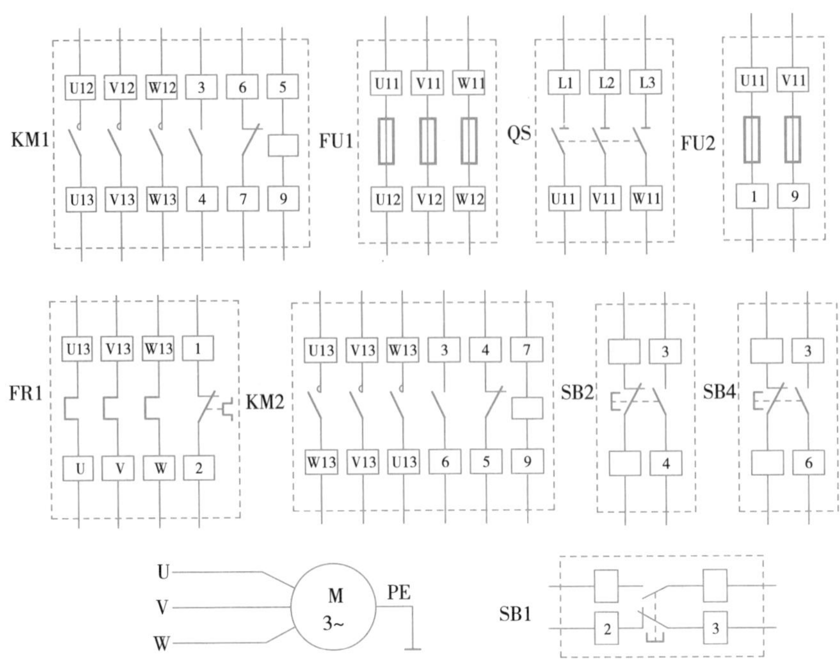


图 4-12-2　接触器联锁的电动机正反转控制电路接线示意训练图

# 实训任务十三　按钮联锁的电动机正反转控制电路

(1)能阅读按钮联锁的三相异步电动机正反转控制电路图。

(2)了解按钮联锁的三相异步电动机正反转控制电路的工作原理及使用方法。

(3)能进行按钮联锁的三相异步电动机正反转控制线路的安装接线。

(4)会使用电工电子仪表进行按钮联锁的三相异步电动机正反转控制线路调试。

在生产中,为了提高劳动生产率,减少辅助时间,要求直接按反转按钮使电动机换向。为此,可采用复合按钮的常闭触头来断开转向相反的接触器线圈的通电回路,使电动机反方向运转。本任务将完成按钮联锁的三相异步电动机正反转控制电路的安装与调试,并学习按钮联锁的三相异步电动机正反转控制电路的工作原理,此电路由于电动机运转时可按反转启动按钮直接换向,常称为“正—反—停”控制电路。本任务的主要操作内容包括:

(1)根据图 4-13-1 选用合适的电器元件及导线规格。

(2)按图 4-13-2 安装连接按钮联锁的三相异步电动机正反转控制线路。

(3)通电空运转检查调试。

## 一、实训所需电器元件明细表

实训所需电器元件明细见表 4-13-1 所列。

表 4-13-1 实训所需电器元件明细

| 代 号 | 名 称 | 型 号 | 数 量 | 备 注 |
| --- | --- | --- | --- | --- |
| QS | 低压断路器 | DZ108-20(1.6~2.5 A) | 1 | |
| FU1 | 螺旋式熔断器 | RL1-15 | 3 | 3 A |
| FU2 | 直插式熔断器 | RT14-20 | 2 | 2 A |
| KM1、KM2 | 交流接触器 | LC1-D0610Q5N 380 V | 2 | |
| FR1 | 热继电器 | JRS1D-25/Z(0.63-1 A) | 1 | |
| | 热继电器座 | JRS1D-25 座 | 1 | |
| SB1 | 按钮开关 | Φ22-LAY16(红) | 1 | |
| SB2、SB4 | 按钮开关 | Φ22-LAY16(绿) | 2 | |
| M | 三相鼠笼异步电机 | WDJ26 | 1 | 380 V/△ |

## 二、电气原理

当需要改变电动机的转向时,只要直接按反转按钮就可以了,不必先按停止按钮。这是因为如果电动机已按正转方向运转时,线圈是通电的。这时,如果按下按钮 SB4,按钮串在 KM1 线圈回路中的常闭触头首先断开,将 KM1 线圈回路断开,相当于按下停止按钮 SB1 的作用,使电动机停转,随后 SB4 的常开触头闭合,接通线圈 KM2 的回路,使电源相序相反,电动机即反向旋转,如图 4-13-1 所示。同样,当电动机已作反向旋转时,若按下 SB2,电动机就先停转后正转。该线路是利用按钮动作时,常闭先断开、常开后闭合的特点来保证 KM1 与 KM2 不会同时通电,由此来实现电动机正反转的联锁控制。所以 SB2 和 SB4 的常闭触头也称为联锁触头。

## 三、实训接线

如图 4-13-2 所示,在面板上分别选择 QS、FU1、FU2、KM1、KM2、FR1 及 SB1、SB2、SB4 等器件。关于电气控制电路接线图各端子的编号法有两种:(1)用器件的实际编号,例:

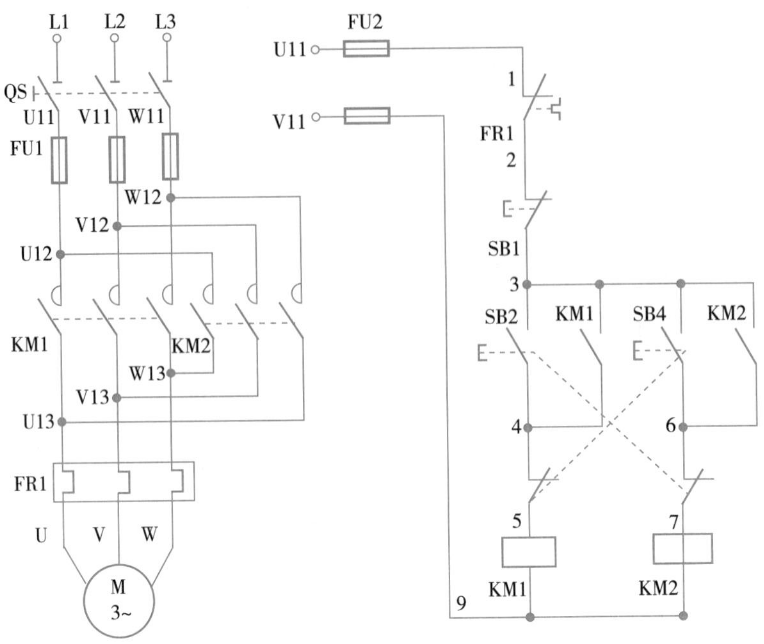


图 4-13-1　按钮联锁的电动机正反转控制电路图

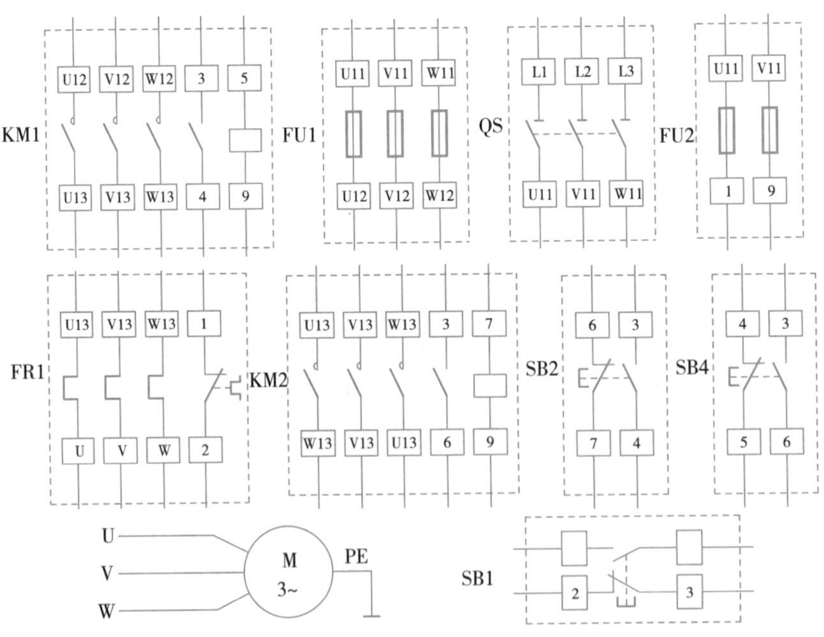


图 4-13-2　按钮联锁的电动机正反转控制电路接线示意训练图

KM1 的 1、3、5、13、A1；FR1 的 95 等。(2)用器件端子的人为编号，例 FU1 的 1、3、5 等。一般器件的端子已有实际编号应优先采用，因为编号本身就表示了元件的结构。例 KM1 的 1 与 2、3 与 4 代表常开主触头；SB1 的①与②表示常闭触头，③与④代表常开触头……按国家标准用中断线表示的单元接线图，图中各电器元件的端子号及中断线所画的接线图虽然画起来比用连续线画的接线图复杂，但接线很直观（每个端子应接一根还是两根线，每根线应接在哪个器件的哪个端子上），查线也简单（从上到下、从左到右，用万用表分别检查端子①及端子②直至全部端子都查一遍），因此操作者不仅要熟悉而且要学会看这种接线图。

### 四、检查与调试

思政拓展阅读

确认接线正确后，接通交流电源，按下 SB2，电机应正转；按下 SB4，电机应反转；按下 SB1，电机应停转。若不能正常工作，则应分析并排除故障。

## 实训任务十四 双重联锁的电动机正反转控制电路

### 学习目标

(1)能阅读双重联锁的三相异步电动机正反转控制电路图。

(2)了解双重联锁的三相异步电动机正反转控制电路的工作原理及使用方法。

(3)能进行双重联锁的三相异步电动机正反转控制线路的安装接线。

(4)会使用电工电子仪表进行双重联锁的三相异步电动机正反转控制线路调试。

### 工作任务

在前面的任务中，我们学习了接触器连锁的三相异步电动机正反转控制电路和按钮连锁的三相异步电动机正反转控制电路。在一般要求较高的正反转控制场合中，会采用一种三相异步电动机的按钮、接触器双重联锁正反转控制电路。本任务将完成按钮、接触器双重联锁的三相异步电动机正反转控制电路的安装与调试，并学习其工作原理。主要操作内容包括：

(1)根据图 4-14-1 选用合适的电器元件及导线规格。

(2)按图 4-14-2 安装连接双重联锁的三相异步电动机正反转控制线路。

(3)通电空运转检查调试。

### 一、实训所需电器元件明细表

实训所需电器元件明细见表 4-14-1 所列。

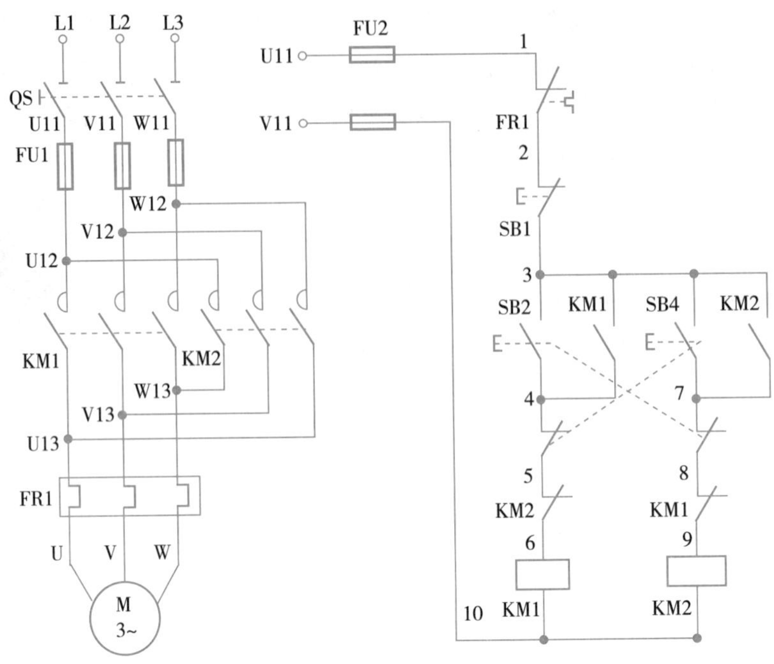


图 4-14-1　双重联锁的电动机正反转控制电路图

表 4-14-1　实训所需电器元件明细

| 代　号 | 名　称 | 型　号 | 数　量 | 备　注 |
|---|---|---|---|---|
| QS | 低压断路器 | DZ108-20(1.6～2.5 A) | 1 | |
| FU1 | 螺旋式熔断器 | RL1-15 | 3 | 3 A |
| FU2 | 直插式熔断器 | RT14-20 | 2 | 2 A |
| KM1、KM2 | 交流接触器 | LC1-D0610Q5N 380 V | 2 | |
| FR1 | 热继电器 | JRS1D-25/Z(0.63～1 A) | 1 | |
| | 热继电器座 | JRS1D-25 座 | 1 | |
| SB1 | 按钮开关 | Φ22-LAY16(红) | 1 | |
| SB2、SB4 | 按钮开关 | Φ22-LAY16(绿) | 2 | |
| M | 三相鼠笼异步电动机 | WDJ26 | 1 | 380 V/△ |

## 二、电气原理

该控制线路集中了按钮联锁和接触器联锁的优点，故具有操作方便和安全可靠等优点，为电力拖动设备中所常用。

## 三、实训接线

接线如图 4-14-2 所示，按照此图把各元器件连接起来，接线时要仔细，不能有漏接或错接现象。

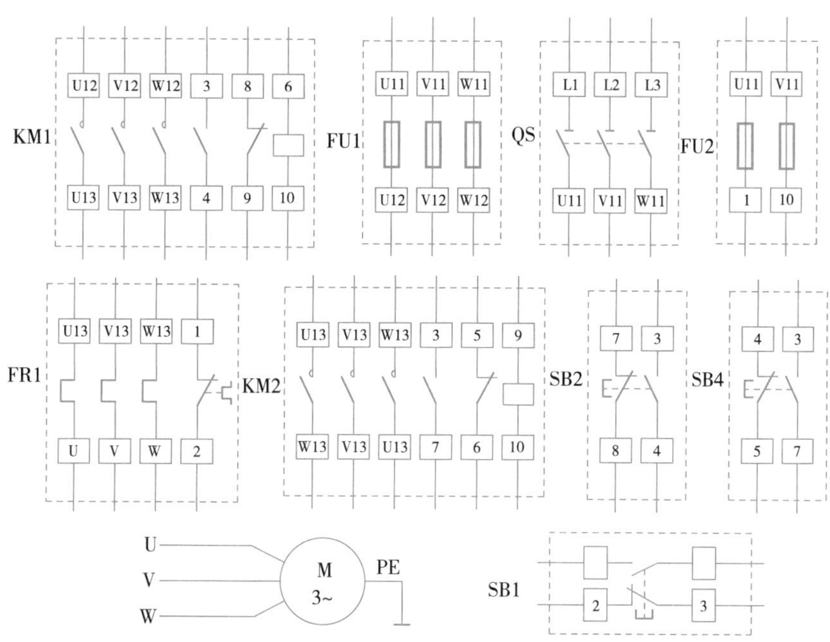


图 4-14-2　双重联锁的电动机正反转控制电路接线示意训练图

## 四、检查与调试

确认接线正确后，接通交流电源，按下 SB2，电机应正转；按下 SB4，电机应反转；按下 SB1，电机应停转。若不能正常工作，则应分析并排除故障。

# 实训任务十五　工作台自动往返控制电路

(1)能阅读工作台自动往返控制线路电路图。

(2)了解工作台自动往返控制电路的工作原理及使用方法。

(3)能进行工作台自动往返控制线路的安装接线。

(4)会使用电工电子仪表进行工作台自动往返控制线路调试。

在生产实际中，有些生产机械(如磨床)的工作台要求在一定行程内自动往返运动，以便实现对工件的连续加工，提高生产效率。这就需要电气控制线路能控制电动机实现自动换

接正反转。本任务将完成工作台自动往返控制线路安装与调试，并学习其工作原理。主要操作内容包括：

(1)根据图 4－15－1 选用合适的电器元件及导线规格。

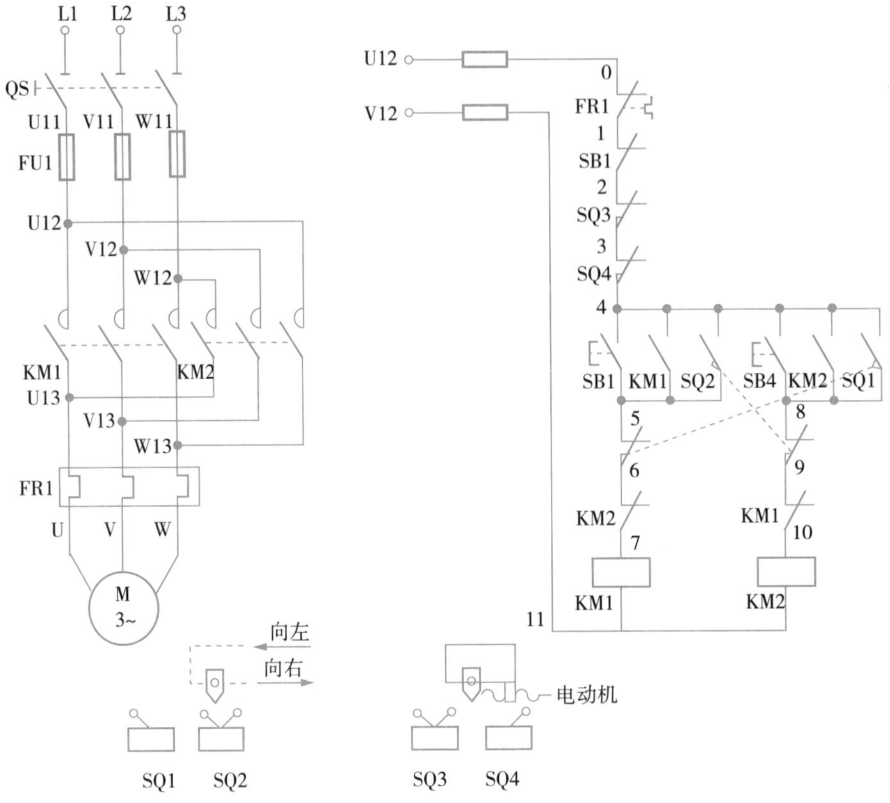


图 4－15－1　工作台自动往返控制电路图

(2)按图 4－15－2 安装连接工作台自动往返控制线路。

(3)通电空运转检查调试。

## 一、实训所需电器元件明细表

实训所需电器元件明细见表 4－15－1 所列。

表 4－15－1　实训所需电器元件明细

| 代　号 | 名　称 | 型　号 | 数　量 | 备　注 |
|---|---|---|---|---|
| QS | 低压断路器 | DZ108－20(1.6～2.5 A) | 1 | |
| FU1 | 螺旋式熔断器 | RL1－15 | 3 | 3 A |
| FU2 | 直插式熔断器 | RT14－20 | 2 | 2 A |

（续表）

| 代 号 | 名 称 | 型 号 | 数 量 | 备 注 |
|---|---|---|---|---|
| KM1、KM2 | 交流接触器 | LC1－D0610Q5N 380V | 2 | |
| FR1 | 热继电器 | JRS1D－25/Z(0.63～1 A) | 1 | |
| | 热继电器座 | JRS1D－25 座 | 1 | |
| SQ1、SQ2<br>SQ3、SQ4 | 行程开关 | JW2A－11H/L | 4 | |
| SB1 | 按钮开关 | Φ22－LAY16(红) | 1 | |
| SB2、SB4 | 按钮开关 | Φ22－LAY16(绿) | 2 | |
| M | 三相鼠笼异步电动机 | WDJ26(厂编) | 1 | 380 V/△ |

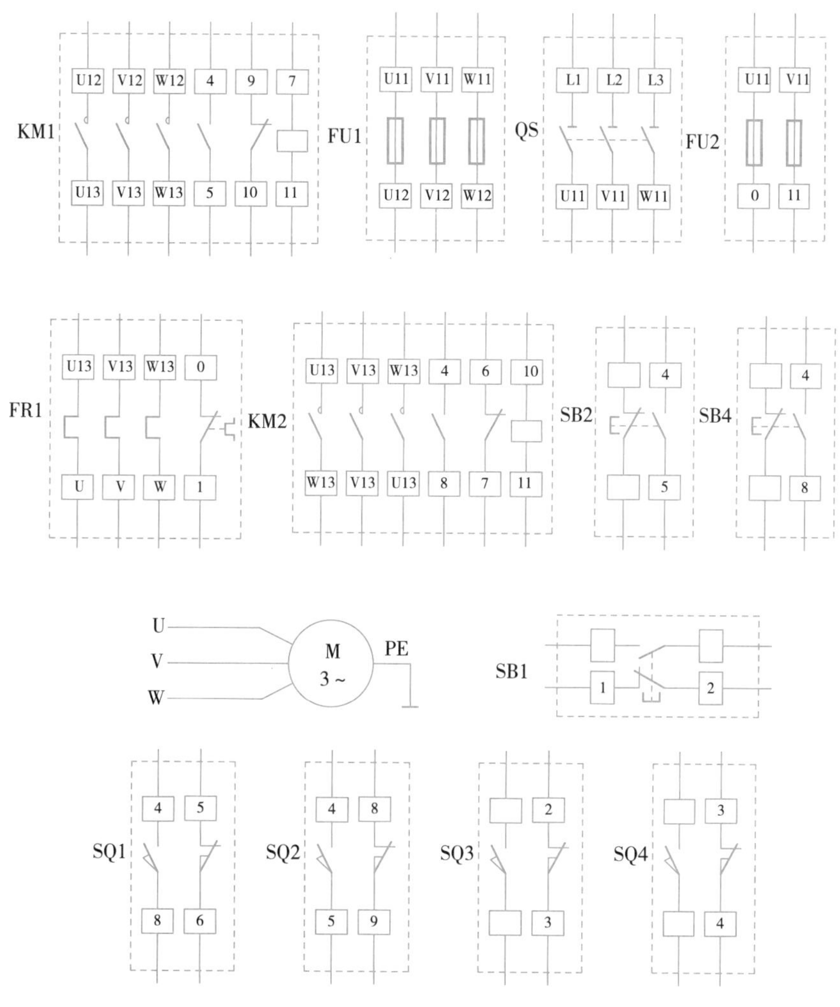


图 4－15－2 工作台自动往返控制电路接线示意训练图

## 二、电气原理

工作台自动往返控制线路如图 4-15-1 所示，主要由四个行程开关来进行控制与保护，其中 SQ2、SQ3 装在机床床身上，用来控制工作台的自动往返，SQ1 和 SQ4 用来作终端保护，即限制工作台的极限位置。在工作台的 T 形槽中装有挡块，当挡块碰撞行程开关后，能使电动机停止和换向，工作台就能实现往返运动。工作台的行程可通过移动挡块位置来调节，以适应加工不同的工件。

图中的 SQ1 和 SQ4 分别安装在向左或向右的某个极限位置上。如果 SQ2 或 SQ3 失灵，工作台会继续向左或向右运动，当工作台运行到极限位置时，挡块就会碰撞 SQ1 或 SQ4，从而切断控制线路，迫使电机 M 停转，工作台就停止移动。SQ1 和 SQ4 实际上起终端保护作用，因此称为终端保护开关或简称终端开关。

该线路的工作原理简述如下：

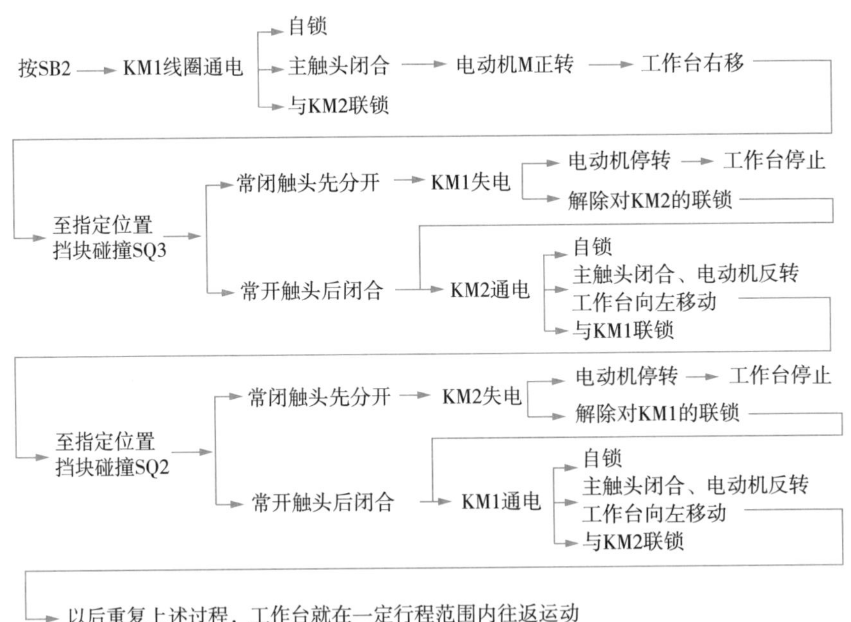


## 三、实训接线

接线可参考图 4-15-2，操作者应画出实际接线图。

## 四、检查与调试

思政拓展阅读

按下 SB2 观察并调整电动机 M 为正转（模拟工作台向右移动）用手代替挡块按压 SQ3 并使其自动复位，电动机先停转再反转（反转模拟工作台向左移动）；用手代替挡块按压 SQ2 再使其自动复位，则电动机先停转再正转。以后重复上述过程，电动机都能正常正反转。若拨动 SQ1 或 SQ4 极限位置开关则电机应停转。若不符合上述控制要求，则应分析并排除故障。

# 实训任务十六　三相异步电动机正反转点动、连续控制电路

(1)能阅读三相异步电动机正反转点动与连续控制电路图。

(2)了解三相异步电动机正反转点动与连续控制电路的工作原理及使用方法。

(3)能进行三相异步电动机正反转点动与连续控制线路的安装接线。

(4)会使用电工电子仪表进行三相异步电动机正反转点动与连续控制线路调试。

在工业生产过程中，常会见到用按钮点动控制电动机启停。它多适用机床刀架、横梁、立柱等快速移动和机床对刀，以及地面操作行车等场合。所谓点动控制是指：按下按钮，电动机 M 就得电运转；松开按钮，电动机就失电停转。本任务将完成在生产实际中的三相异步电动机接触器联锁正反转控制电路，同时电动机正反转均具有点动控制功能的控制线路的安装与调试，并学习其工作原理。主要操作内容包括：

(1)根据图 4－16－1 选用合适的电器元件及导线规格。

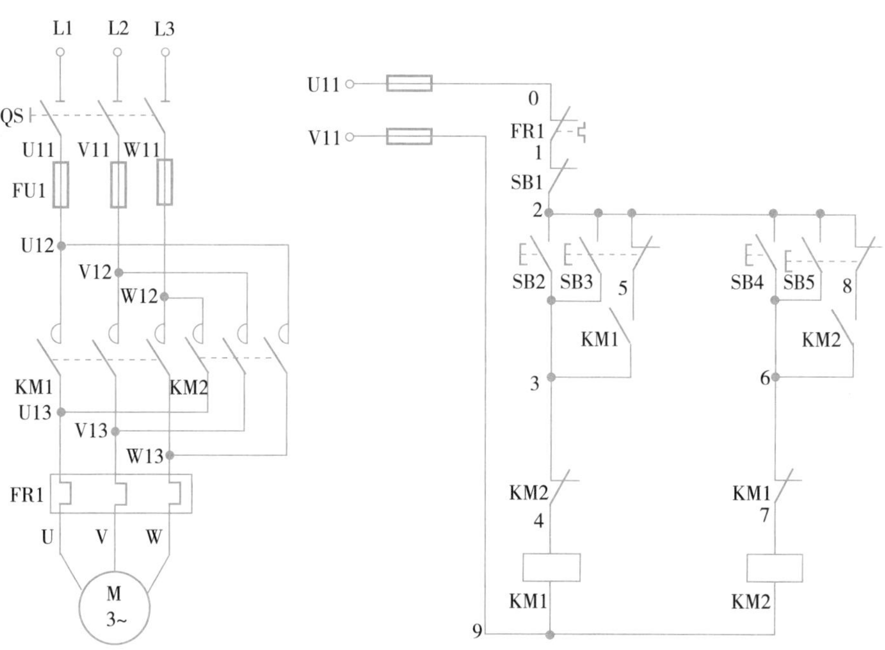


图 4－16－1　电动机正反转点动与连续控制电路图

(2)按图 4－16－2 安装连接三相异步电动机正反转点动与连续控制线路。

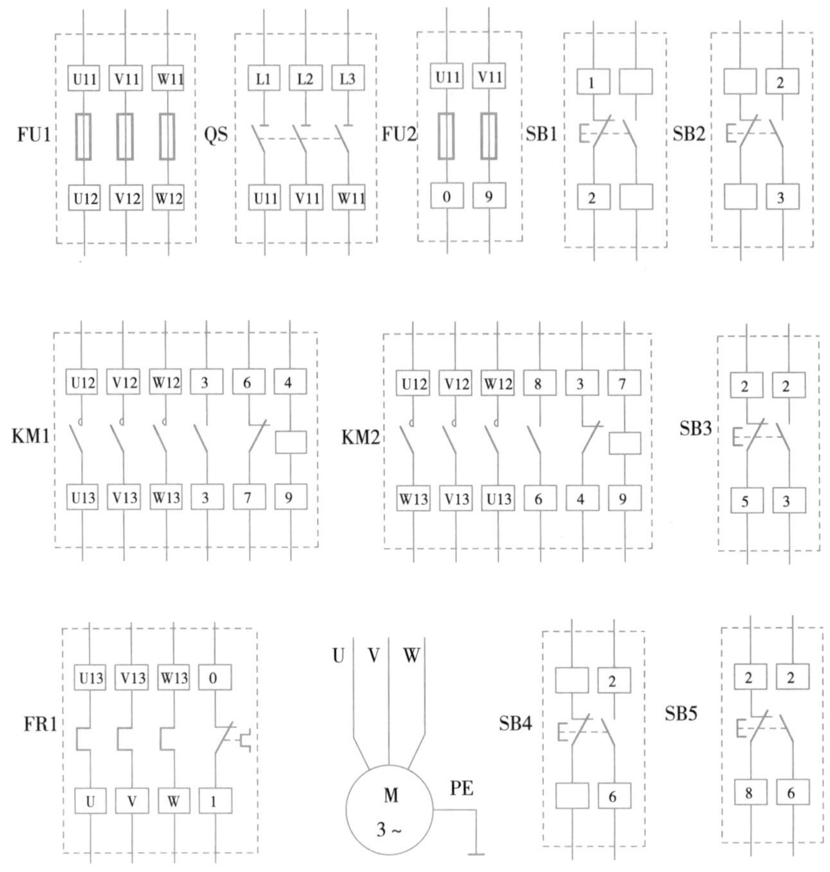


图 4－16－2　电动机正反转点动与连续控制电路接线示意训练图

(3)通电空运转检查调试。

## 一、实训所需电器元件明细表

实训所需电器元件明细见表 4－16－1 所列。

表 4－16－1　实训所需电器元件明细

| 代　号 | 名　称 | 型　号 | 数　量 | 备　注 |
|---|---|---|---|---|
| QF | 低压断路器 | DZ108－20(1.6～2.5 A) | 1 | |
| FU1 | 螺旋式熔断器 | RL1－15 | 3 | 装熔芯 3 A |
| FU2 | 直插式熔断器 | RT14－20 | 2 | 装熔芯 2 A |

（续表）

| 代　号 | 名　称 | 型　号 | 数　量 | 备　注 |
|---|---|---|---|---|
| KM1、KM2 | 交流接触器 | LC1－D0610Q5N 380 V | 2 | |
| FR1 | 热继电器 | JRS1D－25/Z(0.63～1 A) | 1 | |
| | 热继电器座 | JRS1D－25 座 | 1 | |
| SB1、SB3 | 按钮开关 | Φ22－LAY16 红色 | 2 | |
| SB2、SB4 | 按钮开关 | Φ22－LAY16 绿色 | 2 | |
| SB5 | 按钮开关 | Φ22－LAY16 黑色 | 1 | |
| M | 三相鼠笼异步电机 | WDJ26 | 1 | 380 V/Y |

## 二、电气原理

电动机正反转点动与连续控制线路的动作过程如图 4－16－1 所示。

(1)正转启动控制。合上电源开关 QF,按正转启动按钮 SB2,正转控制回路接通,KM1 的线圈通电动作,其常开触头闭合自锁、常闭触头断开对 KM2 联锁,同时主触头闭合,主电路按 U1、V1、W1 相序接通,电动机正转。

(2)正转点动控制。合上电源开关 QF,按点动按钮 SB3,触头 SB3(2—3)接通,KM1 的线圈通电动作,电动机正转,由于此时触头 SB3(2—5)断开,KM1 不能自锁;松开 SB3,SB3(2—3)先断开,SB4(2—5)后闭合,KM1 失电释放,电机停止。

(3)反转启动控制。合上电源开关 QF,按反转启动按钮 SB4,反转控制回路接通,KM2 的线圈通电动作,其常开触头闭合自锁、常闭触头断开对 KM1 联锁,同时主触头闭合,主电路按 W1、V1、U1 相序接通,电动机反转。

(4)反转点动控制。合上电源开关 QF,按点动按钮 SB5,触头 SB5(2—6)接通,KM2 的线圈通电动作,电动机反转,由于此时触头 SB5(2—8)断开,KM2 不能自锁;松开 SB5,SB5(2—6)先断开,SB5(2—8)后闭合,KM1 失电释放,电机停止。

## 三、实训接线

接线可参考图 4－16－2,操作者可画出实际接线图。

## 四、检测与调试

确认接线正确后,接通交流电源,按下 SB2,接触器 KM1 吸合并自锁,电机正转;按下 SB1,再按 SB4 电机应反转;按下 SB1,电机应停转。按下 SB3,电机正转,松开 SB3,电机停止;按下 SB5,电机反转,松开 SB5,电机停止;若不能正常工作,则应分析并排除故障。

# 实训任务十七　双速交流异步电动机自动变速控制电路

(1)能阅读双速交流异步电动机自动变速控制线路电路图。

(2)了解双速交流异步电动机自动变速控制电路的工作原理及使用方法。

(3)能进行双速交流异步电动机自动变速控制线路的安装接线。

(4)会使用电工电子仪表进行双速交流异步电动机自动变速控制线路调试。

机床在加工工件的过程中,常常需要对机床进行变速。一般普通机床采用机械变速箱取得相应的转速。但是,对于调速要求较高的机床,需要采用多速电动机来拖动,以提高它的调速范围。图 4-17-1 为一种双速交流异步电动机自动变速控制线路原理图,采用时间继电器控制双速电动机低速启动—高速运转的自动变速控制。本任务将完成双速交流异步电动机自动变速控制线路的安装与调试,并学习其工作原理。本任务的主要操作内容包括:

(1)根据图 4-17-1 选用合适的电器元件及导线规格。

(2)按图 4-17-2 安装连接双速交流异步电动机自动变速控制线路。

(3)通电空运转检查调试。

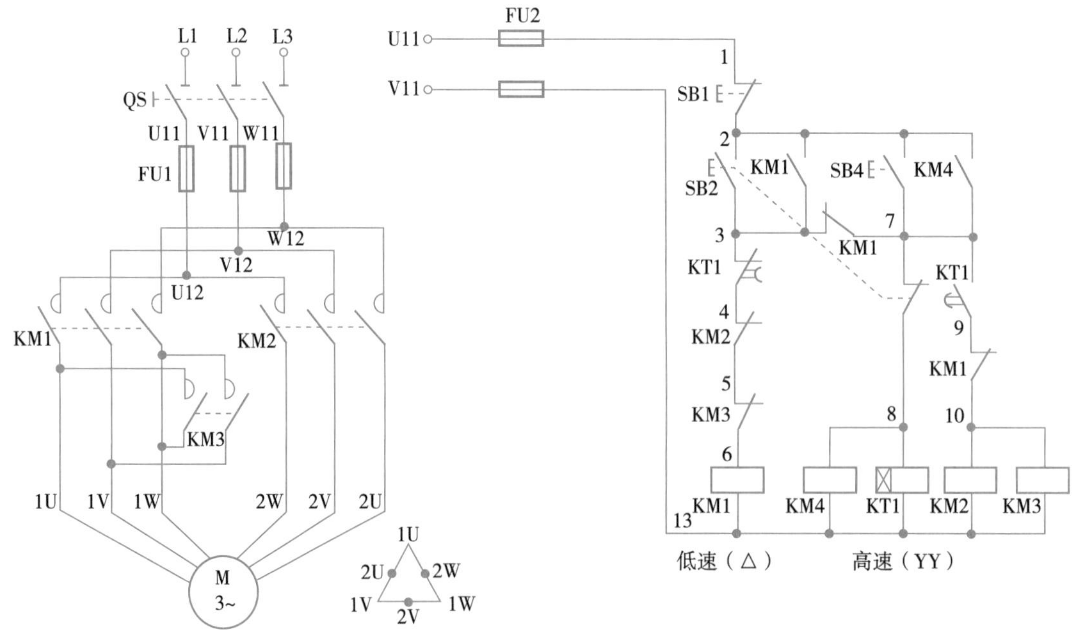


图 4-17-1　双速电动机自动变速控制电路图

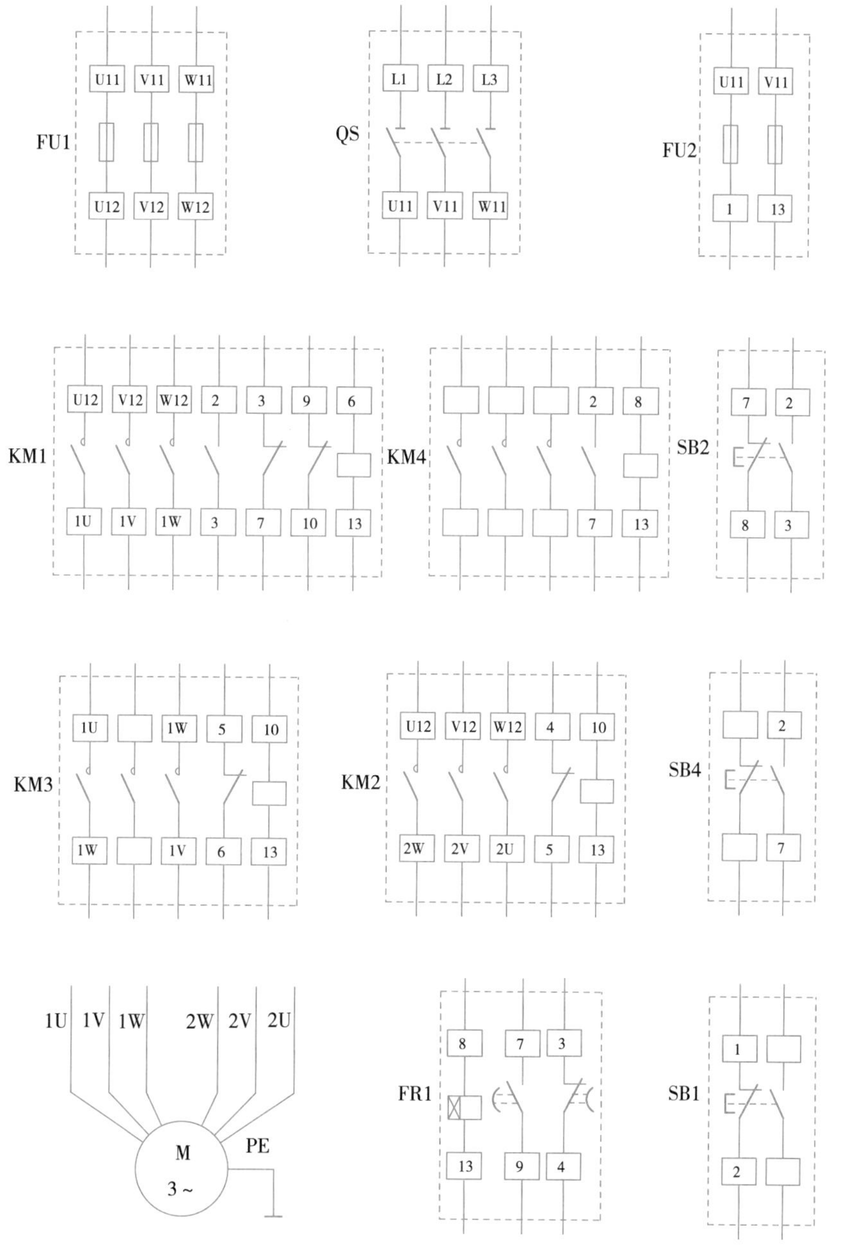

图 4－17－2　双速电动机自动变速控制电路接线示意训练图

## 一、实训所需电器元件

实训所需电器元件明细见表 4－17－1 所列。

表 4-17-1 实训所需电器元件明细

| 代　号 | 名　称 | 型　号 | 数　量 | 备　注 |
|---|---|---|---|---|
| QS | 低压断路器 | DZ108-20(1.6～2.5A) | 1 | |
| FU1 | 螺旋式熔断器 | RL1-15 | 3 | 装熔芯 3A |
| FU2 | 直插式熔断器 | RT14-20 | 2 | 装熔芯 2A |
| KM1、KM2<br>KM3、KM4 | 交流接触器 | LC1-D0610Q5N 380V | 4 | |
| KT1 | 时间继电器 | ST3PA-B(0～60S)/380V | 1 | |
| | 时间继电器方座 | PF-083A | 1 | |
| SB1 | 按钮开关 | Φ22-LAY16 红色 | 1 | |
| SB2、SB4 | 按钮开关 | Φ22-LAY16 绿色 | 2 | |
| M | 三相双速异步电动机 | WDJ22 | 1 | 380V(Δ/YY) |

## 二、电气原理

用按钮和时间继电器控制双速电动机低速启动-高速运转的电路图，如图 4-17-1 所示。时间继电器 KT1 控制电动机△启动时间和△—YY 的自动换接运转。

△形低速启动运转：

按下 SB2→SB2 常闭触头先分断、常开触头后闭合→KM1 线圈得电→KM1 自锁触头闭合自锁、主触头闭合、两对常闭触头分断，对 KM2、KM3 联锁→电动机 M 接成△形低速启动运转。

YY 形高速运转：

按下 SB4→KT1 线圈得电、KM4 线圈得电→KM4 常开触头闭合自锁→KT1 延时时间到→KT1 延时断开的动断触头分断、KT1 延时闭合的动合触头闭合→KM1 线圈失电→KM1 常开触点均分断、KM1 常闭触头恢复闭合→KM2、KM3 线圈得电→KM2、KM3 主触头闭合，KM2、KM3 联锁触头分断对 KM1 联锁→电动机 M 接成 YY 形高速运转。

停止时，按下 SB1 即可。

## 三、实训接线

接线可参照图 4-17-2，操作者应画出实际接线图。

## 四、检测与调试

电机绕组的六个端子先不接，调节通电延时时间继电器，使延时时间约为 5 秒。断开电源，再把电机的六个端子接上，确认接线无误，操作者可接通交流电源自行操作，若出现不正常，则应分析并排除故障。

思政拓展阅读

# 实训任务十八　三相异步电动机电磁抱闸制动器制动控制线路的安装与检修

## 学习目标

(1)正确理解三相异步电动机电磁抱闸制动器断电(通电)制动控制线路的工作原理。

(2)能正确识读电磁抱闸制动器断电(通电)制动控制线路的原理图。

(3)会按照工艺要求正确安装三相异步电动机电磁抱闸制动器断电(通电)制动控制线路。

(4)会使用电工电子仪表进行电磁抱闸制动器断电(通电)制动控制线路调试。

## 工作任务

在生产设备电动机使用中,为了能使电动机迅速停转,需要对电动机进行制动。所谓制动,就是给电动机一个与转动方向相反的转矩使它迅速停转(或限制其转速)。

电动机断开电源后,利用机械装置产生的反作用力矩使其迅速停转的方法叫机械制动。机械制动常用的方法有电磁抱闸制动器制动和电磁离合器制动。

制动电磁铁由铁芯、衔铁和线圈三部分组成,如图 4-18-1 所示。闸瓦制动器包括闸轮、闸瓦、杠杆和弹簧等部分。

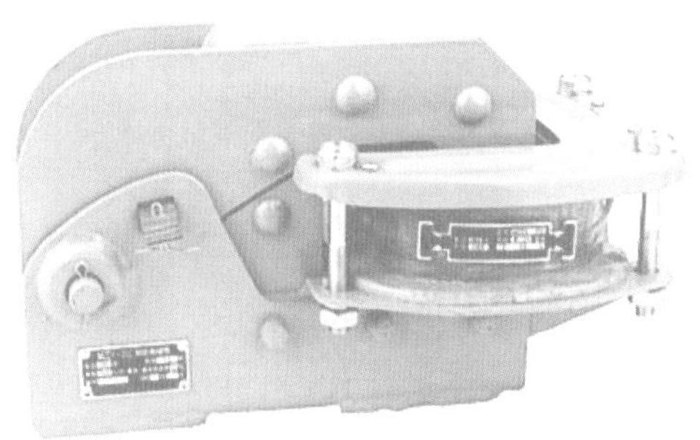

图 4-18-1　MZD1 系列交流单相制动电磁铁

断电制动型的工作原理:当制动电磁铁的线圈得电时,制动器的闸瓦与闸轮分开,无制动作用;当线圈失电时,制动器的闸瓦紧紧抱住闸轮制动。

通电制动型的工作原理:当制动电磁铁的线圈得电时,闸瓦紧紧抱住闸轮制动;当线圈失电时,制动器的闸瓦与闸轮分开,无制动作用。

本任务将完成三相异步电动机电磁抱闸制动器通电制动控制线路的安装与调试,并学习其工作原理。主要操作内容包括:

(1)根据图 4－18－2 选用合适的电器元件及导线规格。

(2)按图 4－18－3 安装连接三相异步电动机电磁抱闸制动器通电制动控制线路。

(3)通电空运转检查调试。

任务实施

## 一、实训所需电器元件

实训所需电器元件明细见表 4－18－1 所列。

表 4－18－1　实训所需电器元件明细

| 代　号 | 名　称 | 型　号 | 数　量 | 备　注 |
| --- | --- | --- | --- | --- |
| QS | 低压断路器 | DZ108－20(1.6～2.5 A) | 1 | |
| FU1 | 螺旋式熔断器 | RL1－15 | 3 | 3 A |
| FU2 | 直插式熔断器 | RT14－20 | 2 | 2 A |
| KM1、KM2 | 交流接触器 | LC1－D0610Q5N 380 V | 2 | |
| FR | 热继电器 | JRS1D－25/Z(0.63～1 A) | 1 | |
| | 热继电器座 | JRS1D－25 座 | 1 | |
| SB1 | 按钮开关 | Φ22－LAY16(红) | 1 | |
| SB2 | 按钮开关 | Φ22－LAY16(绿) | 2 | |
| M | 三相鼠笼异步电动机 | WDJ26(厂编) | 1 | 380 V/△ |
| | 电磁抱闸(通电制动) | MZD1 | 1 | 两相 380V |

## 二、电气原理

电磁抱闸断电制动其闸瓦紧紧抱住闸轮，若想手动调整工作是很困难的。因此，对制动后仍想调整工件的相对位置的机床设备就不能采用断电制动，而应采用通电制动控制，其电路如图 4－18－2 所示。当电动机得电运转时，电磁抱闸线圈无法得电，闸瓦与闸轮分开无制动作用；当电动机需停转按下停止按钮 SB2 时，复合按钮 SB2 的常闭触头先断开切断 KM1 线

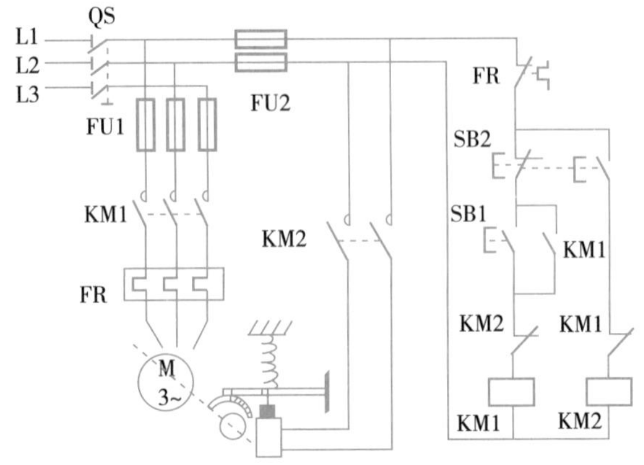


图 4－18－2　电动机电磁抱闸制动电路图

圈,KM1 主、辅触头恢复无电状态,结束正常运行并为 KM2 线圈得电作好准备,经过一定的行程 SB2 的常开触头接通 KM2 线圈,其主触头闭合电磁抱闸的线圈得电,使闸瓦紧紧抱住闸轮制动;当电动机处于停转常态时,电磁抱闸线圈也无电,闸瓦与闸轮分开,这样操作人员可扳动主轴调整工件或对刀等。

## 三、实训接线

接线如图 4-18-3 所示,按照此图把各元器件连接起来,接线时要仔细,不能有漏接或错接现象。

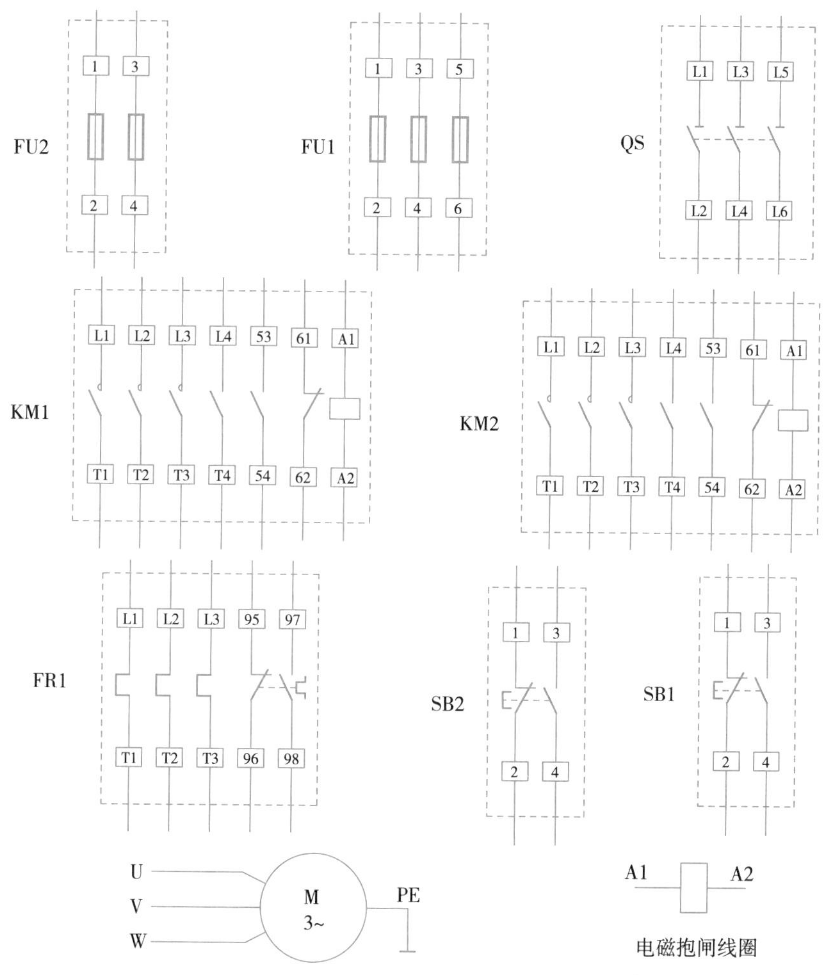


图 4-18-3 电动机电磁抱闸制动电路接线示意训练图

## 四、检查与调试

确认接线正确后,接通交流电源,电路的通电试车方法、步骤与接触器自锁控制线路基本相同，不同于对电磁抱闸制动器的微调，微调时以在通电带负载运行状态下，电动机转动自如，闸瓦与闸轮不摩擦、不过热，断电时又能立即制动为合格。此操作必须有教师在现场监护的情况下进行。

# 实训任务十九　三相异步电动机反接制动控制线路的安装与检修

(1)正确理解三相异步电动机反接制动控制线路的工作原理及使用方法。

(2)能正确识读反接制动控制线路的原理图、接线图和布置图。

(3)会按照工艺要求正确进行三相异步电动机反接制动控制线路接线。

(4)会使用电工电子仪表进行三相异步电动机反接制动控制线路调试。

电力制动是指使电动机在切断定子电源停转的过程中，产生一个和电动机实际旋转方向相反的电磁力矩(制动力矩)，迫使电动机迅速制动停转的方法。

电力制动常用的方法有：反接制动、能耗制动、电容制动和再生发电制动等。

依靠改变电动机定子绕组的电源相序来产生制动力矩，迫使电动机迅速停转的方法称为反接制动。当反接产生反向制动力矩，电动机转速接近零值时，应立即切断电动机的电源，否则电动机将反转。在反接制动设备中，常利用速度继电器来自动的及时切断电源。

速度继电器是反映转速和转向的继电器，其主要作用是以旋转速度的快慢为指令信号，与接触器配合实现对电动机的反接制动控制，故又称为反接制动继电器，如图4－19－1所示。

图4－19－1
JY1型速度继电器

本任务将完成三相异步电动机反接制动控制线路的安装与调试，并学习其工作原理。主要操作内容包括：

(1)根据图4－19－2选用合适的电器元件及导线规格。

(2)按图4－19－3安装连接三相异步电动机反接制动控制线路。

(3)通电空运转检查调试。

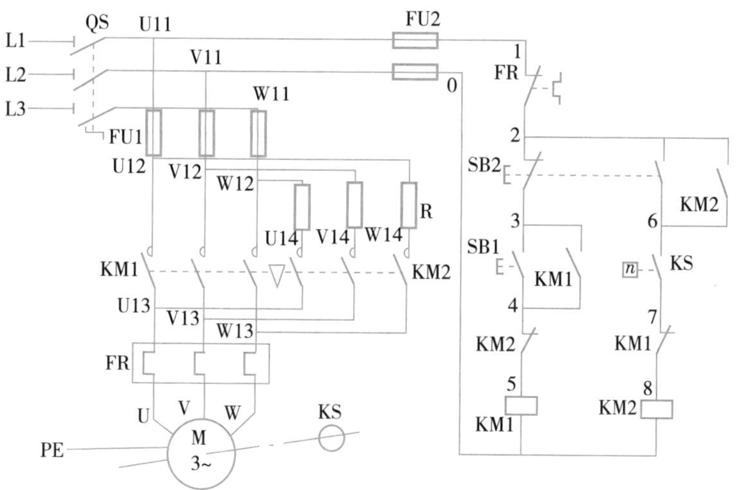


图 4-19-2　单向启动反接制动控制电路

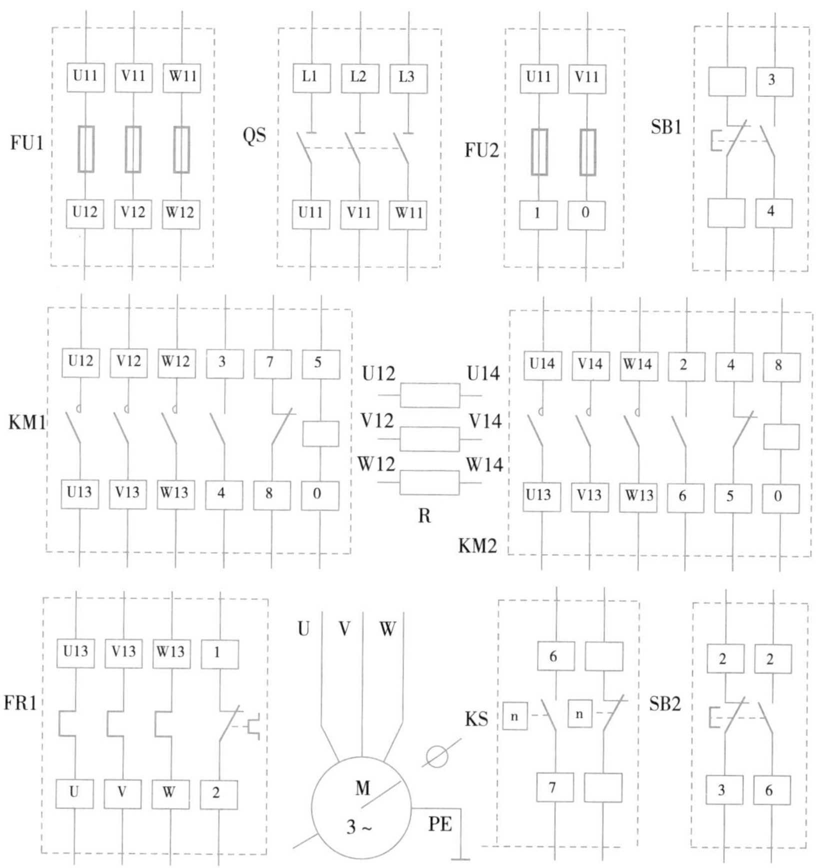


图 4-19-3　单向启动反接制动控制电路接线示意训练图

任务实施

## 一、实训所需电器元件

实训所需电器元件见表 4－19－1 所列。

表 4－19－1　实训所需电器元件

| 代　号 | 名　称 | 型　号 | 数　量 | 备　注 |
|---|---|---|---|---|
| QS | 低压断路器 | DZ108－20(1.6～2.5 A) | 1 | |
| FU1 | 螺旋式熔断器 | RL1－15 | 3 | 3 A |
| FU2 | 直插式熔断器 | RT14－20 | 2 | 2 A |
| KM1、KM2 | 交流接触器 | LC1－D0610Q5N 380 V | 2 | |
| FR | 热继电器 | JRS1D－25/Z(0.63～1 A) | 1 | |
| | 热继电器座 | JRS1D－25 座 | 1 | |
| SB1 | 按钮开关 | Φ22－LAY16(红) | 1 | |
| SB2 | 按钮开关 | Φ22－LAY16(绿) | 2 | |
| M | 三相鼠笼异步电动机 | WDJ26(厂编) | 1 | 380 V/△ |
| KS | 速度继电器 | JY1 | 1 | |

## 二、电气原理

反接制动适用于 10kW 以下小容量电动机的制动，并且对 4.5kW 以上的电动机进行反接制动时，需在定子绕组回路中串入限流电阻 R，以限制反接制动电流。单向启动反接制动控制电路如图 4－19－2 所示。

单向启动：

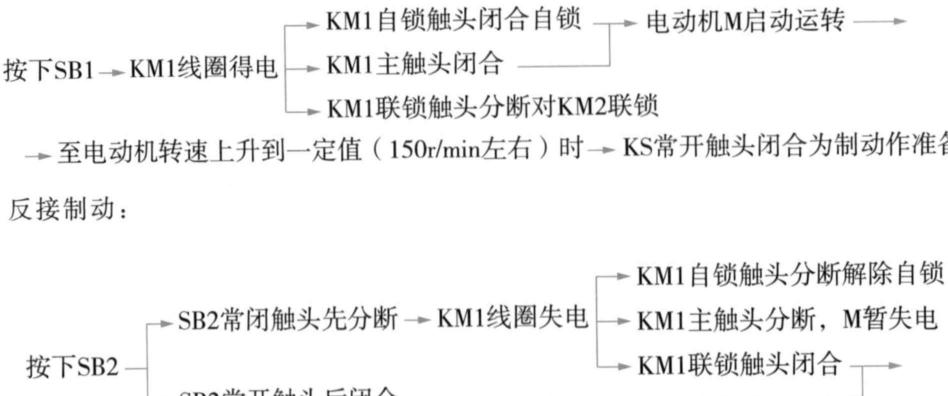
按下SB1
KM1线圈得电
KM1自锁触头闭合自锁
KM1主触头闭合
KM1联锁触头分断对KM2联锁
电动机M启动运转
至电动机转速上升到一定值（150r/min左右）时
KS常开触头闭合为制动作准备
反接制动：
按下SB2
SB2常闭触头先分断
KM1线圈失电
KM1自锁触头分断解除自锁
KM1主触头分断，M暂失电
KM1联锁触头闭合
SB2常开触头后闭合

→KM2线圈得电 ┬→KM1联锁触头分断对KM1联锁
├→KM2自锁触头闭合
└→KM2主触头闭合 ——→ 电动机M串接电阻R反接制动 ——→
→至电动机转速下降到一定值（100r/min左右）时 ——→ KS常开触头分断 ——→
→KM2线圈失电 ┬→KM2联锁触头闭合解除联锁
├→KM2自锁触头分断解除自锁
└→KM2主触头分断 ——→ 电动机M脱离电源停转，反接制动结束

## 三、实训接线

接线如图 4 - 19 - 3 所示，按照此图把各元器件连接起来，接线时要仔细，不能有漏接或错接现象。

## 四、检查与调试

思政拓展阅读

确认接线正确后，接通交流电源。

(1)按下 SB1 启动后，轻按 SB2，电动机应该缓慢地停止转动。

(2)按下 SB1 启动后，将 SB2 按下，电动机应该立即停止转动。

此操作必须有教师在现场监护的情况下进行。

# 实训任务二十　三相异步电动机能耗制动控制线路安装与检修

### 学习目标

(1)正确理解三相异步电动机能耗制动的工作原理及使用方法。

(2)能正确识读能耗制动控制电路的原理图和布置图。

(3)会按照工艺要求正确进行三相异步电动机能耗制动控制线路的安装接线。

(4)会使用电工电子仪表进行三相异步电动机能耗制动控制线路调试。

### 工作任务

当电动机切断交流电源后，立即在定子绕组中通入直流电，迫使电动机停转的方法称为能耗制动。

能耗制动的优点是制动准确、平稳，且能量消耗较小。

能耗制动的缺点是需要附加直流电源装置，设备费用较高，制动力较弱，在低速时制动力矩小。

能耗制动一般用于要求制动准确、平稳的场合，如磨床、立式铣床等的控制线路中。

本任务将完成三相异步电动机无变压器单相半波整流能耗制动自动控制线路的安装与调试，并学习其工作原理。主要操作内容包括：

(1)根据图 4-20-1 选用合适的电器元件及导线规格。

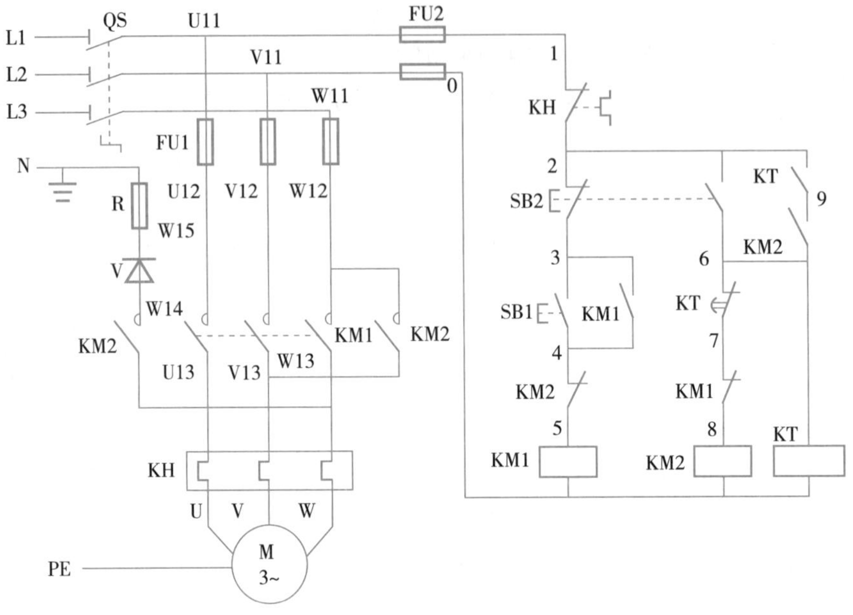


图 4-20-1　无变压器单相半波整流能耗制动自动控制线路

(2)按图 4-20-2 安装连接三相异步电动机无变压器单相半波整流能耗制动自动控制线路。

(3)通电空运转检查调试。

## 一、实训所需电器元件明细表

实训所需电器元件明细见表 4-20-1 所列。

表 4-20-1　实训所需电器元件

| 代　号 | 名　称 | 型　号 | 数　量 | 备　注 |
|---|---|---|---|---|
| QS | 低压断路器 | DZ108-20(1.6～2.5 A) | 1 | |
| FU1 | 螺旋式熔断器 | RL1-15 | 3 | 3 A |
| FU2 | 直插式熔断器 | RT14-20 | 2 | 2 A |
| KM1、KM2 | 交流接触器 | LC1-D0610Q5N 380 V | 2 | |

（续表）

| 代 号 | 名 称 | 型 号 | 数 量 | 备 注 |
|---|---|---|---|---|
| FR | 热继电器 | JRS1D－25/Z(0.63～1 A) | 1 | |
| | 热继电器座 | JRS1D－25 座 | 1 | |
| SB1 | 按钮开关 | Φ22－LAY16(红) | 1 | |
| SB2 | 按钮开关 | Φ22－LAY16(绿) | 2 | |
| M | 三相鼠笼异步电动机 | WDJ26 | 1 | 380 V/△ |
| R | 电阻 | 0.5Ω,50 W | 1 | |
| V | 二极管 | 2CZ30,30 A,600 V | 1 | |

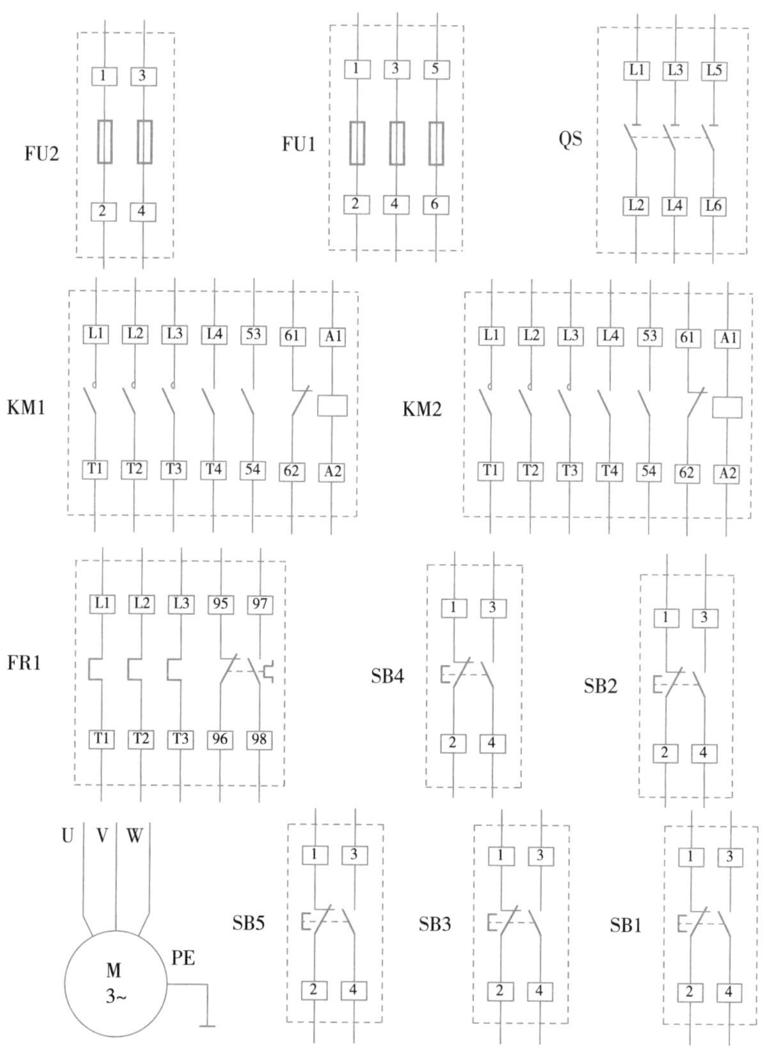


图 4－20－2 电动机能耗制动电路接线示意训练图

## 二、电气原理

图 4－20－1 是无变压器单相半波整流能耗制动自动控制线路。

### (一)启动控制

操作步骤：按下 SB1—接触器 KM1 吸合—电机运行—KM1 常开触点闭合(KM1 自锁)、常闭触点断开(KM2 断电互锁)。

### (二)制动控制

操作步骤：按下按钮 SB2—SB2 常闭触点断开—KM1 解除自锁—KM1 主触点断开，电动机断电后惯性运行—KM1 常闭触点闭合—SB2 常开触点闭合—KM2 线圈得电—KM2 常闭触点断开(KM1 断电互锁)—KM2 主触点闭合(直流能耗制动：L3—KM2 主触点—电动机 V 相进入 W 相流出—KM2 主触点—二极管 V—电阻 R—电源中性端)—KM2 常开触点闭合—KT 线圈得电—KT 常开触点瞬间闭合—锁定 KM2、KT 线圈供电—KT 延时断开常闭触点经整定时间后断开—KM2 线圈失电—KT 失电—KM2 主触点断开能耗制动结束。

## 三、实训接线

接线如图 4－20－2 所示，按照此图把各元器件连接起来，接线时要仔细，不能有漏接或错接现象。

## 四、检查与调试

确认接线正确后，接通交流电源。

制动时，停止按钮 SB2 要按到底。时间继电器的整定时间不要调得太长，以免制动时间过长引起定子绕组发热。

# 第五章　变压器、电动机及机床

## 实训任务一　单相变压器接线与检测调试

(1)认识单相变压器的外形和结构,熟悉各部件的作用。

(2)学会单相变压器的接线和简单操作方法。

(3)学会检测单相变压器工作中的相关参数。

单相变压器的基本结构是铁芯和绕组。

铁芯是变压器中的磁路部分。为了减少铁芯内的涡流损耗和磁滞损耗,铁芯通常采用表面经绝缘处理的冷轧硅钢片叠装而成。硅钢片具有较优良的导磁性能和较低的损耗。

铁芯分为铁芯柱和铁轭(磁轭)两部分,铁芯柱上套有绕组,磁轭作为连接磁路之用。

铁芯结构的基本形式有心式和壳式两种,如图 5-1-1 和图 5-1-2 所示。

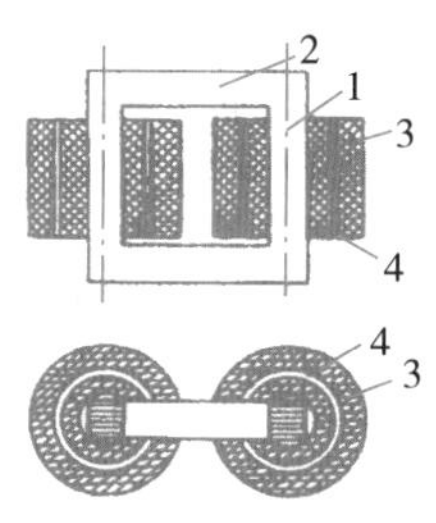


1—铁芯柱;2—铁轭;3—高压绕组;4—低压绕组。

图 5-1-1　心式铁芯结构

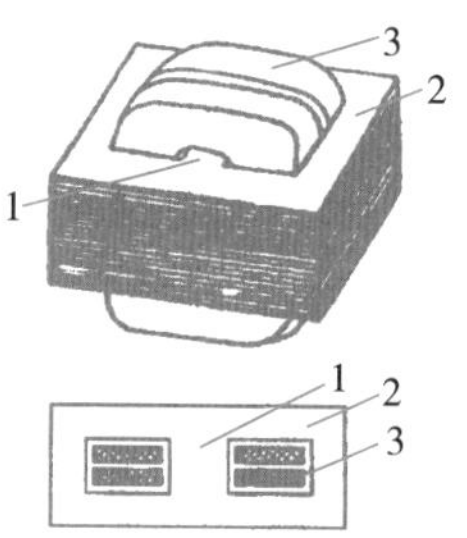


1—铁芯柱;2—铁轭;3—绕组。

图 5-1-2　壳式铁心结构

绕组是变压器的电路部分，应具有较高的耐热、机械强度及良好的散热条件，以保证变压器的可靠运行。与电源相连的叫一次绕组或原绕组，与负载相连的叫二次绕组或副绕组。绕组也可根据电压大小分为高压、低压绕组。

本实训任务是检测并记录单相变压器的相关参数，设计绘制单相变压器的工作电路，测试变压器电流及电压的输入/输出之间关系。主要操作内容包括：

(1)根据图 5-1-3 选用合适的工具、仪器和设备。

(2)按图 5-1-3 绘制并连接单相变压器的工作电路。

(3)通电检测、调试并记录相关参数。

## 一、工具、仪器和设备

单相交流可调电源；单相变压器一台；交流电压表和交流电流表各两块；可调负载电阻一个；万用表一块；导线若干。

## 二、认识、检测并记录单相变压器及相关设备的规格、量程和额定值

本次实训操作需要使用如图 5-1-3 所示的可调交流电源、单相变压器、交流电压表、交流电流表和可调负载电阻等相关设备。

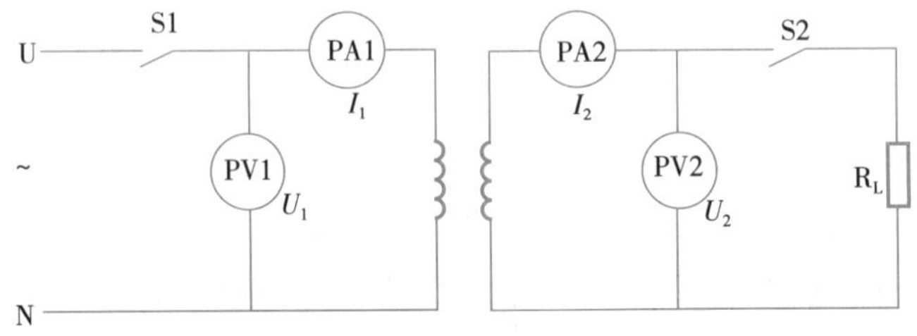


图 5-1-3　单相变压器工作电路图

试验设备中可提供恒压三相交流电和可调压交流电，但本次实训操作仅需要可调单相交流电，接线时要注意。电压调节手柄逆时针旋转输出电压降低，顺时针旋转输出电压升高。

单相变压器是实训操作的对象，通电后观察单相变压器的输入电压与输出电压的关系以及输入电流与输出电流的关系。

交流电压表、交流电流表是本次实训的测量工具，要注意量程。

可调负载电阻可以通过旋转手柄来调节阻值的大小，从而改变变压器电流的大小，开始通电前，电阻值应该调到最大位置，电阻调节手柄逆时针旋转阻值增大，顺时针旋转阻值减小。

在使用上述设备前，先检测并在表 5-1-1 中记录它们的量程范围和额定值。

表 5-1-1　单相变压器常用设备初始值及额定值记录表

| 设备名称 | 量程范围 | 设备名称 | 额定值 |
|---|---|---|---|
| 单相可调交流电源(V) | | 单相变压器额定容量 $S_N$(VA) | |
| 交流电压表 $U_1$(V) | | 单相变压器一次绕组电阻额定电压 $U_{1N}$(V) | |
| 交流电压表 $U_2$(V) | | 单相变压器二次绕组额定电压 $U_{2N}$(V) | |
| 交流电流表 $I_1$(A) | | 单相变压器一次绕组额定电流 $I_{1N}$(A) | |
| 交流电流表 $I_2$(A) | | 单相变压器二次绕组额定电流 $I_{2N}$(A) | |
| 负载调节电阻 $R_L$(Ω) | | 单相变压器一次绕组电阻 $r_1$(Ω) | |
| | | 单相变压器二次绕组电阻 $r_2$(Ω) | |

## 三、绘制单相变压器的工作电路图

根据单相变压器的额定值和电源的参数，设计绘制单相变压器的工作电路如图 5-1-3 所示。

## 四、连接单相变压器的工作电路

经指导教师认可后，按照所绘制的单相变压器工作电路图连接交流电源、单相变压器、交流电压表、交流电流表、可调负载电阻以及开关，如图 5-1-3 所示。接通交流电源前，务必将电源输出电压调到最小位置，注意各电压、电流表的量程，负载电阻 $R_L$ 的阻值调到最大位置。

## 五、通电测试变压器的输入/输出电压关系

先闭合电源开关 $S_1$，接通单相交流电源；再慢慢升高电压，注意观察并记录两个电压表的读数，直至变压器的输入电压为额定值。在(0.2～1)UN 的范围内，共读取 7～8 组数据，记录于表 5-1-2 中。

表 5-1-2　变压器的输入/输出电压关系

| $U_2$(V) | | | | | | | | | |
|---|---|---|---|---|---|---|---|---|---|
| $U_1$(V) | | | | | | | | | |

## 六、测试变压器的输入/输出电流关系

将变压器的输入电压调到额定电压的 80%左右。闭合负载开关 $S_2$，慢慢减小负载电阻

$R_L$ 的阻值，同样注意观察并记录两个电流表的读数，直至变压器的输入电流为额定值。0～IN 的范围内，共读取 7～8 组数据。将变压器的输入/输出电流关系记录于表 5-1-3 中。

表 5-1-3 变压器的输入/输出电流关系

| $I_1$(A) | | | | | | | | | |
|---|---|---|---|---|---|---|---|---|---|
| $I_2$(A) | | | | | | | | | |

## 七、注意事项

(1)变压器必须接入可调交流电源，不可直接接入额定电源电压。

(2)实训操作过程中，变压器输入/输出的电压和电流均不允许超过额定值。

(3)变压器输入/输出的电压值不同，输入/输出的电流值也相差较大，选用电压表和电流表时要注意合适的量程。

(4)选用负载电阻时，要注意能承受变压器的额定输出电流。负载电阻调节时，要注意其阻值不能过小，防止烧坏实训设备。

(1)变压器的基本作用是什么？

(2)变压器按照用途不同可以分为哪些类型？

(3)变压器的器身由哪些部件所组成？

(4)变压器一次绕组的电阻一般很小，为什么在一次绕组上加上额定的交流电压，线圈不会烧坏？若在一次绕组上加上与交流电压数值相同的直流电压，会产生什么后果？这时二次绕组有无电压输出？

思政拓展阅读

# 实训任务二 电力变压器的维护与故障处理

### 学习目标

(1)认识电力变压器的外形和内部结构，熟悉各部件的作用。

(2)掌握电力变压器的维护与保养知识。

(3)学会电力变压器常见故障的处理方法。

变压器是根据电磁感应的原理进行工作的，它可以将一种电压等级的交流电变为同频率的另一种电压等级的交流电。变压器广泛应用于各种交流电路中，与人们的生产生活密切相关。电力变压器是电力系统中的关键设备，起着高压输电、低压供电的重要作用，电力变压器的外形如图 5-2-1 所示。掌握变压器的相关知识和应用技能对电气技术人员来说必不可少。

学习本任务能够保证变压器能够安全可靠地运行，在变压器发生异常情况时，必须及时发现事故苗头，做出相应处理，将故障消除在萌芽状态，达到防止出现严重故障的目的。因此，对变压器应该做定期巡回检查，严格监视其运行状态，并做好数据记录。

## 一、电力变压器的基本结构

电力变压器的基本结构是铁芯和绕组，此外还有油箱和其他附件，如图 5-2-2 所示。铁芯和绕组在单相变压器中已介绍，此处不再赘述。

图 5-2-1　电力变压器的外形图

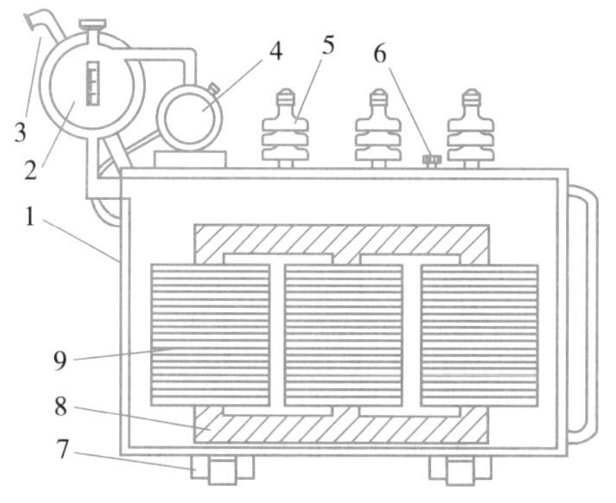


1—油箱；2—储油柜；3—安全气道；
4—气体继电器；5—绝缘套管；6—分接开关；
7—小车；8—铁芯；9—绕组及绝缘。

图 5-2-2　电力变压器的基本结构

### (一)油箱

变压器油是经提炼的绝缘油，绝缘性能比空气好。它是一种冷却介质，通过热对流方法，及时将绕组和铁芯产生的热量传到油箱和散热油管壁，向四周散热；使变压器的温升不致超过额定值。变压器油按要求应具有低的黏度、高的发火点和低的凝固点，不含杂质和水分。

### (二)储油柜

储油柜又称油枕,一般装在变压器油箱上面,其底部有油管与油箱相通。当变压器油热胀时,将油收进储油柜内;冷缩时,将油灌回油箱,始终保持器身浸在油内。油枕上还装有吸湿器,内含氧化钙或硅胶等干燥剂。

### (三)安全气道

较大容量的变压器油箱盖上装有安全气道,它的下端通向油箱,上端用防爆膜封闭。当变压器发生严重故障或气体继电器保护失败时,箱内产生很大压力,可以冲破防爆膜,使油和气体从安全气道喷出,释放压力以避免造成重大事故。

### (四)气体继电器

气体继电器安装在油箱与油枕之间的三连通管中。当变压器发生故障时,内部绝缘材料及变压器油受热分解,产生气体沿连通管进入气体继电器,使之动作,接通继电器保护电路发出信号,以便工作人员进行处理,或引起变压器前方断路器跳闸保护。

### (五)绝缘套管

作为高、低压绕组的出线端,在油箱上装有高、低压绝缘套管,使变压器进、出线与油箱(地)之间绝缘。高压(10kV 以上)套管采用空心充气式或充油式瓷套管,低压(1kV 以下)套管采用实心瓷套管。

### (六)分接开关

箱盖上的分接开关,可以在空载情况下改变高压绕组的匝数(±5%),以调节变压器的输出电压,改善电压质量。

## 二、变压器的维护

### (一)变压器的外部检查

(1)检查变压器油是否正常。采用目测法观察变压器油枕内、充油管内油的高度,观察油的颜色及透明度。通常,油位高度应适中(在标度范围内),油应是透明且略带黄色。

(2)检查变压器工作时的声音是否正常。用耳测法听电力变压器的声音,正常情况下,声音轻、平稳,是均匀而轻微的"嗡嗡"声,这是在 50Hz 的交变磁通作用下,铁芯和线圈振动造成的。若变压器内有各种缺陷或故障时,会引起以下声响:

① 声音增大并比正常时沉重,对应变压器负荷电流大、过负荷的情况。

② 声音中有尖锐声、音调变高,对应电源电压过高、铁芯过饱和的情况。

③ 声音增大并有明显杂音,对应铁芯未夹紧,片间有振动的情况。

④ 出现爆裂声,对应线圈和铁芯绝缘有击穿点的情况。

(3)检查变压器运行温度是否正常。变压器运行中温度升高主要是由器身发热造成的。一般来说,变压器负载越重,线圈中流过的工作电流越大,发热越剧烈,运行温度越高。变压器运行温度升高，使绝缘老化过程加剧，绝缘寿命减少。同时，温度过高也会促使变压器油的老化。

变压器正常工作时，油箱内上层油温不应超过85℃。运行中，可通过温度计测取上层油温。若小型电力变压器未设专门的温度计，也可用水银温度计贴在变压器油箱外壳上测温，这时允许温度为75℃～80℃。

(4)检查变压器绝缘套管是否清洁，有无破损或放电烧伤。若发生上述情况，将会使绝缘套管的绝缘强度下降，应及时更换。

(5)检查变压器冷却装置运行情况。应无泄露，压力应符合规定。

(6)检查防爆管、除湿器、接线端子是否正常。检查防爆管隔膜是否完好，有无喷油痕迹；除湿器中的硅胶是否已达到饱和状态；各接线端子是否紧固，引线和导电杆螺栓是否变色。

(7)检查外壳接地线是否牢靠、完好。要保证其外壳接地良好(接地电阻值一般应为4Ω以下)。

### (二)变压器的负荷检查

(1)观察和记录负荷，检查是否超负荷。

(2)观察电力变压器三相电流，检查是否平衡。

(3)测量和记录电力变压器的运行电压。如果电源电压长期过高或过低，应对变压器进行检修，调整其分接开关(同时检测直流电阻)直至正常。

### (三)变压器的保养

(1)电力变压器运行环境的检查，要求防雨、通风、清洁。

(2)清扫瓷套管及有关附属设备。

(3)检查母线连接情况，保证连接紧密。

(4)用兆欧(绝缘电阻)表摇测绕组的绝缘电阻，用接地测试仪测量电力变压器外壳的接地电阻，并记录测量值。

## 三、变压器的常见故障分析

电力变压器在长期运行中会由于各种原因，出现各种故障，因此，就要求维修人员必须能够依据故障现象、运行状况，分析故障原因，诊断故障所在，并妥善处理。

### (一)绕组匝间短路和对地击穿

(1)故障现象：发生该故障时，油温会急剧上升，电源侧电流增大，伴有“劈啪”“劈啪”的放电声。

(2)诊断检查：用电桥测量各相支流电阻，如有明显差异，可判断为匝间短路。然后吊出铁芯，在绕组上施加额定电压作空载试验，短路线圈将会发热、冒烟，并且损坏处显著扩大，据此可找出击穿点或短路点。

(3)处理:一般对地短路绕组所采用的修复方法是,损坏严重者可更换绕组,对地击穿可更换绝缘,必要时过滤、净化变压器油,烘干铁芯。

(二)油质显著变化

油质发生变化,其绝缘强度将会降低,引起绕组故障。油色显著变化是油质显著变化的重要特征。对变压器油质的检查,可通过观察油的颜色来进行。首先取油样鉴别其颜色,新油为浅黄色,透明且带蓝紫色的荧光。变压器油无气味或略带煤烟味。如有烧焦味,说明油在干燥时过热;如有酸味,说明油严重老化;如有乙炔味,则说明变压器油内有过电弧发生。一般情况下只要过滤、净化即可。但油质严重变差者,则要更换新油。

(三)继电保护动作

继电保护动作,一般来说是变压器内部故障,具体判断方法如下所述。当继电器保护动作时,首先检查其外部是否有异常现象,然后检查气体继电器中气体的性质:如果气体不可燃、无色无味,混合气体中主要是惰性气体,氧气含量大于16%,油的燃点没有降低,则说明空气进入了继电器,变压器可继续运行。如果气体可燃,说明变压器内部有故障;气体呈黄色而不易燃,说明变压器木质部分存在故障;气体呈淡黄色并发生强烈的臭味,又可以燃烧,说明纸板发生故障;气体呈灰色或黑色并易燃,则是变压器油变质劣化。

(四)分接开关故障

当油箱上出现"吱吱"的放电声,电流表随响声摆动,而气体继电器动作,则可以初步断定分接开关出现了故障。

当鉴定分接开关发生的故障时,进一步用电桥测各相直流电阻,检查分接开关触点接触是否良好。如果判断为触点接触不良,则应切换分接位置,同时测量直流电阻,直到符合要求。

如果分接开关严重烧蚀或损坏,就必须更换。

(五)变压器渗油

电力变压器渗漏油,常见的有螺纹连接密封部位渗漏和焊接焊缝渗油漏油两种。常见的具体部位有箱盖瓷套管处、箱沿耐油密封胶条处、吊环根部、油管端部、箱盖和箱壁与油枕焊缝处等。

螺纹连接密封渗漏多由密封垫或耐油胶条安装不当或老化所致。其解决方法是重新调整和更换密封垫或耐油胶条,密封垫的材料选用丁腈橡胶。焊接渗漏则需要补焊。

(六)注意事项

(1)更换密封垫或耐油胶条之前,先用干净白布擦净胶条周围或附近表面,以防尘污落入变压器油内,并切断油路或把油放至其水平面以下。更换时,要对正位置,修平啮合面。

(2)焊缝的补焊必须在无油情况下进行。钢板厚度在2mm及以下时用气焊法补焊,大于2mm时采用电焊法补焊。

## 四、变压器常见故障及处理方法

变压器常见故障及处理方法见表5-2-1所列。

表5-2-1　变压器常见故障及处理方法

| 故障种类 | 故障现象 | 产生原因 | 检查处理方法 |
| --- | --- | --- | --- |
| 绕组短路 | (1)变压器异常发热<br>(2)油温升高<br>(3)油发出“嗞嗞”声<br>(4)一次测电流增大<br>(5)高压熔丝熔断<br>(6)油枕盖有黑烟<br>(7)气体继电器动作 | (1)绕组匝间绝缘老化或损坏<br>(2)变压器油中含有水分或腐蚀性杂物<br>(3)外部短路过载等所产生的电磁力使绕组产生机械变形而使绝缘损坏 | (1)吊出器身,外观检查<br>(2)用电桥测量直流电阻<br>(3)在绕组上施加10%～20%额定电压做空载试验,冒烟处即为短路点<br>(4)局部修补或更换绕组 |
| 绕组开路 | (1)断线处有电弧使变压器内有放电声<br>(2)断线的相没有电流 | (1)导线接头焊接不良,出线焊接不良<br>(2)雷击造成断线<br>(3)安装套管时引线扭断 | (1)用电桥测量三相绕组直流电阻<br>(2)吊出器身,查找出断线处<br>(3)重新接线或更换绕组 |
| 绕组对地击穿或相间短路 | (1)过电流保护装置动作<br>(2)安全气道爆破、喷油<br>(3)气体继电器动作<br>(4)无安全气道与气体继电器的小型变压器油箱变形受损 | (1)绝缘因老化有破裂、折断等严重缺陷<br>(2)绝缘油受潮,使绝缘能力严重下降<br>(3)短路时造成绕组变形损坏<br>(4)过电压引起绝缘击穿<br>(5)引线随导电杆转动造成接地 | (1)吊出器身检查<br>(2)用兆欧表测绕组对油箱的绝缘电阻<br>(3)立即停止运行,更换绕组<br>(4)过滤或更换变压器油 |
| 铁芯片间绝缘损坏 | (1)空载损耗大<br>(2)高压熔丝熔断<br>(3)油温升高<br>(4)油色变深 | (1)剧烈振动使片间绝缘损坏<br>(2)片间绝缘老化或局部损坏<br>(3)夹紧铁芯的穿心螺杆与铁芯间绝缘老化造成短路而发热,引起局部熔毁<br>(4)铁芯两点接地形成涡流通路,使铁芯局部发热严重 | (1)吊出器身,查看铁芯及绝缘损坏情况<br>(2)对熔化不严重的铁芯,可将故障部位刮平,再涂上绝缘漆<br>(3)若烧熔严重,应送修理厂处理;消除多余接地点 |

# 实训任务三　三相异步电动机的拆装与检修

(1)了解三相异步电动机的铭牌,熟悉三相异步电动机的基本结构。

(2)正确掌握拆装工具及仪表的使用方法,安全操作规程。

(3)学会观察,了解三相异步电动机故障发生后出现的异常现象。

(4)学会三相异步电动机常见故障现象的检修方法。

异步电动机又称感应电动机,是由气隙旋转磁场与转子绕组感应电流相互作用产生电磁转矩,从而实现机电能量转换为机械能量的一种交流电机。异步电动机按照转子结构分为两种形式:三相鼠笼异步电机(图 5-3-1)、绕线式异步电动机。

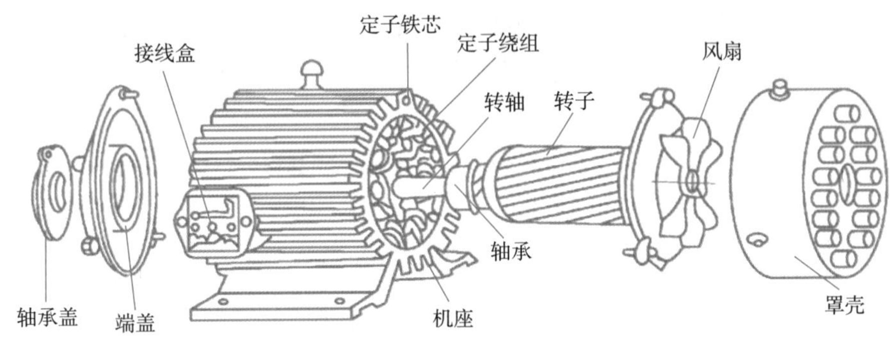


图 5-3-1　三相鼠笼异步电动机结构图

三相异步电动机的拆装与检修是维修电工技能训练教学的重要内容,本任务就是要正确掌握拆装工具及仪表的使用方法,安全操作规程,拆装异步电动机过程,并能根据电动机异常现象查明故障原因和维修。

## 一、三相异步电动机的拆装

### (一)拆卸前的准备

(1)切断电源,拆开电机与电源连接线,并做好与电源线相对应的标记,以免恢复时搞错相序,并把电源线的线头做绝缘处理。

(2)备齐拆卸工具,特别是拉具、套筒等专用工具。

(3)熟悉被拆电机的结构特点及拆装要领。

(4)测量并记录联轴器或皮带轮与轴之间的距离。

(5)标记电源线在接线盒中的相序、电机的出轴方向及引出线在机座上的出口方向。

### (二)拆卸步骤

#### 1. 拆卸带轮或联轴器

先在皮带轮(或联轴器)的轴伸端(联轴端)做好尺寸标记,以便安装时对照原来的位置装配，然后旋松皮带轮上的固定螺丝或敲去定位销，给皮带轮（或联轴器）的内孔和转轴结合处加入煤油，稍等渗透后，使锈蚀的部分松动，再用拉具将皮带轮（或联轴器）缓慢拉出，如图5-3-2所示。

2. 拆卸前轴承外盖

拆卸时先将轴承外盖的固定螺钉拧下，再拆下轴承外盖，如图5-3-3所示。

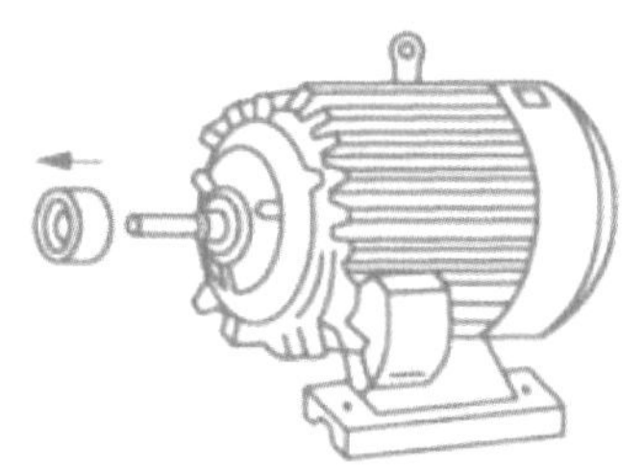

图5-3-2　拆卸带轮或联轴器

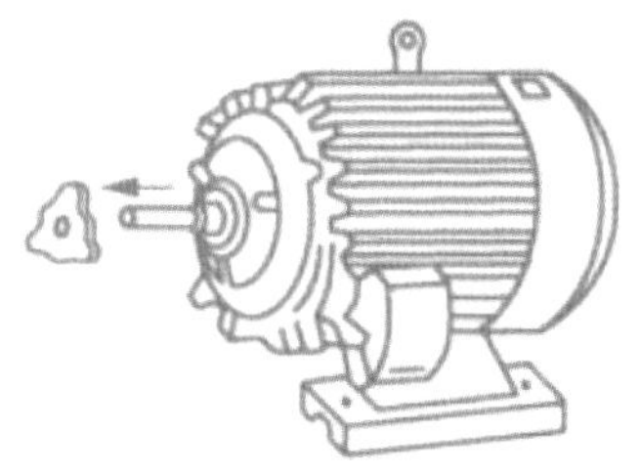

图5-3-3　拆卸前轴承外盖

3. 拆卸前端盖

在端盖与机座的连接处要做好标记，便于组装时对正，以免装错。然后，用锤子敲打端盖与机座的接缝处，使其松动。接着将螺丝刀插入端盖紧固螺钉襻与机座之间，把端盖慢慢地向外扳撬，并用木锤轻轻敲击，如图5-3-4所示。

4. 拆卸风罩

用合适的螺丝刀旋出风罩与机壳的固定螺丝，即可取下风罩，如图5-3-5所示。

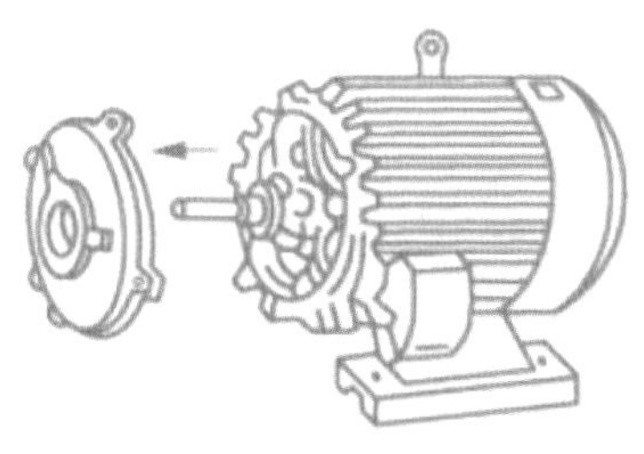

图5-3-4　拆卸前端盖

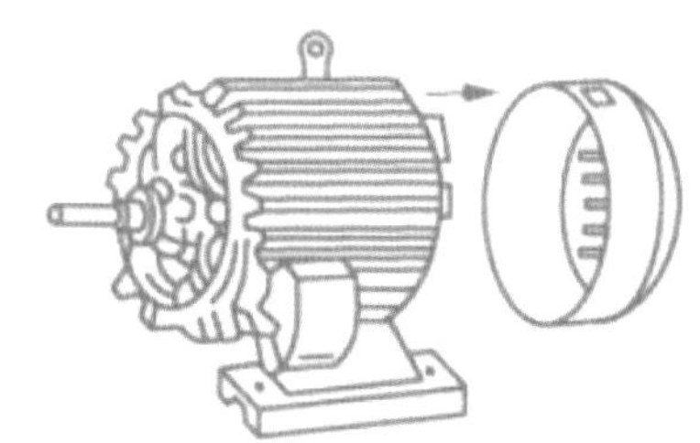

图5-3-5　拆卸风罩

5. 拆卸风叶

将转轴尾部风叶上的定位螺丝拧下，或是销子、卡簧取下，用小锤在风叶四周轻轻地均匀敲打，风叶就可拆下，如图5-3-6所示。

6. 拆卸后轴承外盖

只要把后轴承外盖的固定螺钉拧下，后轴承外盖就可拆下，但要注意，前后两个轴承外盖拆下后要做好记号，以免安装时前后装错，如图5-3-7所示。

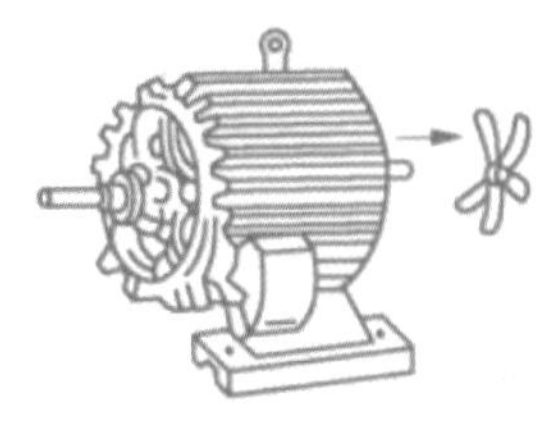

图 5-3-6　拆卸风叶

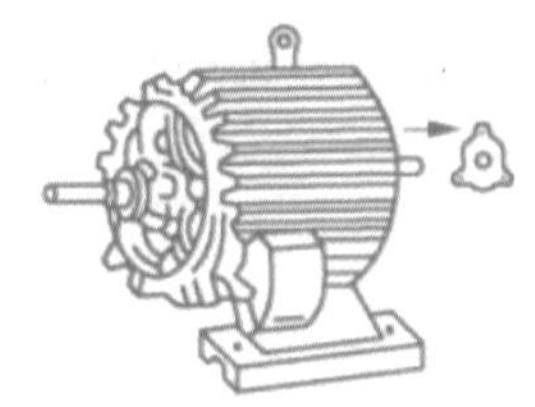

图 5-3-7　拆卸后轴承外盖

7. 拆卸后端盖

后端盖的拆卸方法和前端盖一致，但要注意，前后两个端盖拆下后要做好记号，以免安装时前后装错，如图 5-3-8 所示。

8. 拆卸转子

小型电动机转子拆卸时，要一手握住转子，把转子拉出一些，再用另一只手托住转子铁芯慢慢往外移；中型电动机转子拆卸时，要一人抬起转子轴的一端，渐渐地把转子往外移，要注意，不能碰伤定子绕组线圈，如图 5-3-9 所示。

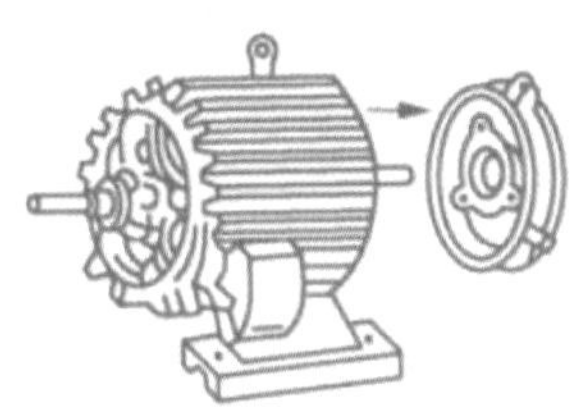

图 5-3-8　拆卸后端盖

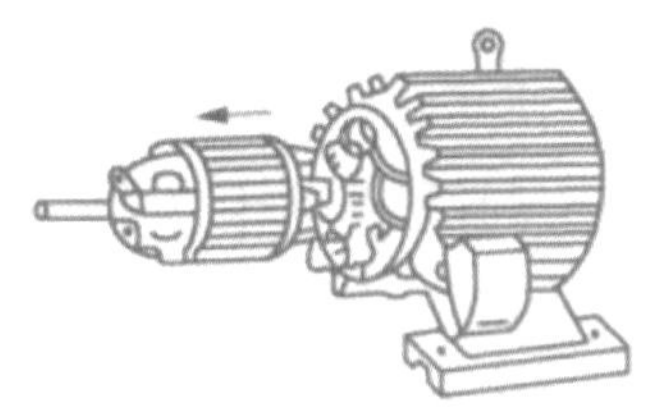

图 5-3-9　拆卸转子

9. 拆卸轴承及内端盖

轴承的拆卸可用拉具，根据轴承的大小，选好适宜的拉力器，夹住轴承，拉力器脚抓应扣紧在轴承的内圈上，拉力器的丝杆顶点要对准转子轴的中心，扳转丝杆要慢，用力要均匀。轴承的拆卸也可用铜棒垫在轴承内圈上，用手锤轻轻敲击铜棒，注意要在轴承内圈四周对面两侧轮流均匀敲打，不可偏敲打一边，用力不要过猛。轴承的拆卸也可在轴承内圈下面用两块铁板夹住，担搁在一只内径略大于转子外径的圆桶上，在轴的顶端垫上木块，用手锤敲打，着力点对准轴的中心，当敲到轴承逐渐松动时，用力要减弱。轴承拆下后，两端的轴承内端盖就可取下了，如图5-3-10 所示。

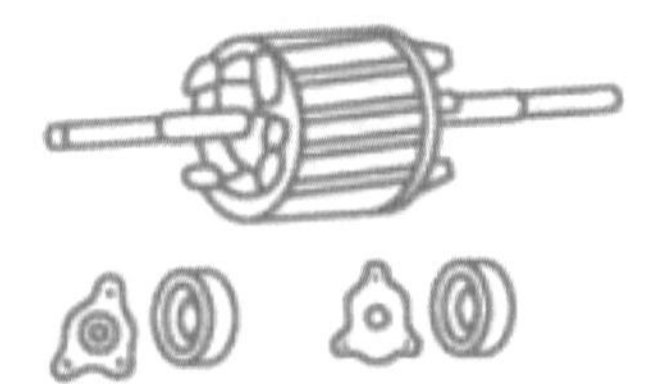

图 5-3-10　拆卸轴承及内端盖

(三)装配电动机

装配电动机的步骤与拆卸步骤相反。装配前要检查定子内污物、锈是否清除，有无损坏，装配时应将各部件按标记复位。装转子时，一定要遵守装配要求，不得损坏绕组，拆前、装后均应测试;装端盖前应用粗铜丝,从端盖的轴承盖装配孔伸入,勾住内轴承盖,以便装配内外轴承盖;轴承装配时,可用套筒抵住轴承内圈,将其敲打到位,或用一根铜棒抵住轴承内圈,沿内圈圆周均匀敲打,使其到位,如果轴承与轴颈配合过紧,不易敲打到位,可将轴承加热到100℃左右,趁热迅速套上轴颈。安装轴承时,标号必须向外,以便下次更换时查对轴承型号。

（四）电动机拆装考核

对三相异步电动机进行检修和保养时,经常需要拆装电动机,如果拆装时操作不当就会损坏零部件,因此,只有经过反复多次的实操练习,掌握正确的拆卸与装配工艺,才能保证电动机的正常运行和检修质量。表 5-3-1 是小型三相异步电动机拆装训练考核评定标准,要求能正确拆装小型异步电动机,测试相关参数,并进行好坏判别。

表 5-3-1　小型三相异步电动机拆装训练考核评定标准

| 训练内容 | 配分 | 扣分标准 | 扣分 | 得分 |
|---|---|---|---|---|
| 拆卸 | 30 分 | 工具、仪器、未准备好　扣 10 分<br>拆卸方法、步骤不正确　每次扣 10 分<br>碰伤绕组、损坏零部件　每次扣 10 分<br>装配标志不清楚　每处扣 5 分 | | |
| 装配 | 40 分 | 装配步骤错误　每处扣 5 分<br>碰伤绕组、损坏零部件　每次扣 10 分<br>轴承清洗不干净、润滑油不适量　扣 10 分<br>紧固螺钉未拧紧　每只扣 5 分<br>装配后转动不灵活　扣 10 分 | | |
| 检测 | 30 分 | 接线不正确　扣 10 分<br>电动机外壳接地不好　扣 5 分<br>测量电动机绝缘电阻不合格　扣 10 分<br>不会测量电动机的电流、转速、温度　扣 10 分<br>空载试验方法不正确、不会判断电动机是否合格　扣 10 分 | | |
| 注:各项内容扣分总值不应超过对应各项内容所配分数 | | | | |

## 二、三相异步电动机的常见故障现象及检修

思政拓展阅读

三相异步电动机的故障一般可分为两大类:一类是电气方面的故障,如各种类型开关、按钮、熔断器、电刷、定子绕组、转子及启动设备等的故障;另一类是机械方面的故障,如轴承、风叶、机壳、联轴器、端盖、轴承盖、转轴等故障。

电动机发生故障，会出现一些异常现象，如温度升高、电流过大、发生震动和有异常声音等。检查、排除电动机的故障，应首先对电动机进行仔细观察，了解故障发生后出现的异常现象。然后通过异常现象分析原因，找出故障所在，最后排除故障。表 5-3-2 是三相异步电动机常见的故障现象和检修方法。

表 5-3-2 三相异步电动机常见的故障现象和检修方法

| 故障现象 | 可能原因 | 检修方法 |
|---|---|---|
| 接通电源，电动机不能启动或有异常声音 | 熔体熔断 | 更换熔体 |
| | 电源线或绕组断线 | 查出断路处 |
| | 开关或启动设备接触不良 | 修复开关或启动设备 |
| | 定子和转子相擦 | 查出相擦的原因，校正转轴 |
| | 轴承损坏或异物卡住 | 清洗或更换轴承 |
| | 定子铁芯或其他零件松动 | 将定子铁芯或其他零件重新焊牢或紧固 |
| | 负载过重或负载机械卡死 | 减轻拖动负载，检查负载机械和传动装置 |
| | 电源电压过低 | 调整电源电压 |
| | 机壳破裂 | 修补机壳或更换电动机 |
| | 绕组连线错误 | 检查绕组首尾端，正确连线 |
| | 定子绕组断路或短路 | 检查绕组断路和接地处，重新接好 |
| 电动机转速低，转矩小 | 将三角形错接为星形 | 重新接线 |
| | 笼型的转子端环导条断裂或脱焊 | 焊接修补断处或更换绕组 |
| | 定子绕组局部短路或断路 | 找出短路或断路处 |
| 电动机过热或冒烟 | 电源电压过低或三相电压相差过大 | 查出电源电压不稳定的原因 |
| | 负载过重 | 减轻负载或更换功率较大的电动机 |
| | 电动机缺相运行 | 检查线路或绕组中断路或接触不良处，重新接好 |
| | 定子铁芯硅钢片间绝缘损坏，使定子涡流增大 | 处理铁芯绝缘或适当增加每槽匝数 |
| | 转子和定子发生摩擦 | 校正转子铁芯或轴，或更换轴承 |
| | 绕组受潮 | 将绕组烘干 |
| | 绕组短路或接地 | 修理或更换有故障的绕组 |
| 电动机轴承过热 | 装配不当使轴承受外力 | 重新装配 |
| | 轴承内有异物或缺油 | 清洗轴承并注入新的润滑油 |
| | 轴承弯曲，使轴承受外应力或轴承损坏 | 矫正轴承或更换轴承 |
| | 传送带过紧或联轴器装配不良 | 适当调松传送带，修理联轴器或更换轴承 |
| | 轴承标准不合格 | 选配标准合适的新轴承 |

# 实训任务四　CA6140 车床的电气控制线路及故障分析与检修

(1)了解车床的结构、主要运动形式及控制要求。

(2)掌握车床电气控制线路的工作原理、电气接线以及调试技能。

(3)熟悉车床电气控制线路的常见故障和分析处理方法。

(4)会正确排除车床电气故障。

车床是机械加工中使用最广泛的一种机床。在各种机床中普通车床是应用最多的一种，主要用来车削工件的外圆、内圆、端面和螺纹等，并可以装上钻头、铰刀等进行加工。本任务将利用前面所学的低压电器和基本电气控制线路的知识，分析 CA6140 车床电气控制线路的工作原理；介绍 CA6140 车床电气控制线路的常见故障和排除方法；动手操作和调试，熟悉车床电气控制线路的工作过程，能正确排除车床电气故障。

## 一、CA6140 车床的主要结构及型号意义

图 5-4-1 所示为机械加工中应用较广的 CA6140 型卧式车床。

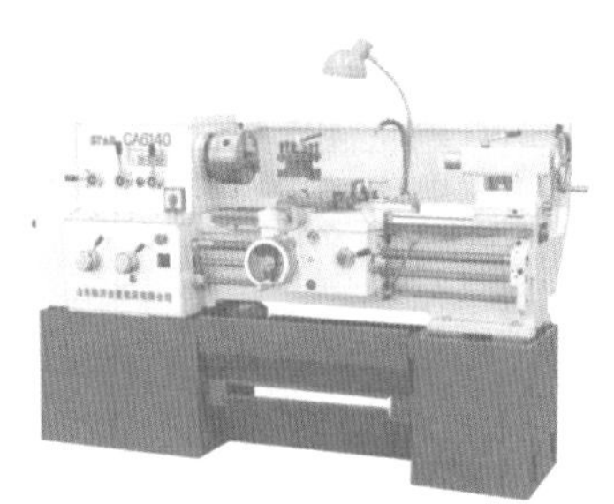

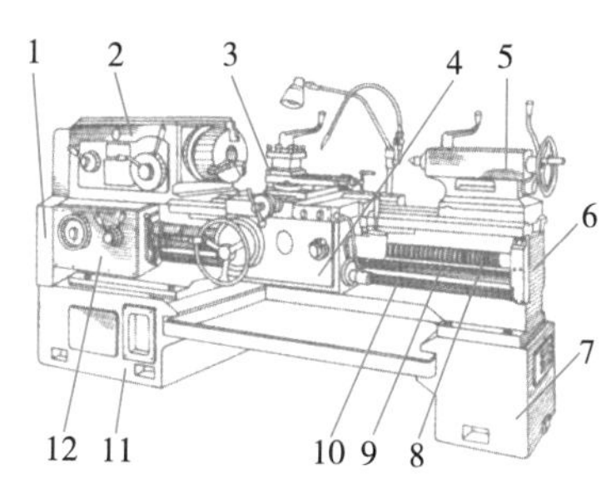


1—挂轮箱；2—主轴箱；3—刀架；4—溜板箱；5—尾座；
6—床身导轨；7—后床腿；8—丝杆；9—光杆；
10—操纵杆；11—前床腿；12—进给箱。

图 5-4-1　CA6140 型卧式车床外形及结构

该车床型号意义如下：

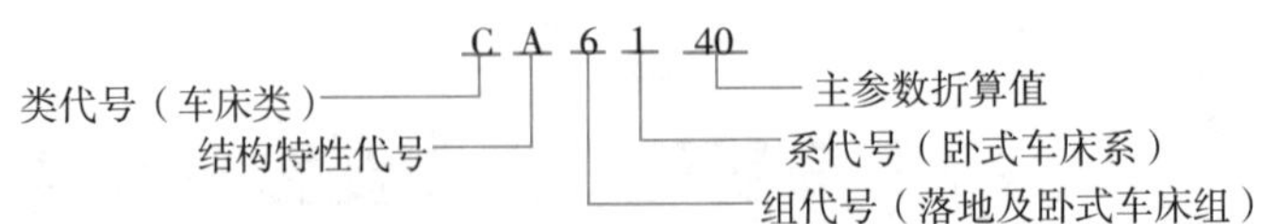


## 二、CA6140 型卧式车床的主要运动形式及控制要求

CA6140 型卧式车床的主要运动形式及控制要求见表 5-4-1 所列。

表 5-4-1 CA6140 型卧式车床的主要运动形式及控制要求

| 运动种类 | 运动模式 | 控制要求 |
|---|---|---|
| 主运动 | 主轴承通过卡盘或顶尖带动的旋转工作 | (1)主轴电动机选用三相笼型异步电动机，不进行调速，主轴采用齿轮箱进行机械有级调速。<br>(2)车削螺纹时要求主轴有正反转，一般由机械方法实现，主轴电动机只做单向旋转。<br>(3)主轴电动机的容量不大，可采用直接启动 |
| 进给运动 | 刀架带动刀具的直线运动 | 由主轴电动机推动，主轴电动机的动力通过挂轮箱传递给进给箱来实现刀具的纵向和横向进给，加工螺纹时，要求刀具的移动和主轴转动有固定的比例关系 |
| 辅助运动 | 刀架的快速移动 | 由刀架快速移动电动机推动，该电动机可直接启动，不需要正反转和调速 |
| | 尾架的纵向移动 | 由手动操作控制 |
| | 工件的夹紧与放松 | 由手动操作控制 |
| | 加工过程的冷却 | 冷却泵电动机和主轴电动机要实现顺序控制，冷却泵电动机也不需要正反转和调速 |

## 三、CA6140 车床电气控制线路分析

### (一)主电路分析

CA6140 型卧式车床电路图如图 5-4-2 所示。其电源由钥匙开关 SB 控制，将 SB 向右

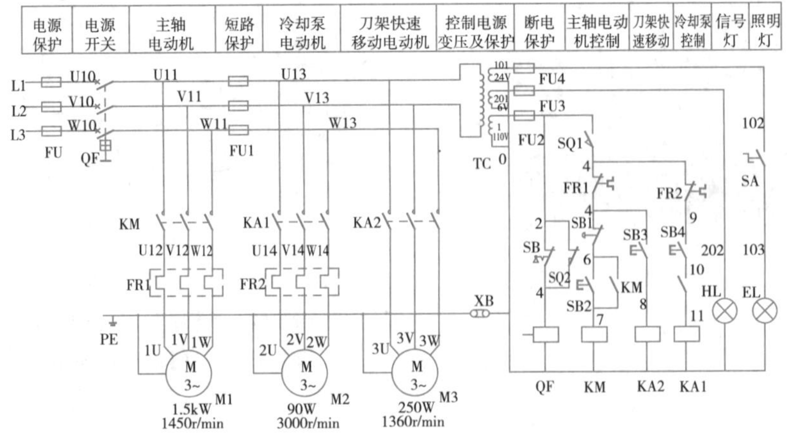


图 5-4-2 CA6140 型卧式车床电路图

旋转，再扳动断路器 QF 将三相电源引入。电气控制线路中有三台电动机：M1 为主轴电动机，带动主轴旋转和刀架作进给运动；M2 为冷却泵电动机，用以输送冷却液；M3 为刀架快速移动电动机，用以拖动刀架快速移动。主电路的控制和保护电器见表 5-4-2 所列。

表 5-4-2　主电路的控制和保护电器

| 名称及代号 | 作用 | 控制电器 | 过载保护电器 | 短路保护电器 |
| --- | --- | --- | --- | --- |
| 主轴电动机 M1 | 带动主轴旋转和刀架作进给运动 | 接触器 KM | 热继电器 FR1 | 低压断路器 QF |
| 冷却泵电动机 M2 | 供给冷却液 | 中间继电器 KA1 | 热继电器 FR2 | 熔断器 FU1 |
| 快速移动电动机 M3 | 拖动刀架快速移动 | 中间继电器 KA2 | 无 | 熔断器 FU1 |

（二）控制电路分析

控制电路通过控制变压器 TC 输出的 110V 交流电压供电，由熔断器 FU2 作短路保护。在正常工作时，行程开关 SQ1 的常开触头闭合。当打开车床床头皮带罩后，SQ1 的常开触头断开，切断控制电路电源，以确保人身安全。钥匙开关 SB 和行程开关 SQ2 在车床正常工作时是断开的，QF 的线圈不通电，断路器 QF 能合闸。当打开配电壁龛门时，SQ2 闭合，QF 线圈获电，断路器 QF 自动断开，切断车床的电源。

1. 主轴电动机 M1 的控制

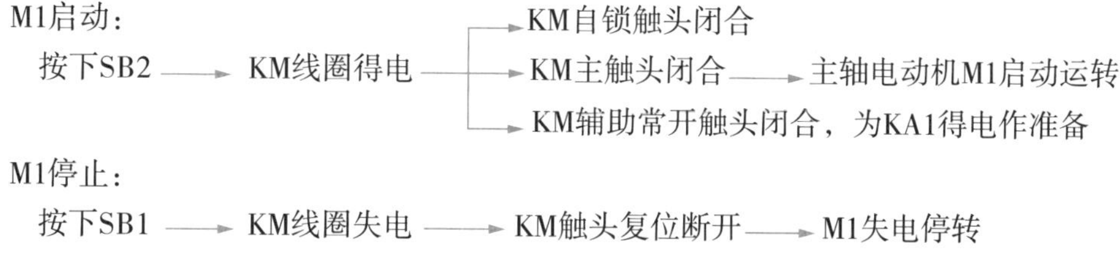


2. 冷却泵电动机 M2 的控制

主轴电动机 M1 和冷却泵电动机 M2 在控制电路中实现顺序控制，只有当主轴电动机 M1 启动后，KM 的常开触头闭合，合上旋钮开关 SB4，中间继电器 KA1 吸合，冷却泵电动机 M2 才能启动。当 M1 停止运行或断开旋钮开关 SB4 时，M2 停止运行。

3. 刀架快速移动电动机 M3 的控制

刀架快速移动电动机 M3 的启动是由安装在进给操作手柄顶端的按钮 SB3 控制的，它与中间继电器 KA2 组成点动控制环节。将操作手柄扳到所需移动的方向，按下 SB3，KA2 得电吸合，电动机 M3 启动运转，刀架沿指定的方向快速移动。刀架快速移动电动机 M3 是短时间工作，故未设过载保护。

（三）照明与信号电路分析

控制变压器 TC 的二次侧输出 24V 和 6V 电压，分别作为车床低压照明和指示灯的电源。EL 为车床的低压照明灯，由开关 SA 控制，FU4 作短路保护，HL 为电源指示灯，FU3 作短路保护。

(四)CA6140 卧式车床的电器元件明细

CA6140 卧式车床的电器元件明细见表 5-4-3 所列。

表 5-4-3 CA6140 卧式车床的电器元件明细表

| 代号 | 名称 | 型号 | 规格 | 数量 | 用途 |
|---|---|---|---|---|---|
| M1 | 主轴电动机 | Y132M-4-B3 | 7.5 KM，1 450 r/min | 1 | 主轴及进给传动 |
| M2 | 冷却泵电动机 | AOB-25 | 90 W，3 000 r/min | 1 | 供冷却液 |
| M | 快速移动电机 | AOS5634 | 250W，1 360 r/min | 1 | 刀架快速移动 |
| FR 1 | 热继电器 | JR36-20/3 | 15.4A | 1 | M1 过载保护 |
| FR 2 | 热继电器 | JR36-20/3 | 0.32A | 1 | M2 过载保护 |
| KM | 交流接触器 | CJ10-20 | 线圈电压 110 V | 1 | 控制 M1 |
| KA1 | 中间继电器 | JZ7-44 | 线圈电压 110 V | 1 | 控制 M2 |
| KA2 | 中间继电器 | JZ7-44 | 线圈电压 110 V | 1 | 控制 M3 |
| SB1 | 按钮 | LAY3-01ZS/1 |  | 1 | 停止 M1 |
| SB2 | 按钮 | LAY3-10/3，11 |  | 1 | 启动 M1 |
| SB3 | 按钮 | LA9 |  | 1 | 启动 M3 |
| SB4 | 旋钮开关 | LAY3-10X/20 |  | 1 | 控制 M2 |
| SB | 旋钮开关 | LAY3-01Y/2 |  | 1 | 电源开关锁 |
| SQ1，SQ2 | 行程开关 | JWM6-11 |  | 2 | 断电保护 |
| FU1 | 熔断器 | BZ011 | 熔体 6A | 3 | M2，M3 短路保护 |
| FU2 | 熔断器 | BZ001 | 熔体 1A | 1 | 控制电器短路保护 |
| FU3 | 熔断器 | BZ001 | 熔体 1A | 1 | 信号灯短路保护 |
| FU4 | 熔断器 | BZ001 | 熔体 2A | 1 | 照明电器短路保护 |
| HL | 信号灯 | ZSD-0 | 6 V | 1 | 电源指示 |
| EL | 照明灯 | JC11 | 24 V | 1 | 工作照明 |
| QF | 低压断路器 | AM2-40 | 20 A | 1 | 电源开关 |
| TC | 控制变压器 | JBK2-100 | 380 V/110 V/24 V/6 V | 1 | 控制电路电源 |

## 四、CA6140 车床常见的电气故障分析与检修方法

下面以主轴电动机不能启动的故障为例分析常见电气故障的检修方法和步骤。

合上电源开关 QF，按下启动按钮 SB2，电动机 M1 不启动，此时首先要检查接触器 KM 是

否吸合，若接触器 KM 吸合，则故障必然发生在主电路，可按下列步骤检修，如图 5-4-3 所示。

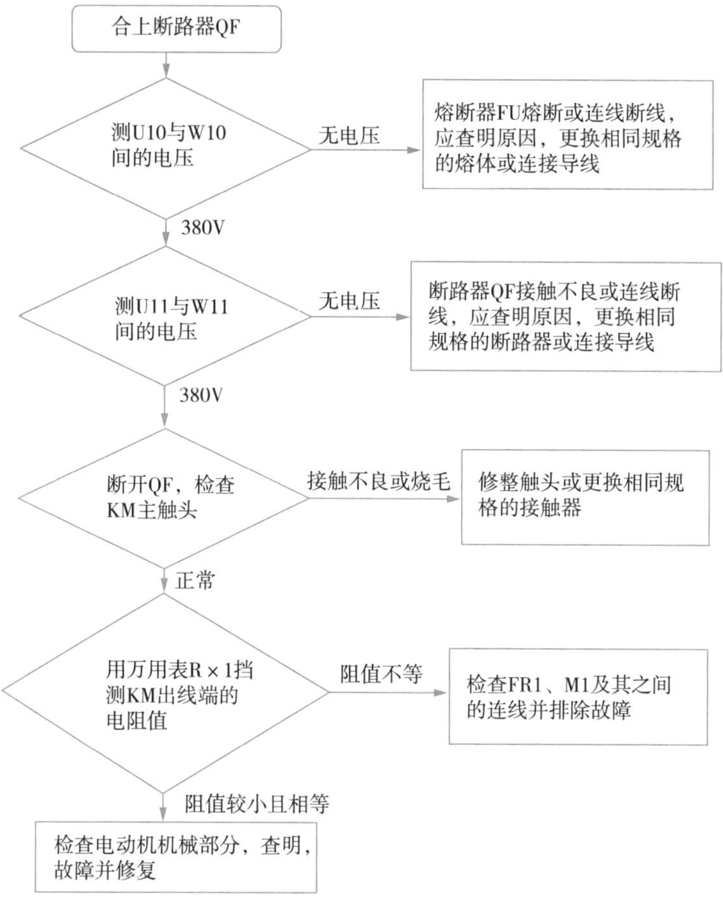


图 5-4-3　接触器 KM 吸合时的检查步骤

若接触器 KM 不吸合，可按下列步骤检修，如图 5-4-4 所示。

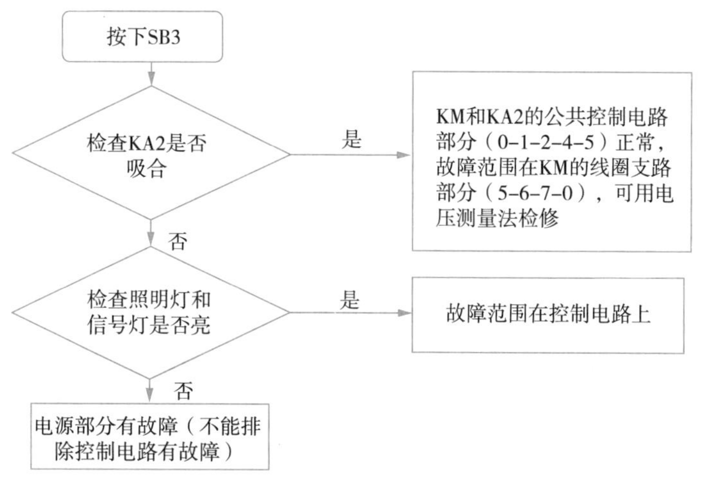


图 5-4-4　接触器 KM 不吸合时的检查步骤

CA6140 车床其他常见电气故障的检修见表 5－4－4 所列。

表 5－4－4　CA6140 车床其他常见电气故障的检修

| 故障现象 | 故障原因 | 处理方法 |
| --- | --- | --- |
| 主轴电动机 M1 启动后不能自锁，即按下 SB2，M1 启动运转，松开 SB2，M1 随之停止 | 接触器 KM 的自锁触头接触不良或连导线松脱 | 合上 QF，测 KM 自锁触头（6—7）两端的电压，若电压正常，故障是自锁触头接触不良，若无电压，故障是连线（6—7）断线或松脱 |
| 主轴电动机 M1 不能停止 | KM 主触头熔焊；停止按钮 SB1 被击穿或线路中 5、6 两点连接导线短路；KM 铁芯段面被油垢粘住不能脱开 | 断开 QF，若 KM 释放，说明故障是停止按钮 SB1 被击穿或导线短路，若 KM 过一段时间释放，则故障为铁芯端面被油垢粘住；若 KM 不释放，则故障为 KM 主轴头熔焊。可根据情况采取相应的措施修复 |
| 主轴电动机运行停车 | 热继电器 KH1 动作，动作原因可能是电源电压不平衡或过低；整定值偏小；负载过重；连接导线接触不良等 | 找出 FR1 动作的原因，排除后使其复位 |
| 照明灯 EL 不良 | 灯泡破损；FU4 熔断；SA 触头接触不良；TC 二次烧组断线或接头松脱；灯泡和灯头接触不良等 | 根据具体情况采取相应的措施修复 |

## 五、检修步骤及工艺要求

（1）在教师的指导下对车床进行操作，熟悉车床的主要结构和运动形式，了解车床的各种工作状态和操作方法。

（2）参照图 5－4－2 所示 CA6140 车床电路图，熟悉电路图中各电器元件的实际位置和走线情况，并通过测量等方法找出实际走线路径。

（3）学生观摩检修。在 CA6140 车床上人为设置自然故障点，由教师示范检修，边分析边检查，直至故障排除。故障设置时应注意以下几点：

① 人为设置的故障必须是模拟车床在使用过程中出现的自然故障。

② 切忌通过更改线路或更换电器元件来设置故障。

③ 设置的故障必须与学生具有的检修水平相适应。当设置一个以上故障点时，故障现象尽可能不要相互掩盖。

④ 尽量设置不容易造成人身或设备事故的故障点。

（4）教师示范检修时，应将下述检修步骤及要求贯穿其中，边操作边讲解：

① 通电试验，引导学生观察故障现象。

② 根据故障现象，依据电路图用逻辑分析法初步确定故障范围，并在电路图中标出最小故障范围。

③ 采取适当的检查方法查出故障点，并正确地排除故障。

(5)检修完毕进行通电试车，并做好维修记录。

(6)由教师设置让学生知道的故障点，指导学生如何从故障现象着手进行分析，逐步引导学生采用正确的检查步骤和检修方法进行检修。

(7)教师在线路中设置两处人为的自然故障点，由学生按照检查步骤和检修方法进行检修。

(8)学生分析故障，排除故障的实训考核，可参照表 5-4-5 现场记录评分。

表 5-4-5　CA6140 型卧式车床故障分析及排除训练考核评定标准

| 项目内容 | 配分 | 评分标准 | 扣分 | 得分 |
|---|---|---|---|---|
| 故障分析 | 30 | 不进行调查研究　扣 5 分<br>标不出故障范围或标错故障范围　每处扣 10 分<br>不能标出最小故障范围　每处扣 10 分 | | |
| 排除故障 | 70 | 停电不验电　扣 5 分<br>仪器仪表使用不正确　每次扣 5 分<br>排除故障的方法不正确　扣 10 分<br>损坏电器元件　每个扣 15 分<br>不能排除故障点　每个扣 20 分<br>扩大故障范围　每个扣 20 分 | | |
| 安全文明生产 | 违反安全文明生产规程　扣 20～50 分 | | | |
| 排查时间 | 不允许超过规定的故障排查时间，每超过 5 分钟扣 5 分 | | | |
| 注：各项内容的最高扣分不得超过该项目的总配分 | | | | |

(9)注意事项

① 检修前要认真阅读分析电路图，熟练掌握各个控制环节的原理及作用，并认真观摩教师的示范检修。

② 工具和仪表的使用应符合使用要求。

③ 检修时，严禁扩大故障范围或产生新的故障点。

④ 停电要验电，带电检修时，必须有指导教师在现场监护，以确保用电安全。同时要做好训练记录。

## 实训任务五　Z3040 钻床的电气控制线路及故障分析与检修

(1)了解钻床的结构和运动形式。

(2)掌握钻床电气控制线路的工作原理、电气接线以及调试技能。

(3)熟悉钻床电气控制线路的常见故障和分析处理方法。

(4)能根据故障现象分析故障原因并熟练排除。

机械加工过程中经常需要加工各种各样的孔,钻床就是一种孔加工设备,可用来钻孔、扩孔、铰孔、攻丝及修刮端面等多种形式的加工。按用途和结构分类,钻床可分为立式钻床、台式钻床、多轴钻床、摇臂钻床及其他专用钻床等。在各类钻床中,摇臂钻床操作方便、灵活,适用范围广,具有典型性,特别适用于单件或批量生产带有多孔大型零件的孔加工,是一般机械加工车间常见的机床。Z3040 型摇臂钻床与其他同类型摇臂钻床相比,在结构、运动形式、电气传动特点及控制要求上基本类似,但 Z3040 型摇臂钻床的夹紧与放松是由电动机配合液压装置自动进行的。

## 一、Z3040 型摇臂钻床的主要结构及型号意义

摇臂钻床主要由底座、内立柱、外立柱、摇臂、主轴箱及工作台等部分组成,Z3040 型摇臂钻床外形及结构图如图 5-5-1 所示。内立柱固定在底座的一端,外面套有外立柱,外立

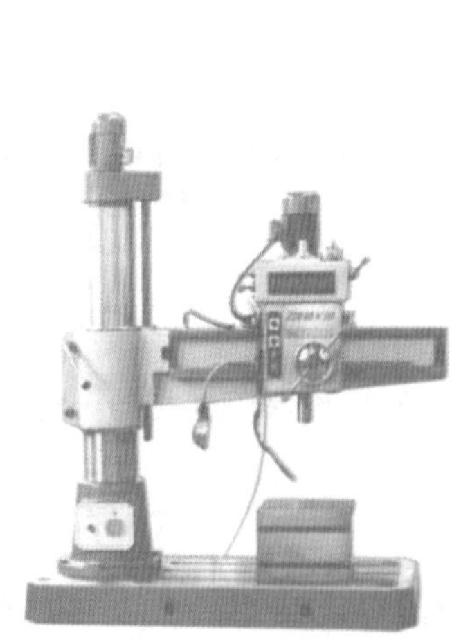

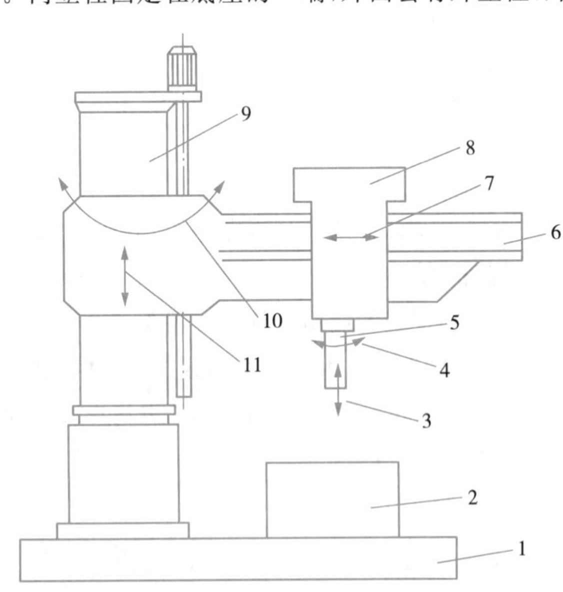


1—底座;2—工作台;3—主轴纵向进给;
4—主轴旋转主运动;5—主轴;6—摇臂;
7—主轴箱沿摇臂径向运动;8—主轴箱;9—内外立柱;
10—摇臂回转运动;11—摇臂垂直移动。

图 5-5-1　Z3040 型摇臂钻床外形及结构图

柱可绕内立柱回转 360°。摇臂的一端为套筒，套装在外立柱上，并借助丝杆的正反转，可沿着外立柱作上下移动。由于丝杆与外立柱连成一体，而升降螺母固定在摇臂上，因此摇臂不能绕外立柱转动，只能与外立柱一起绕内立柱回转。主轴箱是一个复合部件，由主传动电动机、主轴和主轴传动机构、进给和变速机构、机床的操作机构等部分组成。主轴箱安装在摇臂的水平导轨上，可以通过手轮操作，使其在水平导轨上沿摇臂移动。其型号意义如下：

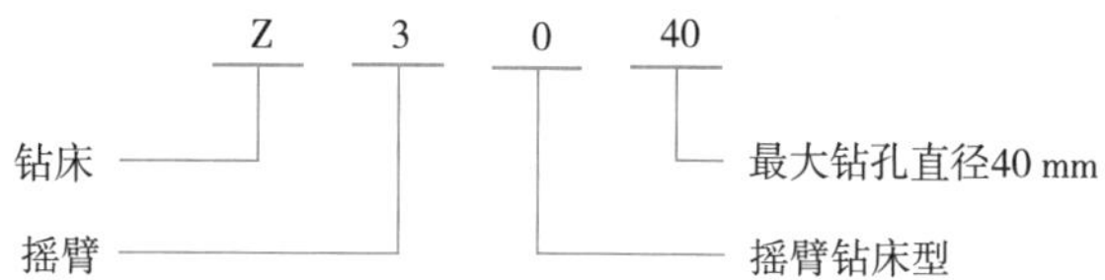


## 二、Z3040 型摇臂钻床的主要运动形式和控制要求

### (一)摇臂钻床的主要运动形式

当进行加工时，由特殊的夹紧装置将主轴箱紧固在摇臂导轨上，而外立柱紧固在内立柱上，摇臂紧固在外立柱上，然后进行钻削加工。钻削加工时，钻头一边进行旋转切削，一边进行纵向进给，其运动形式：

(1)摇臂钻床的主运动为主轴的旋转运动。

(2)进给运动为主轴的纵向进给。

(3)辅助运动有：摇臂沿外立柱垂直移动，主轴箱沿摇臂长度方向的移动，摇臂与外立柱一起绕内立柱的回转运动。

### (二)电气拖动特点及控制要求

(1)摇臂钻床运动部件较多，为了简化传动装置，采用多台电动机拖动。例如 Z3040 型摇臂钻床采用 4 台电动机拖动，它们分别是主轴电动机、摇臂升降电动机、液压泵电动机和冷却泵电动机，这些电动机都采用直接启动方式。

(2)为了适应多种形式的加工要求，摇臂钻床主轴的旋转及进给运动有较大的调速范围，一般情况下多由机械变速机构实现。主轴变速机构与进给变速机构均装在主轴箱内。

(3)摇臂钻床的主运动和进给运动均为主轴的运动，为此这两项运动由一台主轴电动机拖动，分别经主轴传动机构、进给传动机构实现主轴的旋转和进给。

(4)在加工螺纹时，要求主轴能正、反转。摇臂钻床主轴正、反转一般采用机械方法实现。因此主轴电动机仅需要单向旋转。

(5)摇臂升降电动机要求能正、反向旋转。

(6)内外主轴的夹紧与放松、主轴与摇臂的夹紧与放松可采用机械操作、电气-机械装置、电气-液压或电气-液压-机械等控制方法实现。若采用液压装置，则备有液压泵电动机，拖动液压泵提供压力油来实现。液压泵电动机要求能正、反向旋转，并根据要求采用点动控制。

(7)摇臂的移动严格按照摇臂松开→移动→摇臂夹紧的程序进行。因此摇臂的夹紧与摇臂升降按自动控制进行。

(8)冷却泵电动机带动冷却泵提供冷却液,只要求单向旋转。

(9)具有联锁与保护环节以及安全照明、信号指示电路。

## 三、液压系统简介

该机床采用先进的液压技术,具有两套液压控制系统,一套是操纵机构液压系统,由主轴电动机拖动齿轮输送压力油,通过操纵机构实现主轴正/反转、停车制动、空挡、预选与变速;另一套由液压泵电动机拖动液压泵输送压力油,实现摇臂的夹紧与松开,主轴箱和立柱的夹紧与松开。

### (一)操纵机构液压系统

该系统压力油由主轴电动机拖动齿轮泵送出,由主轴操作手柄来改变两个操纵阀的相互位置,使压力油作不同的分配,获得不同动作。操作手柄有上、下、里、外和中间五个空间位置。其中上为“空挡”,下为“变速”,外为“正转”,里为“反转”,中间位置为“停车”。而主轴转速及主轴进给量各由一个旋钮预选,然后再操作主轴手柄。

主轴旋转时,首先按下主轴电动机启动按钮,主轴电动机启动旋转,拖动齿轮泵,送出压力油。然后操纵主轴手柄,扳至所需转向位置(里或外),于是两个操纵阀相互改变位置,使一股压力油将制动摩擦离合器松开,为主轴旋转创造条件;另一股压力油压紧正转(反转)摩擦离合器,接通主轴电动机到主轴的传动链,驱动主轴正转或反转。

在主轴正转或反转的过程中,可转动变速旋钮,改变主轴转速或主轴进给量。

主轴停车时,将操作手柄扳回中间位置,这时主轴电动机仍拖动齿轮泵旋转,但此时整个液压系统为低压油,无法松开制动摩擦离合器,而在制动弹簧作用下将制动摩擦离合器压紧,使制动轴上的齿轮不能转动,实现主轴停车。因此主轴停车时主轴电动机仍在旋转,只是不能将动力传到主轴。

主轴变速与进给变速:将主轴操作手柄扳至“变速”位置,于是改变两个操纵阀的相互位置,使齿轮泵送出的压力油进入主轴转速预选阀和主轴进给量预选阀,然后进入各变速油缸。变速液压缸为差动液压缸,具体哪个液压缸上腔进压力油或回油,视所选择主轴转速和进给量大小而定。与此同时,另一油路系统推动拨叉缓慢移动,逐渐压紧主轴转速摩擦离合器,接通主轴电动机到主轴的传动链,带动主轴缓慢旋转(称为缓速),以利于齿轮的顺利啮合。当变速完成后,松开操作手柄,此时手柄在弹簧作用下由“变速”位置自动复位到主轴“停车”位置,然后再操纵主轴正转或反转,主轴将在新的转速或进给量下工作。

主轴空挡:当操作手柄扳向“空挡”位置时,压力油使主轴传动中的滑移齿轮处于中间脱开位置。这时,可用手轻便地转动主轴。

### (二)夹紧机构液压系统

主轴箱、内外立柱和摇臂的夹紧与松开,是由液压泵电动机拖动液压泵送出压力油,推动活塞、菱形块来实现的。其中主轴箱和立柱的夹紧或放松由一个油路控制,而摇臂的夹紧或放松因要与摇臂的升降运动构成自动循环，因此由另一油路来控制。这两个油路均由电磁阀操纵。

Z3040 型摇臂钻床夹紧机构液压系统工作如下：

系统由液压泵电动机 M3 拖动液压泵 YB 供给压力油，由电磁铁 YA 和二位六通液压阀 HF 组成的电磁阀分配油压给内外立柱之间、主轴箱与摇臂之间、摇臂与外立柱之间的夹紧机构。

## 四、Z3040 型摇臂钻床电气控制线路分析

### （一）主电路分析

M1 为主轴电动机，M2 为摇臂升降电动机，M3 为液压泵电动机，M4 为冷却泵电动机，QS 为总电源控制开关。Z3040 型摇臂钻床电气原理如图 5－5－2 所示。主电路的控制和保护电器见表 5－5－1 所列。

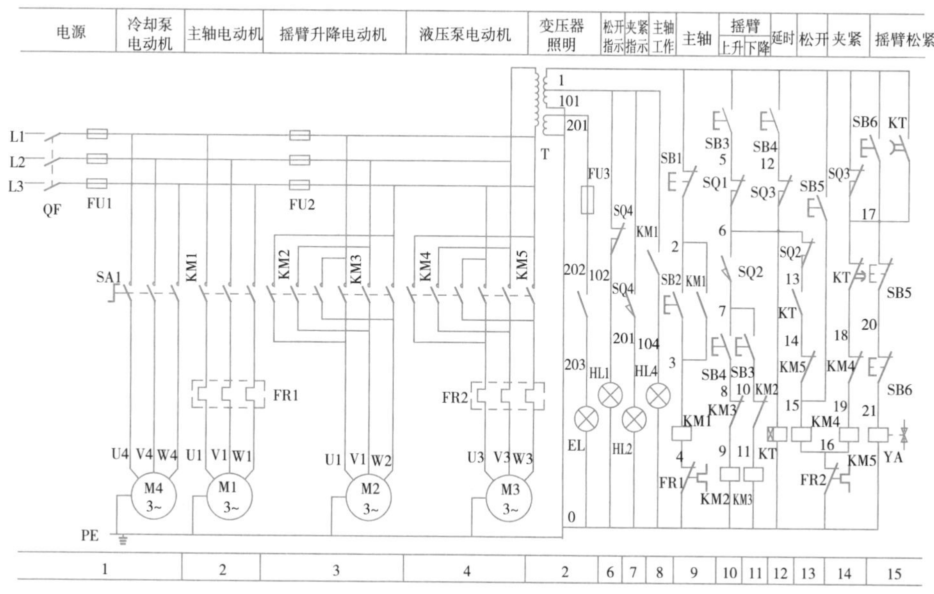


图 5－5－2　Z3040 型摇臂钻床电气原理图

表 5－5－1　主电路的控制和保护电器

| 名称及代号 | 作用 | 控制电器 | 过载保护电器 | 短路保护电器 |
| --- | --- | --- | --- | --- |
| 主轴电动机 M1 | 主轴的旋转运动和进给运动 | 接触器 KM1 | 热继电器 FR1 | 熔断器 FU1 |

（续表）

| 名称及代号 | 作用 | 控制电器 | 过载保护电器 | 短路保护电器 |
|---|---|---|---|---|
| 摇臂升降电动机 M2 | 控制摇臂升降 | 接触器 KM2、KM3 | 无 | 熔断器 FU2 |
| 液压泵电动机 M3 | 控制摇臂的夹紧与松开 | 接触器 KM4、KM5 | 热继电器 FR2 | 熔断器 FU2 |
| 冷却泵电动机 M4 | 供应冷却液 | 断路器 SA1 | 无 | 熔断器 FU1 |

（二）控制电路分析

1. 主轴电动机 M1 的控制

按动 SB2 按钮，接触器 KM1 线圈得电自保，M1 转动。KM1 的辅助常开触头闭合，指示灯 HL3 亮。按动 SB1 按钮，KM1 失电，M1 停转，HL3 熄灭。这是单向长动控制电路。

2. 摇臂升降控制

摇臂通常处于夹紧状态，以免致丝杠承担吊挂。在控制摇臂升降时，除升降电动机 M2 需转动外，还需要摇臂夹紧机构、液压系统协调配合，完成夹紧→松开→夹紧动作。工作过程如下：

摇臂夹紧 —按下按钮/M3反转→ 摇臂松开（SQ2压下 SQ3释放）—按下按钮/M2转动→ 摇臂升降 → 摇臂到位 —松开按钮/M3正转 M2停转→（SQ3压下 SQ2释放）

（SQ2 压下是 M2 转动的指令，SQ3 压下是夹紧的标志）

（1）摇臂上升控制，按下摇臂上升按钮 SB3（不松开），时间继电器 KT 线圈得电动作：

① 摇臂松开。

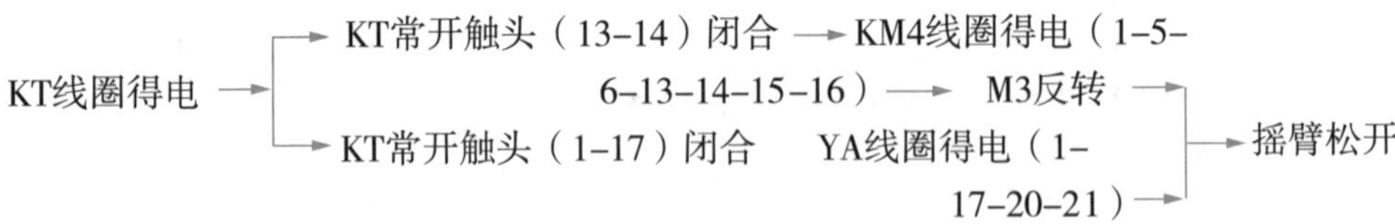
KT线圈得电
KT常开触头（13–14）闭合
KM4线圈得电（1–5–6–13–14–15–16）
M3反转
KT常开触头（1–17）闭合
YA线圈得电（1–17–20–21）
摇臂松开

② 摇臂上升：摇臂夹紧机构松开后，微动开关 SQ3 释放，SQ2 压下。

摇臂松开
SQ3常闭头（1–17）闭合
YA仍得电
SQ2常闭头（6–13）分断
KM4线圈失电
M3停转
SQ2常开触头（6–7）闭合
KM2线圈得电
M2正转
摇臂上升

③ 摇臂上升到位：松开按钮 SB3，摇臂又夹紧。

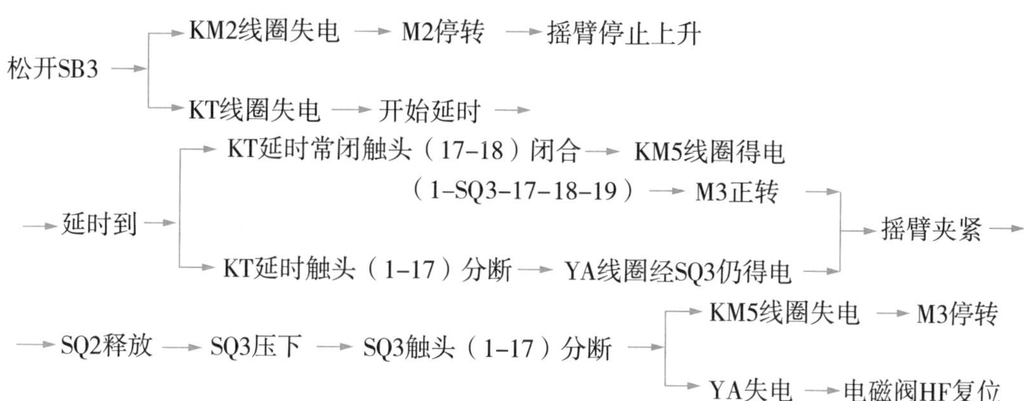


(2)摇臂下降控制，其工作原理与摇臂上升控制电路相仿，只是要按下按钮 SB4，请自行分析。

微动开关 SQ1 和 SQ5 是摇臂升降限位开关，它们是当摇臂上升或下降到极限位置时被压下，常闭触头分断，使 KM2 线圈或 KM3 线圈失电释放，M2 停转不再带动摇臂升降，防止碰坏机床。

3. 主轴箱、立柱的松开和夹紧

这是由松开按钮 SB5 和夹紧按钮 SB6 控制的正反转点动控制电路。现以夹紧机构松开为例，分析电路的工作原理。夹紧机构夹紧的工作原理，请自行分析。

在机构处于夹紧状态时，微动开关 SQ4 被压下，夹紧指示灯 HL2 亮。

按动 SB5→KM4 线圈得电(1 - SB5 - 14 - 15 - 16)→M3 反转。由于 SB5 常闭分断，使 YA 线圈不能得电。由电磁铁 YA 和二位六通液压阀 HF 组成的电磁阀分配油压供给主轴箱、立柱两夹紧机构，使之松开；SQ4 释放，指示灯 H L1 燃亮，而夹紧指示灯 HL2 熄灭。松开 SB5，KM4 线圈失电释放，M3 停转。

4. 其他电路

(1)机床照明及指示灯电路，由变压器 T 提供 380V/36V，6.3V 电压。

(2)冷却泵电动机 M4 由转换开关 SA1 控制单向运转。

(3)电路具有短路、过载保护。

Z3040 型摇臂钻床的电器元件明细表见表 5 - 5 - 2 所列。

表 5 - 5 - 2 Z3040 型摇臂钻床的电器元件明细表

| 代 号 | 元件名称 | 型 号 | 规格 | 数量 |
|---|---|---|---|---|
| M1 | 主轴电动机 | Y112M - 4 | 4kW，1440r/min | 1 |
| M2 | 摇臂升降电动机 | Y90L - 4 | 1.5kW，1440r/min | 1 |

（续表）

| 代　号 | 元件名称 | 型　号 | 规格 | 数量 |
|---|---|---|---|---|
| M3 | 液压泵电动机 | Y802-4 | 0.75kW,1390r/min | 1 |
| M4 | 冷却泵电动机 | AOB-25 | 90W,2800r/min | 1 |
| KM1 | 交流接触器 | CJ20-20 | 20A,线圈电压 110V | 1 |
| KM2～KM5 | 交流接触器 | CJ20-10 | 10A,线圈电压 110V | 4 |
| FU1～FU3 | 熔断器 | BZ-001A | 2A | 3 |
| KT | 时间继电器 | JS7-4A | 线圈电压 110V | 1 |
| FR1 | 热继电器 | JR16-20/3D | 6.8～11A | 1 |
| FR2 | 热继电器 | JR16-20/3D | 1.5～2.4A | 1 |
| QS | 总电源开关 | DZ5-20/330FSH | 10A | 1 |
| SA1 | 电源开关 | DZ5-20/330H | 0.3～0.45A | 1 |
| SA2 | 电源开关 | DZ5-20/330H | 6.5A | 1 |
| YA | 二位六通电磁阀 | MFJ1-3 | 线圈电压 110V | 1 |
| TC | 控制变压器 | BK-150 | 380/110、24、6V | 1 |
| SB1～SB6 | 按钮 | LA19-11D |  | 6 |
| SQ1 | 上下限位组合开关 | HZ4-22 |  | 1 |
| SQ2、SQ3 | 位置开关 | LX5-11 |  | 2 |
| SQ4 | 位置开关 | LX3-11K |  | 1 |
| SQ5 | 门控开关 | JWM6-11 |  | 1 |
| HL1 | 指示灯 | XD2 | 6V | 1 |
| EL | 工作灯 | JC-25 | 40W,24V | 1 |

## 五、Z3040 型摇臂钻床常见电气故障分析与检修方法

摇臂钻床电气控制的重点和难点环节是摇臂的升降、立柱与主轴箱的夹紧和松开。Z3040 型摇臂钻床的工作过程是由电气、机械以及液压系统紧密配合实现的。因此，在维修中不仅要注意电气部分能否正常工作，还要关注它与机械、液压部分的协调关系。

(一)摇臂不能升降

由摇臂升降过程可知，升降电动机 M2 旋转，带动摇臂升降，其条件是使摇臂从立柱上完全松开后，活塞杆压合位置开关 SQ2。所以发生故障时，应首先检查位置开关 SQ2 是否

动作，如果 SQ2 不动作，常见故障是 SQ2 的安装位置移动或已损坏。这样，摇臂虽已放松，但活塞杆压不上 SQ2，摇臂就不能升降。有时，液压系统发生故障，使摇臂放松不够，也会压不上 SQ2，使摇臂不能运动。由此可见，SQ2 的位置非常重要，排除故障时，应配合机械、液压调整好后紧固。

另外，电动机 M3 电源相序接反时，按上升按钮 SB3（或下降按钮 SB4），M3 反转，使摇臂夹紧，压不上 SQ2，摇臂也就不能升降。所以，在钻床大修或安装后，一定要检查电源相序。

（二）摇臂升降后，摇臂夹不紧

由摇臂夹紧的动作过程可知，夹紧动作的结束是由位置开关 SQ3 来完成的。如果 SQ3 动作过早，使 M3 尚未充分夹紧就停转。常见的故障原因是 SQ3 安装位置不合适，或固定螺丝松动造成 SQ3 移位，使 SQ3 在摇臂夹紧动作未完成时就被压上，切断了 KM5 回路，M3 停转。

排除故障时，首先判断是液压系统的故障，还是电气系统故障，对电气方面的故障，应重新调整 SQ3 的动作距离，固定好螺钉即可。

（三）立柱、主轴箱不能夹紧或松开

立柱、主轴箱不能夹紧或松开的可能原因是油路堵塞、接触器 KM4 或 KM5 不能吸合所致。出现故障时，应检查按钮 SB5、SB6 接线情况是否良好。若接触器 KM4 或 KM5 能吸合，M3 能运转，可排除电气方面的故障，则应请液压、机械修理人员检修油路，以确定是否是油路故障。

（四）摇臂上升或下降限位保护开关失灵

组合开关 SQ1 的失灵分两种情况：一是组合开关 SQ1 损坏，SQ1 触头不能因开关动作而闭合或接触不良使电路断开，由此使摇臂不能上升或下降；二是组合开关 SQ1 不能动作，触头熔焊，使电路始终处于接通状态，当摇臂上升或下降到极限位置后，摇臂升降电动机 M2 发生堵转，这时应立即松开 SB4 或 SB5。根据上述情况进行分析，找出故障原因，更换或修理失灵的组合开关 SQ1 即可。

（五）按下 SB5，立柱、主轴箱能夹紧，但释放后就松开

由于立柱、主轴箱的夹紧和松开机构都采用机械菱形块结构，所以这种故障多由机械原因造成，可找机械维修工检修。

## 六、检修步骤及工艺要求

(1)在教师的指导下对钻床进行操作，熟悉钻床的主要结构和运动形式，了解钻床的各种工作状态和操作方法。

(2)参照图 5－5－3 所示 Z3040 型摇臂钻床电器位置图，熟悉钻床电器元件的实际位置和走线情况，并通过测量等方法找出实际走线路径。

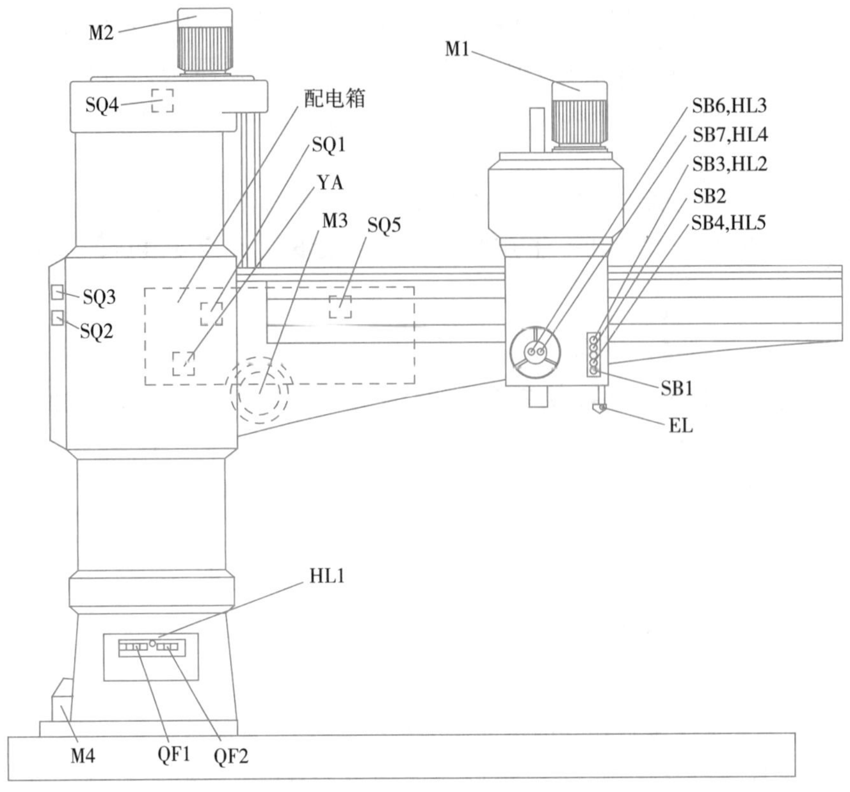


图 5-5-3 Z3040 型摇臂钻床电器位置图

(3)学生观摩检修。在 Z3040 型摇臂钻床上人为设置自然故障点,由教师示范检修,边分析边检查,直至故障排除。教师示范检修时,应将检修步骤及要求贯穿其中,边操作边讲解。

(4)教师在线路中设置两处人为的自然故障点,由学生按照检查步骤和检修方法进行检修。

(5)学生分析故障,排除故障的实训考核,可参照表 5-5-3 现场记录评分。

表 5-5-3 Z3040 型摇臂钻床故障分析及排除训练考核评定标准

| 项目内容 | 配分 | 评分标准 | 扣分 | 得分 |
|---|---|---|---|---|
| 故障分析 | 30 分 | 1. 标不出或标错故障范围　每处扣 10 分<br>2. 不能标出最小故障范围　每处扣 10 分 | | |
| 排除故障 | 70 分 | 1. 切断电源后不验电　扣 5 分<br>2. 仪表和工具使用不正确　每次扣 5 分<br>3. 检查故障的方法不正确　扣 10 分<br>4. 查出故障不会排除　每个扣 15 分<br>5. 少查出故障点　每个扣 20 分<br>6. 扩大故障范围或产生新故障　每个扣 20 分<br>7. 损坏电器元件　每个扣 20 分<br>8. 检修过程中试车操作不正确　每次扣 5 分 | | |

（续表）

| 项目内容 | 配分 | 评分标准 | 扣分 | 得分 |
|---|---|---|---|---|
| 安全文明生产 | 违反安全文明生产规程　扣 20～50 分 | | | |
| 排查时间 | 不允许超过规定的故障排查时间，每超过 5 分钟扣 5 分 | | | |
| 注：各项内容的最高扣分不得超过该项目的总配分 | | | | |

（6）注意事项

① 检修前要认真阅读电路图，熟练掌握各个控制环节的原理及作用，并认真观摩教师的示范检修。

② 摇臂的升降是一个由机械、液压和电气配合实现的自动控制过程，检修时要特别注意机、电、液之间的配合。

③ 检修时，不能改变升降电动机原来的电源相序，以免使摇臂升降反向，造成事故。

④ 停电要验电，带电检修时，必须有指导教师在现场监护，以确保用电安全。同时要做好训练记录。

## 实训任务六　M7130 型平面磨床的电气控制线路及故障分析与检修

思政拓展阅读

（1）了解磨床的结构和运动形式。

（2）掌握磨床电气控制线路的工作原理、电气接线以及调试技能。

（3）熟悉磨床电气控制线路的常见故障和分析处理方法。

（4）能根据故障现象分析故障原因并熟练排除。

### 工作任务

机械加工中，当对零件的表面粗糙度要求较高时，就需要用磨床进行加工，磨床是用砂轮的周边或端面对工件的表面进行机械加工的一种精密机床。磨床的种类很多，根据用途不同可分为平面磨床、内圆磨床、外圆磨床、无心磨床等。平面磨床是用砂轮磨削加工各种零件的平面。图 5-6-1 所示为机械加工中应用极为广泛的 M7130 型平面磨床外形及结构，其作用是用砂轮磨削加工各种零件的平面。它操作方便，磨削精度和光洁度都比较高，适于磨削精密零件和各种工具，并可作镜面磨削。

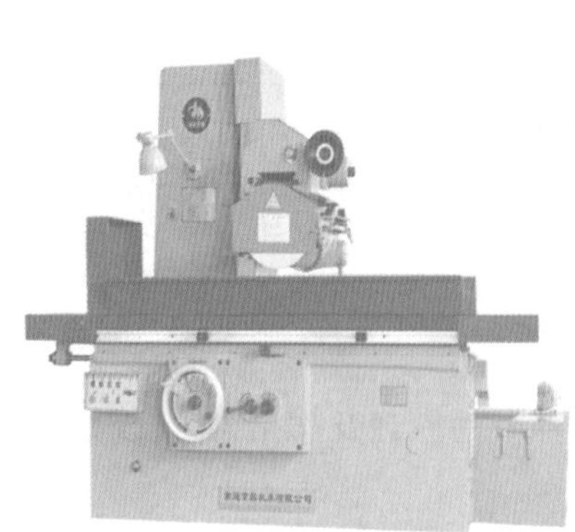

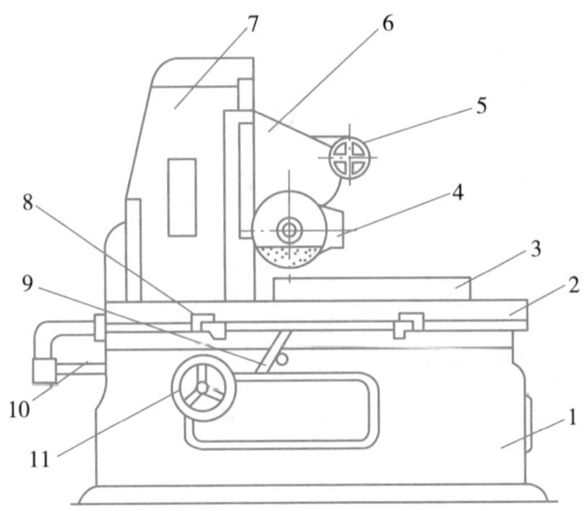

1—床身；2—工作台；3—电磁吸盘；4—砂轮箱；
5—砂轮横向移动手轮；6—滑座；7—立柱；
8—工作台换向撞块；9—工作台往复运动换向手柄；
10—活塞杆；11—砂轮箱垂直进刀手轮。

图 5-6-1　M7130 型平面磨床外形及结构图

## 一、M7130 型平面磨床的主要结构及型号意义

M7130 型平面磨床是卧轴矩形工作台式，主要由床身、工作台、电磁吸盘、砂轮架（又称磨头）、滑座和立柱等部分组成，其型号意义如下：

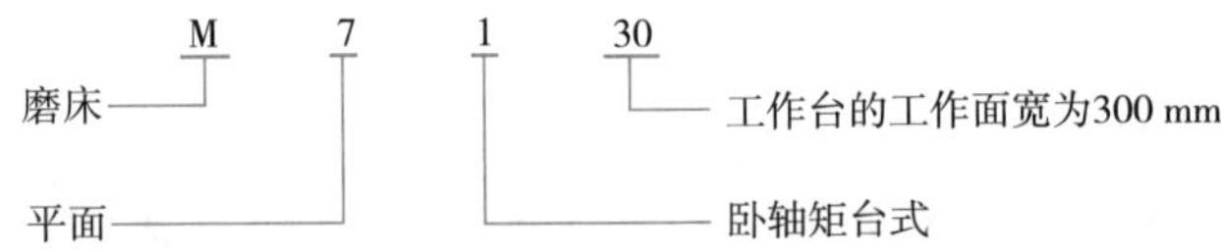


## 二、M7130 型平面磨床的主要运动形式及控制要求

M7130 型平面磨床的主要运动形式及控制要求见表 5-6-1 所列。

表 5-6-1　M7130 型平面磨床的主要运动形式及控制要求

| 运动种类 | 运动形式 | 控制要求 |
| --- | --- | --- |
| 主运动 | 砂轮的高速旋转 | 为保证磨削加工质量，要求砂轮要有较高的转速，通常采用两极鼠笼异步电动机拖动<br>为提高主轴的刚度，简化机械结构，采用装入式电动机，将砂轮直接装到电动机上<br>砂轮电动机单向旋转，可直接启动，无调速和制动要求 |

（续表）

| 运动种类 | 运动形式 | 控制要求 |
| --- | --- | --- |
| 进给运动 | 工作台的往复运动（纵向进给） | 液压传动换向平稳，易实现无级调速，液压泵电动机 M3 拖动液压泵，工作台在液压作用下作纵向运动<br>由装在工作台前侧的换向挡铁碰撞床身上的液压换向开关控制工作台进给方向 |
|  | 砂轮架的横向（前后）进给 | 在磨削的过程中，工作台换向一次，砂轮架就横向进给一次<br>在修正砂轮或调整砂轮的前后位置时，可连续横向移动<br>砂轮架的横向进给运动可由液压传动，也可手轮操作 |
|  | 砂轮架的升降运动（垂直进给） | 滑座沿立柱的导轨垂直上下移动，以调整砂轮架的位置，或使砂轮磨入工作，以控制磨削平面时工件的尺寸<br>垂直进给运动是通过操作手轮由机械传动装置实现 |
| 辅助运动 | 工件夹紧 | 工件可以用螺钉和压板直接固定在工作台上<br>在工作台上也可以装电磁吸盘，将工件吸附在电磁吸盘上。此时要有充磁和退磁控制环节，为保安全，电磁吸盘与电动机 M1、M2、M3 之间有电气连锁装置，即电磁吸盘吸合后，电动机才能启动，电磁吸盘不工作或发生故障时，三台电动机均不能启动 |
|  | 工作台的快速移动 | 工作台能纵向、横向和垂直快速移动，由液压传动机构实现 |
|  | 工件的夹紧与放松 | 由人工操作 |
|  | 工件冷却 | 冷却泵电动机 M2 拖动冷却泵供冷却液，要求砂轮电动机 M1 和冷却泵电动机 M2 要实现顺序控制 |

## 三、M7130 型平面磨床电气控制线路分析

M7130 型平面磨床电路图如图 5－6－2 所示。该线路分为主电路、控制电路、电磁吸盘电路和照明电路四部分。

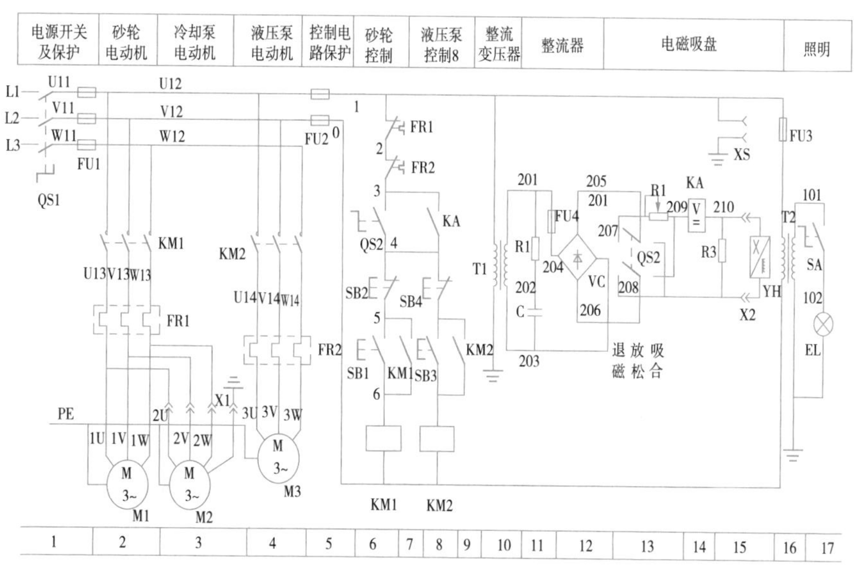

图 5－6－2　M7130 型平面磨床电气原理图

(一)主电路分析

QS1 为电源开关。主电路中有三台电动机,M1 为砂轮电动机,M2 为冷却泵电动机,M3 为液压泵电动机,其控制和保护电器见表 5-6-2 所列。

表 5-6-2　主电路的控制和保护电器

| 名称及代号 | 作　用 | 控制电器 | 过载保护电器 | 短路保护电器 |
|---|---|---|---|---|
| 砂轮电动机 M1 | 拖动砂轮高速旋转 | 接触器 KM1 | 热继电器 FR1 | 熔断器 FU1 |
| 冷却泵电动机 M2 | 供应冷却液 | 接触器 KM1<br>和接插器 X | 无 | 熔断器 FU1 |
| 液压泵电动机 M3 | 为液压系统提供动力 | 接触器 KM2 | 热继电器 FR2 | 熔断器 FU1 |

(二)控制电路分析

控制电路采用交流 380V 电压供电,由熔断器 FU2 作短路保护。

当转换开关 QS2 的常开触头(6 区)闭合,或电磁吸盘得电工作,欠电流继电器 KA 线圈得电吸合,其常开触头(8 区)闭合时,接通砂轮电动机 M1 和液压泵电动机 M3 的控制电路,砂轮电动机 M1 和液压泵电动机 M3 才能启动,进行磨削加工。

砂轮电动机 M1 和液压泵电动机 M3 都采用了接触器自锁正转控制线路,SB1、SB3 分别是它们的启动按钮。SB2、SB4 分别是它们的停止按钮。

(三)电磁吸盘电路分析

电磁吸盘是用来固定加工工件的一种夹具。它与机械夹具比较,具有夹紧迅速、操作快速简便、不损伤工件、一次能吸牢多个小工件,以及磨削中工件发热可自由伸缩、不会变形等优点。不足之处是只能吸住铁磁材料的工件,不能吸牢非磁性材料(如铝、铜等)的工件。

电磁吸盘电路包括整流电路、控制电路和保护电路三个部分。

整流变压器 T1 将 220V 的交流电压降为 145V,经桥式整流器 VC 整流后输出约 110V 的直流工作电压。

转换开关 QS2 是电磁吸盘 YH 的转换控制开关(又叫退磁开关),有“吸合”“放松”和“退磁”三个位置。当 QS2 扳至“吸合”位置时,触头(205—208)和(206—209)闭合,110V 直流电压接入电磁吸盘 YH,工件被牢牢吸住。此时,欠电流继电器 KA 线圈得电吸合,KA 的常开触头闭合,接通砂轮和液压泵电动机的控制电路。待工件加工完毕,先把 QS2 扳到“放松”位置,切断电磁吸盘 YH 的直流电源。此时工件具有剩磁而不能取下,因此,必须进行退磁。将 QS2 扳到“退磁”位置,工件退磁结束,将 QS2 扳回到“放松”位置,即可将工件取下。

如果有些工件不易退磁时,可将附件退磁器的插头插入插座 XS,使工件在交变磁场的作用下进行退磁。

如果将工件夹在工作台上,不需要电磁吸盘时,则应将电磁吸盘 YH 的插头 X2 从插座上拔下，同时将转换开关 QS2 扳到“退磁”位置，这时，接在控制电路中的 QS2 的常开触头(3—4)闭合，接通电动机的控制电路。

电磁吸盘的保护电路由放电电阻 R3 和欠电流继电器 KA 组成。电磁吸盘的电感很大，当电磁吸盘从“吸合”状态转变为“放松”状态的瞬间，线圈两端将产生很大的自感电动势，易使线圈或其他电器由于过电压而损坏，因此需要用放电电阻 R3 在电磁吸盘断电瞬间给线圈提供放电通路，吸收线圈释放的磁场能量。欠电流继电器 KA 用以防止电磁吸盘断电时工件脱出发生事故。

电阻 R1 与电容器 C 的作用是防止电磁吸盘回路交流侧的过电压。熔断器 FU4 为电磁吸盘提供短路保护。

### (四)照明电路分析

照明变压器 T2 将 380V 的交流电压降为 36V 的安全电压供给照明电路。EL 为照明灯，一端接地，由开关 SA 控制。熔断器 FU3 作照明电路的短路保护。

M7130 平面磨床电器元件明细表见表 5-6-3 所列。

表 5-6-3　M7130 型平面磨床电器元件明细表

| 代　号 | 名　称 | 型　号 | 规　格 | 数　量 |
| --- | --- | --- | --- | --- |
| M1 | 砂轮电动机 | W451-4 | 4.5 kW　220/280 V　1440 r/min | 1 |
| M2 | 冷却泵电动机 | JCB-22 | 125 W　220/280 V　2790 r/min | 1 |
| M3 | 液压泵电动机 | JO42-4 | 2.8 kW　220/280 V　1450 r/min | 1 |
| QS1 | 电源开关 | HZ1-25/3 | | 1 |
| QS2 | 转换开关 | HZ1-10P/3 | | 1 |
| SA | 照明灯开关 | | | 1 |
| FU1 | 熔断器 | RL1-60/30 | 60A　熔体 30A | 3 |
| FU2 | 熔断器 | RL1-15/5 | 15A　熔体 5A | 2 |
| FU3 | 熔断器 | BLX-1 | 1A | 1 |
| FU4 | 熔断器 | RL1-15/2 | 15A　熔体 2A | 1 |
| KM1 | 接触器 | CJ10-10 | 线圈电压 380V | 1 |
| KM2 | 接触器 | CJ10-10 | 线圈电压 380V | 1 |
| FR1 | 热继电器 | JR10-10 | 整定电流 9.5A | 1 |
| FR2 | 热继电器 | JR10-10 | 整定电流 6.1A | 1 |
| T1 | 整流变压器 | BK-400 | 400 VA　220/145V | 1 |
| T2 | 照明变压器 | BK-50 | 50 VA　380/36V | 1 |
| VC | 硅整流器 | GZH | 1A　200V | 1 |
| TH | 电磁吸盘 | | 1.2A　110V | 1 |
| KA | 欠电流继电器 | JT3-11L | 1.5A | 1 |
| SB1 | 按钮 | LA2 | 绿色 | 1 |
| SB2 | 按钮 | LA2 | 红色 | 1 |

（续表）

| 代　号 | 名　称 | 型　号 | 规　格 | 数　量 |
|---|---|---|---|---|
| SB3 | 按钮 | LA2 | 绿色 | 1 |
| SB4 | 按钮 | LA2 | 红色 | 1 |
| R1 | 电阻器 | GF | 6W　125Ω | 1 |
| R2 | 电阻器 | GF | 50W　1000Ω | 1 |
| R3 | 电阻器 | GF | 50W　500Ω | 1 |
| C | 电容器 | | 600V　5μF | 1 |
| EL | 照明灯 | JD3 | 24V　40W | 1 |
| X1 | 接插器 | CY0-36 | | 1 |
| X2 | 接插器 | CY0-36 | | 1 |
| XS | 插座 | | 250V　5A | 1 |
| 附件 | 退磁器 | TC2TH/H | | 1 |

## 四、M7130型平面磨床常见电气故障分析与检修方法

M7130型平面磨床主电路、控制电路和照明电路的故障，检修方法与车床相似。

### （一）三台电动机不能启动

故障检测流程如下：

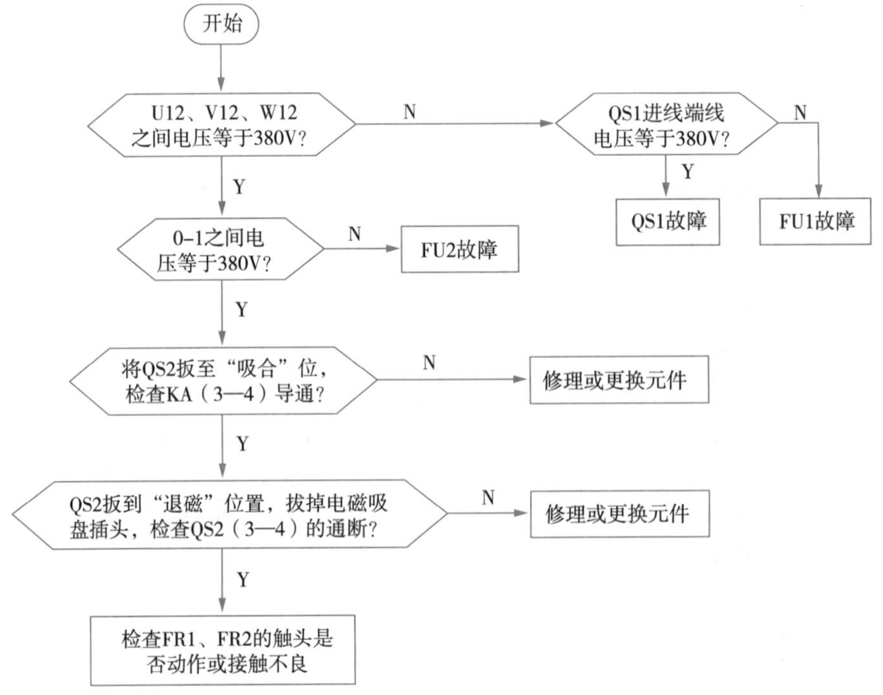

## （二）砂轮电动机的热继电器 FR1 经常脱扣

故障检测流程如下：

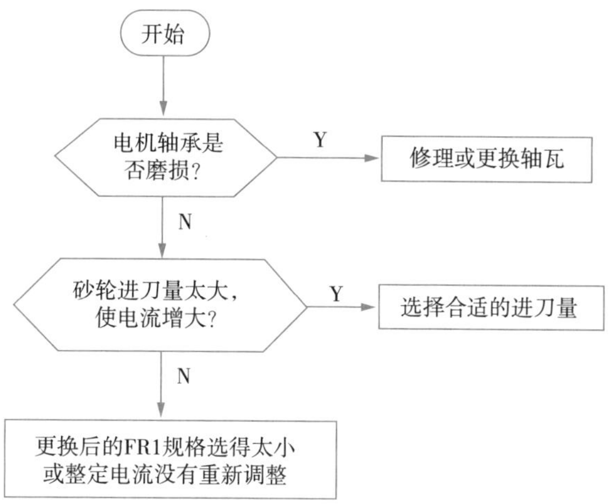


砂轮电动机是装入式电动机，它的前轴是铜瓦，容易磨损。磨损后易发生堵转现象，使电流增大，导致热继电器脱扣。

## （三）电磁吸盘无吸力

故障检测流程如下：

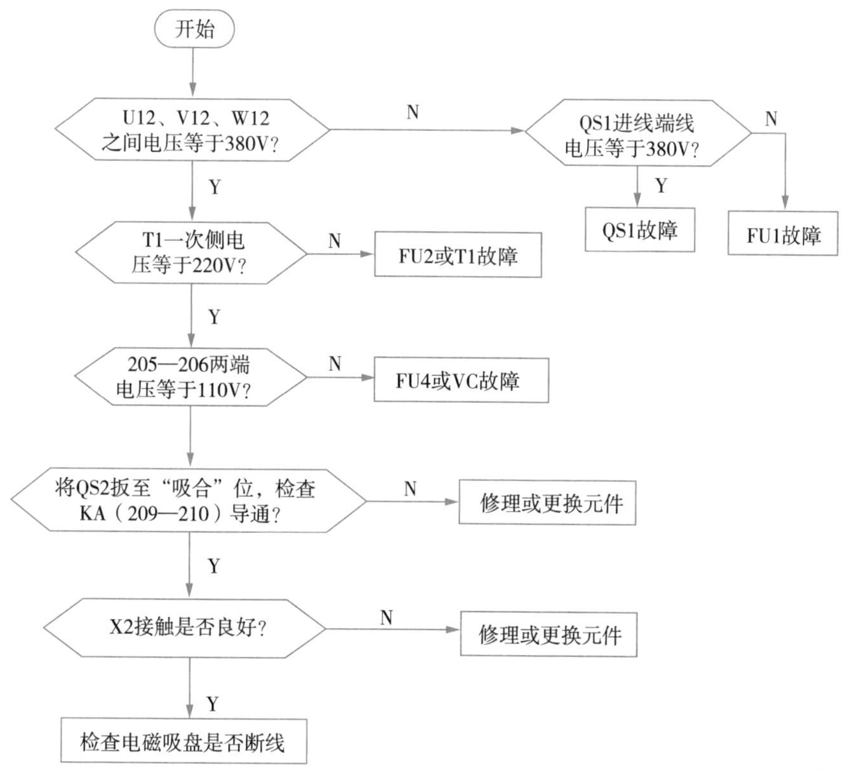

（四）电磁吸盘退磁不充分，使工作取下困难

故障检测流程如下：

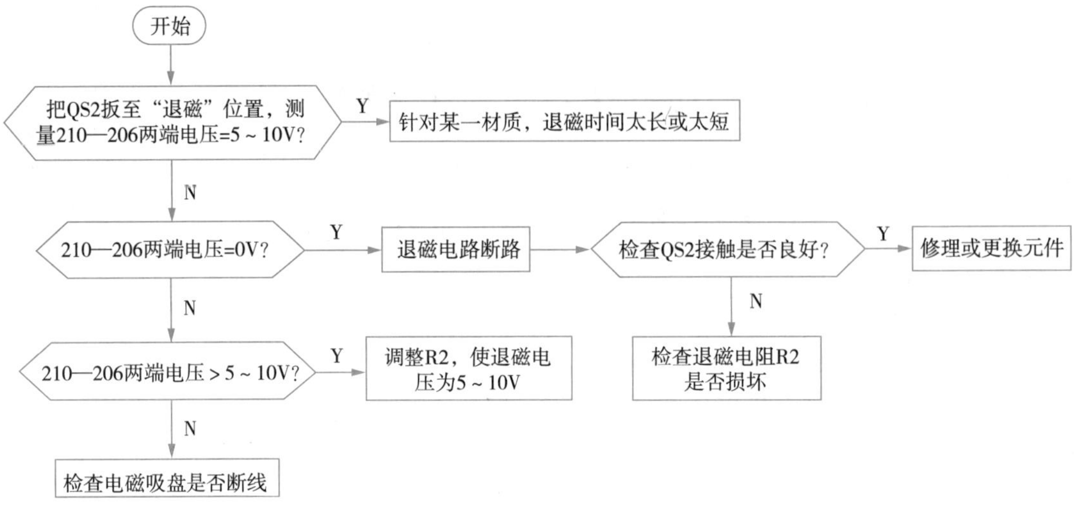


（五）工作台不能往复运动

液压泵电动机 M3 未工作，工作台不能做往复运动；当液压泵电动机运转正常，电动机旋转方向正确，而工作台不能往复运动时，故障在液压传动部分。

## 五、检修步骤及工艺要求

（1）在教师的指导下对磨床进行操作，熟悉磨床的主要结构和运动形式，了解磨床的各种工作状态和操作方法。

（2）参照图 5－6－3 所示 M7130 型平面磨床电器位置图，熟悉磨床电器元件的实际位置和走线情况，并通过测量等方法找出实际走线路径。

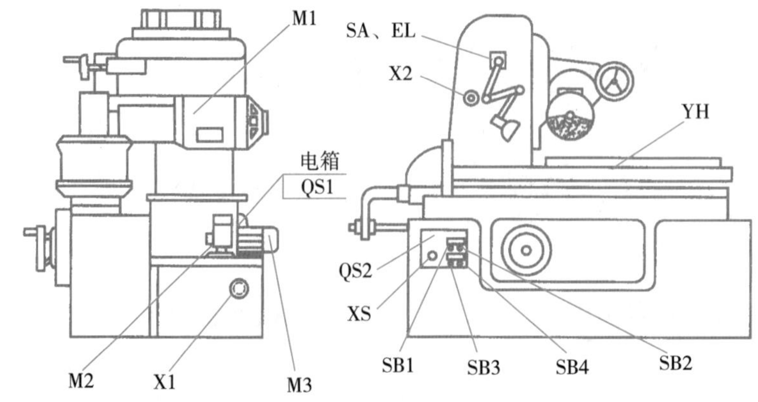


图 5－6－3　M7130 型平面磨床电器位置图

(3)学生观摩检修。在 M7130 型磨床上人为设置自然故障点，由教师示范检修，边分析边检查，直至故障排除。教师示范检修时，应将检修步骤及要求贯穿其中，边操作边讲解。

(4)教师在线路中设置两处人为的自然故障点，由学生按照检查步骤和检修方法进行检修。

(5)学生分析故障，排除故障的实训考核，可参照表 5-6-4 现场记录评分。

表 5-6-4 M7130 型摇臂钻床故障分析及排除训练考核评定标准

| 项目内容 | 配分 | 评分标准 | 扣分 | 得分 |
|---|---|---|---|---|
| 故障分析 | 30 分 | (1)标不出或标错故障范围 每处扣 10 分<br>(2)不能标出最小故障范围 每处扣 10 分 | | |
| 排除故障 | 70 分 | (1)切断电源后不验电 扣 5 分<br>(2)仪表和工具使用不正确 每次扣 5 分<br>(3)检查故障的方法不正确 扣 10 分<br>(4)查出故障不会排除 每个扣 15 分<br>(5)少查出故障点 每个扣 20 分<br>(6)扩大故障范围或产生新故障 每个扣 20 分<br>(7)损坏电器元件 每个扣 20 分<br>(8)检修过程中试车操作不正确 每次扣 5 分 | | |
| 安全文明生产 | 违反安全文明生产规程 扣 20～50 分 | | | |
| 排查时间 | 不允许超过规定的故障排查时间，每超过 5 分钟扣 5 分 | | | |
| 注：各项内容的最高扣分不得超过该项目的总配分 | | | | |

(6)注意事项

① 检修前要认真阅读电路图，熟练掌握各个控制环节的原理及作用，并认真观摩教师的示范检修。

② 电磁吸盘的工作环境恶劣，容易发生故障，检修时应特别注意电磁吸盘及其线路。

③ 停电要验电，带电检修时，必须有指导教师在现场监护，以确保用电安全。同时要做好训练记录。

# 实训任务七 X62W 型万能铣床的电气控制线路及故障分析与检修

(1)了解铣床的结构和运动形式。

(2)掌握铣床电气控制线路的工作原理、电气接线以及调试技能。

(3)熟悉铣床电气控制线路的常见故障和分析处理方法。

(4)能根据故障现象分析故障原因并熟练排除。

铣床在机床设备中占有很大的比重，在数量上仅次于车床，可用来加工平面、斜面、沟槽，装上分度头可以铣切直齿齿轮和螺旋面，装上圆工作台可以铣切凸轮和弧形槽。铣床的种类很多，有卧式铣床、立式铣床、龙门铣床、仿形铣床和各种专用铣床等。本任务以X62W型万能铣床为例介绍其结构、各运动部件的驱动要求、电气控制线路的工作原理、常见故障的分析处理方法。

## 一、X62W型万能铣床的主要结构及型号意义

图5-7-1是X62W型万能铣床外形图，X62W型万能铣床主要由底座、床身、悬梁、刀杆支架、升降工作台、溜板及工作台等组成。在刀杆支架上安装有与主轴相连的刀杆和铣刀，以进行切削加工，顺铣时为一转动方向，逆铣时为另一转动方向，床身前面有垂直导轨，升降工作台带动工作台沿垂直导轨上下移动，完成垂直方向的进给，升降工作台上的水平工作台，还可在左右（纵向）方向以及横向上移动进给。回转工作台可单向转动。进给电动机经机械传动链传动，通过机械离合器在选定的进给方向驱动工作台移动进给，进给运动的传递示意图如图5-7-2所示。此外，溜板可绕垂直轴线方向左右旋转45°，使得工作台还能在倾斜方向进行进给，便于加工螺旋槽。该机床还可安装圆形工作台，以扩展铣削功能。

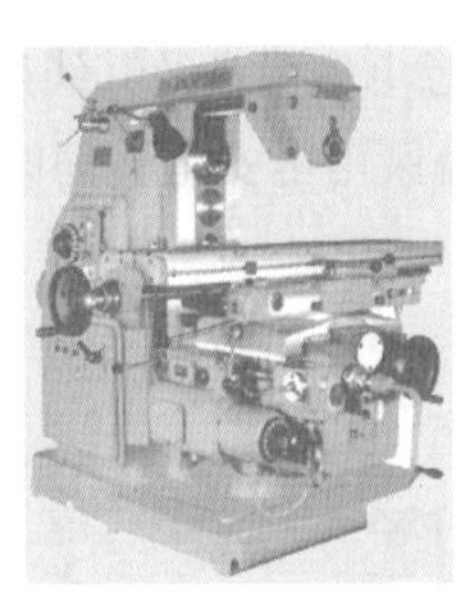

(a)外形实物图

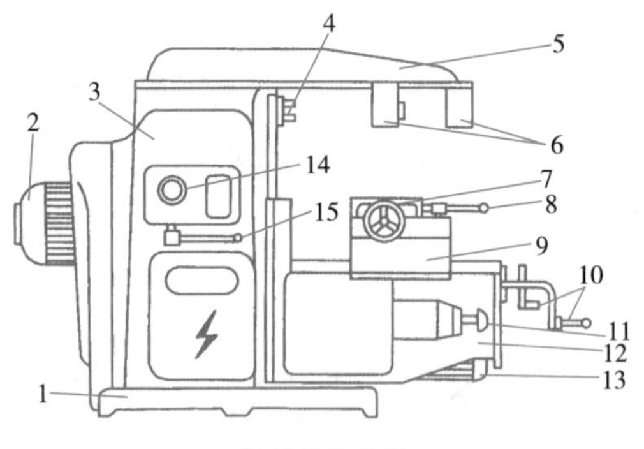


(b)结构示意图

1—底座；2—主轴电动机；3—床身；4—主轴；5—悬梁；
6—刀杆支架；7—工作台；8—工作台左右进给操作手柄；
9—溜板；10—工作台前后、上下操作手柄；11—进给变速手柄及变速盘；
12—升降工作台；13—进给电动机；14—主轴变速盘；15—主轴变速手柄。

图5-7-1 X62W型万能铣床外形图

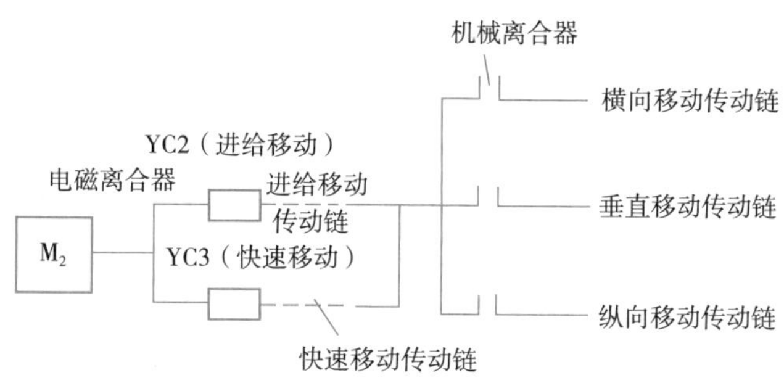


图 5-7-2 进给运动的传递示意图

其型号意义如下：

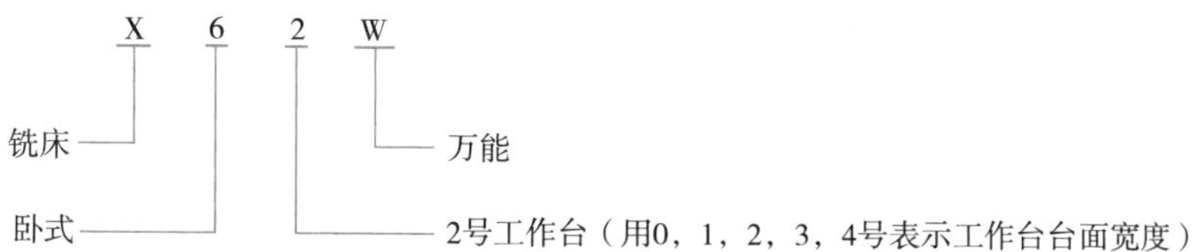


## 二、X62W 型万能铣床的主要运动形式和控制要求

### (一)铣床的运动形式

卧式万能铣床有三种运动形式。

#### 1. 主运动

铣床的主运动是指主轴带动铣刀的旋转运动。

#### 2. 进给运动

铣床的进给运动是指工作台带动工件在上、下、左、右、前和后 6 个方向上的直线运动或圆形工作台的旋转运动。

#### 3. 辅助运动

铣床的辅助运动是指工作台带动工件在上、下、左、右、前和后 6 个方向上的快速移动。

### (二)铣床的电力拖动特点及控制要求

(1)由于铣床的主运动和进给运动之间没有严格的速度比例关系，因此铣床采用单独拖动的方式，即主轴的旋转和工作台的进给，分别由两台笼形异步电动机拖动。其中进给电动机与进给箱均安装在升降台上。

(2)为了满足铣削过程中顺铣和逆铣的加工方式，要求主轴电动机能实现正、反旋转，但这可以根据铣刀的种类，在加工前预先设置主轴电动机的旋转方向，而在加工过程中则不需改变其旋转方向，故采用倒顺开关实现主轴电动机的正反转。

(3)由于铣刀是一种多刃刀具,其铣削过程是断续的,因此为了减少负载波动对加工质量造成的影响,主轴上装有飞轮。由于其转动惯性较大,因而要求主轴电动机能实现制动停车,以提高工作效率。

(4)工作台在 6 个方向上的进给运动,是由进给电动机分别拖动三根进给丝杆来实现的,每根丝杆都应该有正反向旋转,因此要求进给电动机能正反转。为了保证机床、刀具的安全,在铣削加工时,只允许工件同一时刻作某一个方向的进给运动。另外,在用圆工作台进行加工时,要求工作台不能移动。因此,各方向的进给运动之间应有联锁保护。

(5)为了缩短调整运动的时间、提高生产效率,工作台应有快速移动控制,这里通过快速电磁铁的吸合而改变传动链的传动比来实现。

(6)为了适应加工的需要,主轴转速和进给转速应有较宽的调节范围,X6ZW 型卧式万能铣床采用机械变速的方法即改变变速箱的传动比来实现,简化了电气调速控制电路。为了保证在变速时齿轮易于啮合,减少齿轮端面的冲击,要求主轴和进给电动机变速时都应具有变速冲动控制。

(7)根据工艺要求,主轴旋转与工作台进给应有先后顺序控制的联锁关系,即进给运动要在铣刀旋转之后才能进行。铣刀停止旋转,进给运动就该同时停止或提前停止,否则易造成工件与铣刀相碰事故。

(8)为了使操作者能在铣床的正面、侧面方便地进行操作,对主轴电动机的启动、停止以及工作台进给运动的选向和快速移动,设置了多地点控制(两地控制)方案。

(9)冷却泵电动机用来拖动冷却泵,有时需要对工件、刀具进行冷却润滑,采用主令开关控制其单方向旋转。

## 三、X62W 型万能铣床电气控制线路分析

X62W 型万能铣床电气原理图如图 5-7-3 所示。该线路分为主电路、控制电路和照明电路三部分。

### 1. 主电路分析

主电路共有 3 台电动机,M1 为主轴电动机,M2 为工作台进给电动机,M3 为冷却泵电动机。主电路的控制和保护电器见表 5-7-1 所列。

表 5-7-1 主电路的控制和保护电器

| 名称及代号 | 功 能 | 控制电器 | 过载保护电器 | 短路保护电器 |
|---|---|---|---|---|
| 主轴电动机 M1 | 拖动主轴带动铣刀旋转 | 接触器 KM1 和组合开关 SA3 | 热继电器 FK1 | 熔断器 FU1 |
| 进给电动机 M2 | 拖动进给运动和快速移动 | 接触器 KM3 和 KM4 | 热继电器 FK3 | 熔断器 FU2 |
| 冷却泵电动机 M3 | 供应冷却液 | 手动开关 QS2 | 热继电器 FK2 | 熔断器 FU1 |

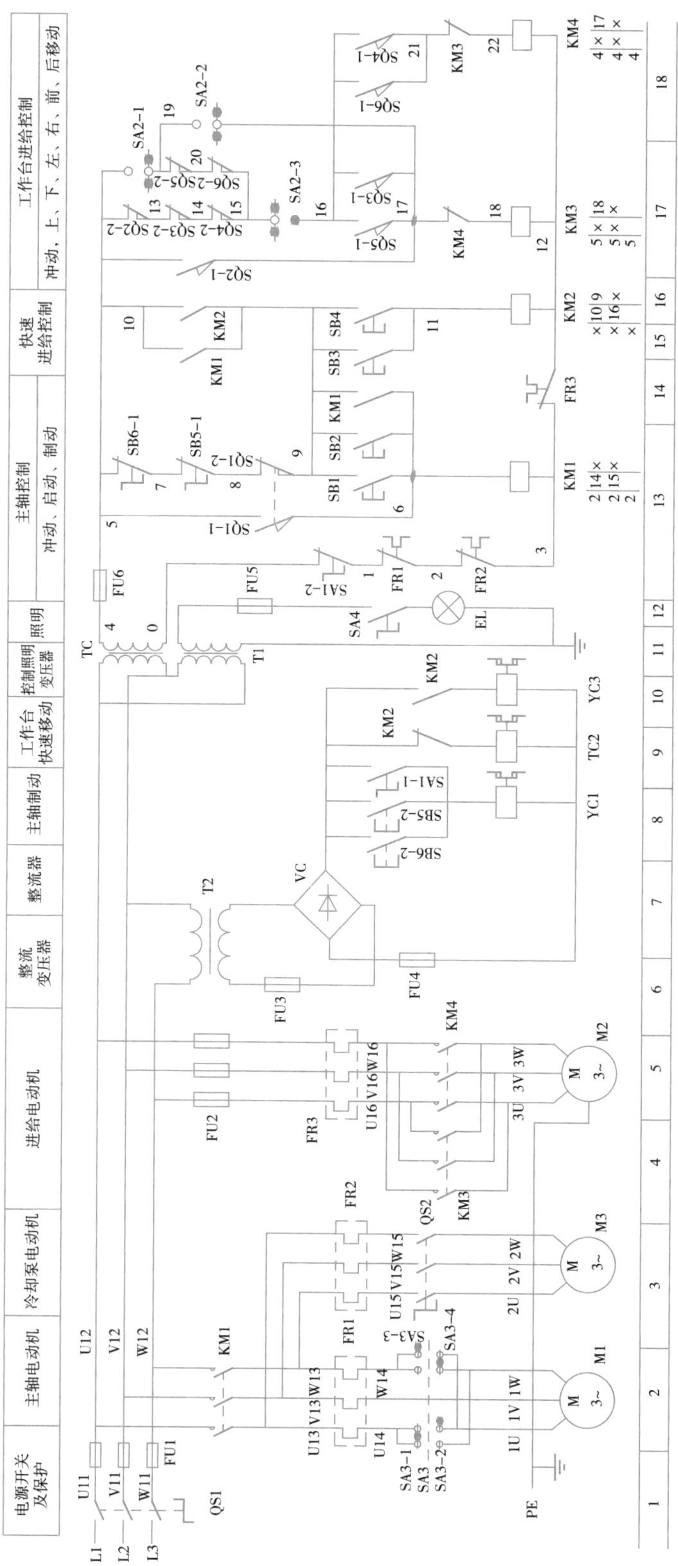


图5-7-3　X62W型万能铣床电气原理图

2. 控制电路分析

控制电路的电源由控制变压器 TC 输出 110V 电压供电。

(1)主轴电动机 M1 的控制。为了方便操作，主轴电动机 M1 采用两地控制方式，一组启动按钮 SB1 和停止按钮 SB5 安装在工作台上；另一组启动按钮 SB2 和停止按钮 SB6 安装在床身上。主轴电动机 M1 的控制包括启动控制、制动控制、换刀控制和变速冲动控制，具体见表 5－7－2 所列。

表 5－7－2 主轴电动机 M1 的控制

| 控制要求 | 控制作用 | 控制过程 |
| --- | --- | --- |
| 启动控制 | 启动主轴电动机 M1 | 选择好主轴的转速和转向，按下启动按钮 SB1 或 SB2，接触器 KM1 得电吸合并自锁，M1 启动运转，同时 KM1 的辅助常开触头(9—10)闭合，为工作台进给电路提供电源 |
| 制动控制 | 停车时使主轴迅速停转 | 按下停止按钮 SB5(或 SB6)，其常闭触头 SB5—1 或 SB6—1(13 区)断开，接触器 KM1 线圈断电，KM1 的主触头分断，电动机 M1 断电做惯性运转；常开触头 SB5—2 或 SB—2(8 区)闭合，电磁离合器 YC1 通电，M1 制动停转 |
| 换刀控制 | 更换铣刀时将主轴制动，以方便换刀 | 将转换开关 SA1 扳向换刀位置，其常开触头 SA1—1(8 区)闭合，电磁离合器 YC1 得电将主轴制动；同时常闭触头 SA1—2(13 区)断开，切断控制电路，铣床不能通电运转，确保人身安全 |
| 变速冲动控制 | 保证变速后齿轮能良好啮合 | 变速时先将变速手柄向下压并向外拉出，转动变速盘选定所需转速后，将手柄推回。此时冲动开关 SQ1(13 区)短时受压，主轴电动机 M1 点动，手柄推回原位后，SQ1 复位，M1 断电，变速冲动结束 |

(2)进给电动机 M2 的控制。铣床的工作台要求有前后、左右和上下六个方向上的进给运动和快速移动，并且可在工作台上安装附件圆形工作台，进行对圆弧或凸轮的铣削加工。这些运动都由进给电动机 M2 拖动。

① 工作台前后、左右和上下六个方向上的进给运动。工作台的前后和上下进给运动由一个手柄控制，左右进给运动由另一个手柄控制。手柄位置与工作台运动方向的关系见表 5－7－3 所列。

下面以工作台的左右移动为例分析工作台的进给。左右进给操作手柄与行程开关 SQ5 和 SQ6 联动，有左、中、右三个位置，其控制关系见表 5－7－3 所列。当手柄扳向中间位置时，行程开关 SQ5 和 SQ6 均未被压合，进给控制电路处于断开状态；当手柄扳向左(或右)位置时，手柄压下行程开关 SQ5(或 SQ6)，同时将电动机的传动链和左右进给丝杠相连。控制过程如下：

表 5-7-3 控制手柄的位置与工作台运动方向的关系

| 控制手柄 | 手柄位置 | 行程开关动作 | 接触器动作 | 电动机 M2 转向 | 传动链搭合丝杠 | 工作台运动方向 |
|---|---|---|---|---|---|---|
| 左右进给手柄 | 左 | SQ5 | KM3 | 正转 | 左右进给丝杠 | 向左 |
| | 中 | — | — | 停止 | — | 停止 |
| | 右 | SQ6 | KM4 | 反转 | 左右进给丝杠 | 向右 |
| 上下和前后进给手柄 | 上 | SQ4 | KM4 | 反转 | 上下进给丝杠 | 向上 |
| | 下 | SQ3 | KM3 | 正转 | 上下进给丝杠 | 向下 |
| | 中 | — | — | 停止 | — | 停止 |
| | 前 | SQ3 | KM3 | 正转 | 前后进给丝杠 | 向前 |
| | 后 | SQ4 | KM4 | 反转 | 前后进给丝杠 | 向后 |

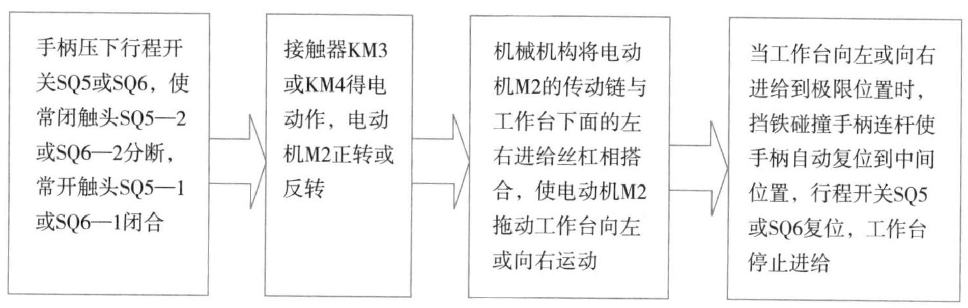


工作台的上下和前后进给由上下和前后进给手柄控制，其控制过程与左右进给相似，这里不再一一分析。

通过以上分析可见，两个操作手柄被置定于某一方向后，只能压下四个行程开关 SQ3、SQ4、SQ5、SQ6 中的一个开关，接通电动机 M2 正转或反转电路，同时通过机械机构将电动机的传动链与三根丝杠（左右丝杠、上下丝杠、前后丝杠）中的一根（只能是一根）丝杠相搭合，拖动工作台沿选定的进给方向运动，而不会沿其他方向运动。

② 左右进给与上下前后进给的联锁控制。在控制进给的两个手柄中，当其中的一个操作手柄被置定在某一进给方向后，另一个操作手柄必须置于中间位置，否则将无法实现任何进给运动。这是因为在控制电路中对两者实行了联锁保护。如当把左右进给手柄扳向左时，若又将另一个进给手柄扳到向下进给方向，则行程开关 SQ5 和 SQ3 均被压下，常闭触头 SQ5—2 和 SQ3—2 均分断，断开了接触器 KM3 和 KM4 的通路，从而使电动机 M2 停转，保证了操作安全。

③ 进给变速时的瞬时点动。和主轴变速时一样，进给变速时，为使齿轮进入良好的啮合状态，也要进行变速后的瞬时点动。进给变速时，必须先把进给操纵手柄放在中间位置，

然后将进给变速盘(在升降台前面)向外拉出,选择好速度后,再将变速盘推进去。在推进的过程中,挡块压下行程开关 SQ2,使触头 SQ2—2 分断,SQ2—1 闭合,接触器 KM3 经 10—19—20—15—14—13—17—18 路径得电动作,电动机 M2 启动;但随着变速盘复位,行程开关 SQ2 跟着复位,使 KM3 断电释放,M2 失电停转。这样使电动机 M2 瞬时点动一下,齿轮系统产生一次抖动,齿轮便顺利啮合了。

④ 工作台的快速移动控制。快速移动是通过两个进给操作手柄和快速移动按钮 SB3 或 SB4 配合实现的。控制过程如下:

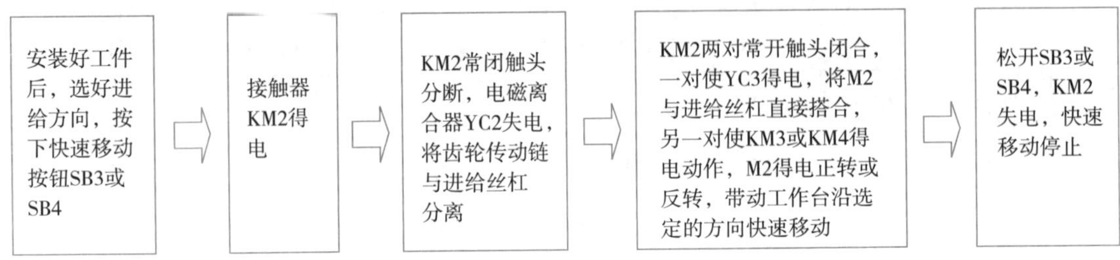


⑤ 圆形工作台的控制　圆形工作台的工作由转换开关 SA2 控制。当需要圆形工作台旋转时,将开关 SA2 扳到接通位置,此时:

当不需要圆形工作台旋转时,转换开关 SA2 扳到断开位置,这时触头 SA2—1 和 SA2—3 闭合,触头 SA2—2 断开,工作台在六个方向上正常进给,圆形工作台不能工作。

圆形工作台转动对其余进给一律不准运动,两个进给手柄必须置于零位。若出现误操作,扳动两个进给手柄中的任意一个,则必然压合行程开关 SQ3～SQ6 中的一个,使电动机停止转动。圆形工作台加工不需要调速,也不要求正反转。

(3)冷却泵及照明电路的控制。主轴电动机 M1 和冷却泵电动机 M3 采用的是顺序控制,即只有在主轴电动机 M1 启动后,冷却泵电动机 M3 才能启动。冷却泵电动机 M3 由手动开关 QS2 控制。

机床照明由变压器 T1 供给 24V 的安全电压,由开关 SA4 控制。熔断器 FU5 作照明电路的短路保护。

X62W 万能铣床电器元件明细表见表 5-7-4 所列。

表 5-7-4 X62W 万能铣床电器元件明细表

| 代 号 | 名 称 | 型 号 | 规 格 | 数 量 |
|---|---|---|---|---|
| M1 | 主轴电动机 | Y132M-4-B3 | 7.5 kW 380 V 1450 r/min | 1 |
| M2 | 进给电动机 | Y90L-4 | 1.5 W 380 V 1400 r/min | 1 |
| M3 | 冷却泵电动机 | JCB-22 | 125 kW 380 V 2790 r/min | 1 |
| QS1 | 开关 | HZ1-60/3J | 60 A 380 V | 1 |
| QS2 | 开关 | HZ10-10/3J | 10 A 380 V | 1 |
| SA1 | 开关 | LS2-3A | | 1 |
| SA2 | 开关 | HZ10-10/3J | 10 A 380 V | 1 |
| SA3 | 开关 | HZ3-133 | 10 A 500 V | 1 |
| FU1 | 熔断器 | RL1-60 | 60A 熔体 50A | 3 |
| FU2 | 熔断器 | RL1-15 | 15A 熔体 10A | 3 |
| FU3、FU6 | 熔断器 | RL1-15 | 15 A 熔体 4A | 2 |
| FU4、FU5 | 熔断器 | RL1-15 | 15A 熔体 2A | 2 |
| FR1 | 热继电器 | JR0-40 | 整定电流 16A | 1 |
| FR2 | 热继电器 | JR10-10 | 整定电流 0.43A | 1 |
| FR3 | 热继电器 | JR10-10 | 整定电流 3.4A | 1 |
| T2 | 变压器 | BK-100 | 380/36V | 1 |
| TC | 变压器 | BK-150 | 380/110V | 1 |
| T1 | 照明变压器 | BK-50 | 50VA 380/24V | 1 |
| VC | 整流器 | XCZ×4 | 5A 50V | 1 |
| KM1 | 接触器 | CJ10-20 | 20A 线圈电压 110V | 1 |
| KM2 | 接触器 | CJ10-10 | 10A 线圈电压 110V | 1 |
| KM3 | 接触器 | CJ10-10 | 10A 线圈电压 110V | 1 |
| KM2 | 接触器 | CJ10-10 | 10A 线圈电压 110V | 1 |
| SB1、SB2 | 按钮 | LA2 | 绿色 | 2 |
| SB3、SB4 | 按钮 | LA2 | 黑色 | 2 |
| SB5、SB6 | 按钮 | LA2 | 红色 | 2 |
| YC1 | 电磁离合器 | B1DL-Ⅲ | | 1 |
| YC2 | 电磁离合器 | B1DL-Ⅱ | | 1 |
| YC3 | 电磁离合器 | B1DL-Ⅱ | | 1 |
| SQ1 | 行程开关 | LX3-11K | 开启式 | 1 |
| SQ2 | 行程开关 | LX3-11K | 开启式 | 1 |
| SQ3 | 行程开关 | LX3-131 | 单轮自动复位 | 1 |
| SQ4 | 行程开关 | LX3-131 | 单轮自动复位 | 1 |
| SQ5 | 行程开关 | LX3-11K | 开启式 | 1 |
| SQ6 | 行程开关 | LX3-11K | 开启式 | 1 |

## 四、X62W 型万能铣床常见电气故障分析与检修方法

主轴电动机 M1 不能启动的检修步骤如下：

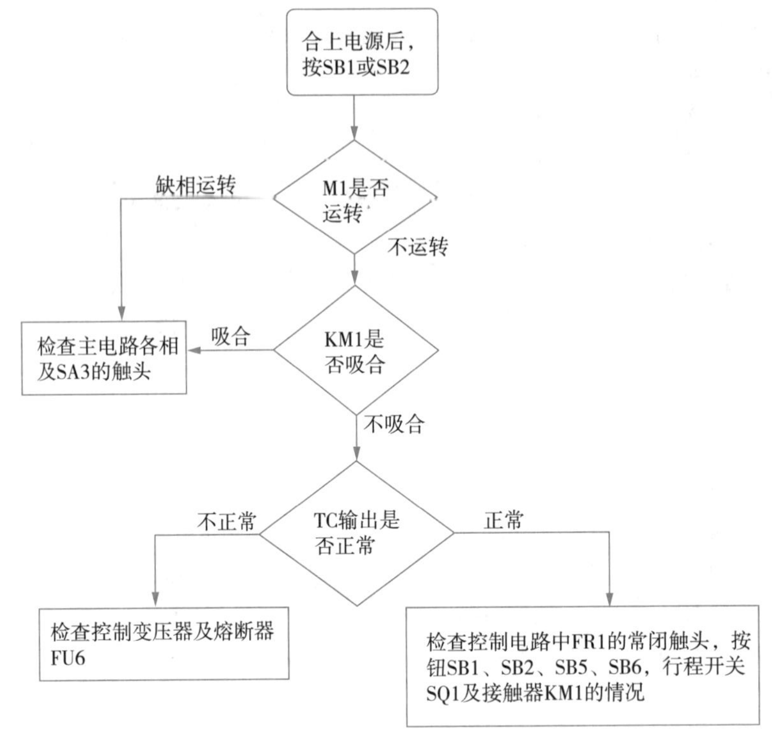


X62W 型万能铣床电气控制线路常见故障及检修方法见表 5－7－5 所列。

表 5－7－5　X62W 型万能铣床电气控制线路常见故障及检修方法

| 故障现象 | 可能的原因 | 检修方法 |
| --- | --- | --- |
| 工作台各个方向都不能进给 | 进给电动机不能启动 | 首先检查圆形工作台的控制开关 SA2 是否在“断开”位置。若没问题，接着检查 KM1 是否已吸合动作。如 KM1 不能得电，则表明控制回路电源有故障，可检查控制变压器 TC 是否正常，熔断器是否熔断。待电压正常，KM1 吸合，主轴旋转后，若各个方向仍无进给运动，可搬动进给手柄至各个运动方向，观察其相关的接触器是否吸合，若吸合，则表明故障发生在主回路和进给电动机上，常见的故障有接触器主触头接触不良、主触头脱落、机械卡死、电动机接线脱落和电动机绕组断路等。除此以外，行程开关 SQ2、SQ3、SQ4、SQ、5SQ6 出现故障，触头不能闭合接通或接触不良，也会使工作台没有进给 |

（续表）

| 故障现象 | 可能的原因 | 检修方法 |
|---|---|---|
| 工作台能向左右，不能前后、上下进给 | 行程开关SQ5或SQ6由于经常被压合，造成螺钉松动、开关移位、触头接触不良、开关机构卡死等问题，使线路断开或开关不能复位闭合，电路19－20或15－20断开 | 检修时，用万用表欧姆挡测量SQ5—2或SQ6—2的接触导通情况，查找故障部位，修理或更换元件，就可排除故障。注意在测量SQ5—2或SQ6—2的接触情况时，应操作前后上下进给手柄，使SQ3—2或SQ4—2断开，否则电路通过19—10—13—14—15—20导通，会误认为SQ5—2或SQ6—2接触良好 |
| 工作台能前后、上下进给，不能左右进给 | 行程开关SQ3、SQ4出现故障 | 参照上例检查行程开关SQ3—2、SQ4—2 |
| 工作台不能快速移动，主轴制动失灵 | 电磁离合器工作不正常 | 检查接线有无松脱，整流变压器T2，熔断器FU3、FU4工作是否正常，整流二极管是否损坏，电磁离合器线圈是否正常，离合器的动静摩擦片是否完好 |
| 变速时不能冲动控制 | 冲动行程开关SQ1或SQ2经常受到频繁冲击而不能正常工作 | 修理或更换行程开关，并调整其动作距离，即可恢复冲动控制 |

## 五、检修步骤及工艺要求

(1)熟悉机床的主要结构和运动形式，对铣床进行实际操作，了解铣床的各种工作状态及操作手柄的作用。

(2)参照图5－7－4所示X62W型万能铣床电器位置图，熟悉机床电器元件的安装位置、走线情况以及操作手柄处于不同位置时，行程开关的工作状态及运动部件的工作情况。

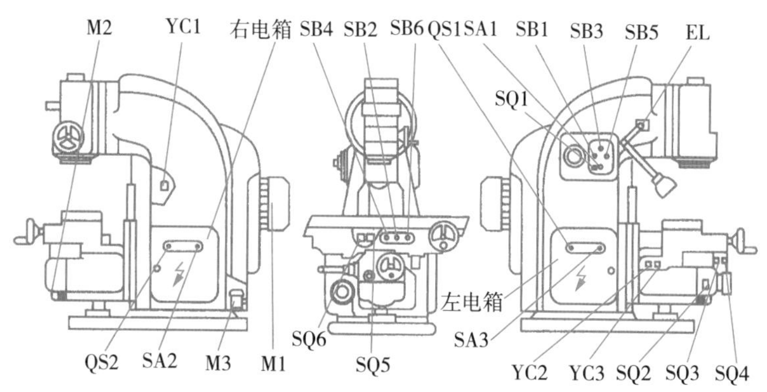


图5－7－4　X62W型万能铣床电器位置图

(3)学生观摩检修。在X62W型万能铣床上人为设置自然故障点，由教师示范检修，边分析边检查，直至故障排除。教师示范检修时，应将检修步骤及要求贯穿其中，边操作边讲解。

(4)教师在线路中设置两处人为的自然故障点，由学生按照检查步骤和检修方法进行检修。具体要求如下：

① 根据故障现象，先在电路图上用虚线正确标出故障电路的最小范围。然后采用正确的检查排除方法，在规定时间内查出并排除故障。

② 排除故障的过程中，不得采用更换电器元件、借用触头或改动线路的方法修复故障点。

③ 检修时严禁扩大故障范围或产生新的故障，不得损坏电器元件或设备。

(5)学生分析故障，排除故障的实训考核，可参照表 5-5-3 现场记录评分。

(6)注意事项

① 检修前要认真阅读电路图，熟练掌握各个控制环节的原理及作用，并认真听取和仔细观察教师的示范检修。

② 由于该机床的电气控制与机械结构的配合十分密切，因此，在出现故障时，应首先判明是机械故障还是电气故障。

③ 停电要验电。带电检修时，必须有指导教师在现场监护，以确保用电安全。同时要做好检修记录。

思政拓展阅读

# 第六章　可编程控制器(PLC)

## 实训任务一　了解可编程控制器(PLC)

(1)了解可编程控制器的产生与发展。

(2)掌握可编程控制器的特点与应用。

(3)了解可编程控制器的分类。

目前PLC的应用较为广泛,主要是在设备自动控制以及流程自动化控制,设备自动控制包括数控设备、焊接设备、切割设备等。流程自动化控制包括自动生产线、污水处理等等。本节主要任务是了解及掌握PLC产生与发展、特点与应用以及PLC的分类。

### 一、可编程控制器的产生与发展

可编程控制器(Programmable Logic Controller)简称PLC,是以微处理器为核心,在继电器控制技术、计算机技术和现代通信技术的基础上发展起来的一种新型工业自动控制装置,随着工厂自动化程度不断提高,PLC在工业生产中应用越来越广泛。

1987年国际电工委员会(IEC)颁布的PLC标准草案中对PLC做了如下定义:"PLC是一种数字运算操作的电子的电子系统,专门在工业环境下应用而设计。它采用可以编制程序的存储器,用来在执行存储逻辑运算和顺序控制、定时、计数和算术运算等操作的指令,并通过数字或模拟的输入(I)和输出(O)接口,控制各种类型的机械设备或生产过程。"

20世纪60年代以前,工业自动化领域主要采用的是继电器-接触器控制系统。该系统通过大量继电器来实现逻辑控制，电气元器件使用较多，系统可靠性差；当生产工艺流程发生变化，需要修改硬件接线方式来重新实现逻辑控制，通用性、灵活性较差。同时随着计算机技术、半导体集成技术的发展，继电器-接触器控制系统已经无法满足生产需求。

1968 年美国通用公司为了在竞争激烈的汽车市场占有优势，通过招标的形式，提出为装配线提供一种新型控制器。并在标书中明确了十项指标，称为“GM 十条”。

(1)编程简单，可在现场修改程序；

(2)维护方便，采用插件式结构；

(3)可靠性高于继电器-接触器控制装置；

(4)体积小于继电器-接触器控制系统；

(5)数据可以直接送入计算机；

(6)成本低，可与继电器-接触器控制系统竞争。

(7)用户程序存储器容量能扩展到 4 kB；

(8)可使用 115V 交流电压输入；

(9)输出电压为交流 115V，能直接驱动电磁阀；

(10)通用性强，扩展方便。

1969 年，美国数字设备公司(DEC 公司)根据这十项指标要求研制出了第一台可编程逻辑控制器，在通用公司汽车装配线上试用成功。1971 年日本引进了这项技术，研制出了日本第一台可编程控制器，1973 年欧洲国家也研制出了他们的第一台可编程控制器，1974 年我国开始研究可编程控制器技术，1977 年自主研制的 PLC 投入工业生产。

随着大规模、超大规模集成电路技术和数字通信技术的发展，目前 PLC 不仅具有逻辑判断功能，同时还具有数据处理、PID 调节和通信网络功能。

随着 PLC 技术的不断发展，PLC 在应用场景越来越多，在工业自动化控制领域占主导地位。为了适应目前市场的新需求，同时随着工业网络技术的发展，“无人工厂”不断普及，PLC 将朝着网络通信简单方便、通用性强以及 PLC 之间兼容性好的方向发展。

## 二、PLC 的特点与应用

### (一)PLC 的特点

#### 1. 可靠性高，强抗干扰能力

传统的继电器-接触器系统主要是靠继电器和接触器来完成控制，系统需要使用大量的元器件，受到器件本身寿命以及接触不良等情况影响，系统可靠性低。PLC 在硬件和软件上都采取了抗干扰措施。

(1)硬件方面：PLC 的输入输出接口采用的都是光隔离，隔离了外部信号对 PLC 的干扰，PLC 根据功能不同，采用不同的模块结构，对于故障定位与排查，有极大优势，同时各模块都采用了屏蔽措施，提高模块可靠性。

(2)软件方面：目前 PLC 具有良好的自诊断功能，出现问题能及时报警，提供报警信息方便故障排查,同时程序具备掉电保持功能,故障排除后及时恢复。

2. 语言简单,编程方便

目前 PLC 的编程语言有梯形图、指令表、功能块图、顺序功能图和结构文本等,其中梯形图是一种图形语言,语言定义和逻辑与继电器-接触器系统中继电器类似,不需要计算机编程知识,方便具备一定基础的电气技术人员易于掌握。

3. 模块化结构,灵活扩展

目前市面上绝大多数 PLC 采用模块化结构,根据功能不同采购不同模块进行扩展,这样不仅节约安装空间,而且降低系统成本。

4. 调试方便,维修便利

PLC 运行对环境要求不高,无须特定的机房,可以在各种工业环境运行,现场调试方便,可以就近观察设备运行情况,现场修改程序进行调试,同时目前 PLC 软件具备自诊断、自监控功能,对程序调试、故障维修提供了更大的便利。

5. 功能齐全,通信方便

目前 PLC 不仅具有逻辑控制功能同时具有数字量模拟量转换功能、温度检测控制、压力检测控制及位置检测控制等等功能,由于计算机网络技术的发展,PLC 不仅具有 RS-232/RS-485 等通信功能,同时有网络模块,具备与上位机进行网络通信的功能,对现代化工厂建设有重要意义。

(二)PLC 的功能与应用

目前 PLC 不仅能满足继电器-接触器系统的逻辑控制要求,而且在位置控制、模拟量调节控制及网络通信方面都能适应现代工厂的要求,因而 PLC 普遍应用在钢铁、机床、石油、化工、交通、环保、汽车及纺织等行业。不同场合应用功能主要分为以下几类:

1. 数字量控制

最早期 PLC 取代继电器控制系统主要是取代继电器的逻辑控制功能,目前这也是 PLC 最基本的功能,通过按钮、拨动开关、接触器辅助触点、行程开关等数字量信号输入,进行逻辑运算,控制输出端指示灯、电磁阀、继电器线圈、接触器线圈的接通和断开。

2. 模拟量控制

模拟量指的是变量在一定范围连续变化的量,如温度、压力、流量和速度等等,为了使 PLC 控制模拟量,PLC 专门有 A/D、D/A 转换模块,通过温度、压力、流量等传感器的参数采集,实现系统的 PID 闭环控制,同时也可以通过触摸屏对模拟量显示。

3. 位置控制

目前自动化生产流水线或者智能工厂都需要机器人与生产设备进行协作,必然需要对机器人的速度、位移量等参数进行监测和控制,目前市面上主要的 PLC 生产厂家都提供了运动控制模块,能直接驱动步进电机及伺服电机,实现运动系统的开环甚至闭环控制。

4. 数据处理

目前 PLC 都具备高速处理功能，可以进行数学运行、数据传输、数据类型转换及位操作等功能，实现数据的快速采集、准确分析、高速处理。

5. 网络与通信

目前 PLC 的通信主要包括 PLC 与 PLC 之间的通信、PLC 与设备之间的通信以及 PLC 与上位机之间的通信。随着计算机技术的不断发展，PLC 通信模块也越来越多，通信形式也越来越丰富，不同厂家设备联系更加密切，通用性加强，满足了现代工厂自动化的需求。

## 三、PLC 的分类

目前，PLC、CAD/CAM、工业机器人统称为现代工业自动化的三大支柱。目前影响力和市场占有率较大的品牌主要分为三个流派：美国产品、欧洲产品、日本产品。美国 PLC 厂家主要有罗克韦尔公司及通用电气公司，欧洲 PLC 厂家主要有西门子公司及施耐德公司，日本 PLC 厂家主要有欧姆龙公司及三菱公司。目前我国自主品牌 PLC 可靠性也在应用中得到验证，其中信捷电气、汇川等公司生产的小型 PLC 已经比较成熟。

### (一)按照结构形式分类

按照结构形式 PLC 主要分为整体式和模块式两种。

1. 整体式 PLC

整体式 PLC 是一种将 PLC 的电源、CPU、输入输出模块等都集中在一个机壳内的结构，它将基本单元和扩展单元独立，这种 PLC 结构紧凑、体积小、价格低，特殊功能采用扩展模块的形式，此结构主要应用于小型 PLC，如图 6-1-1 所示。

2. 模块式 PLC

模块式 PLC 的电源、CPU、输入输出、通信模块都是独立的模块，可以根据设计需求选择模块安装在机架或者基板的插座上，构成 PLC。这种结构主要应用于大中型 PLC，如图 6-1-2 所示。

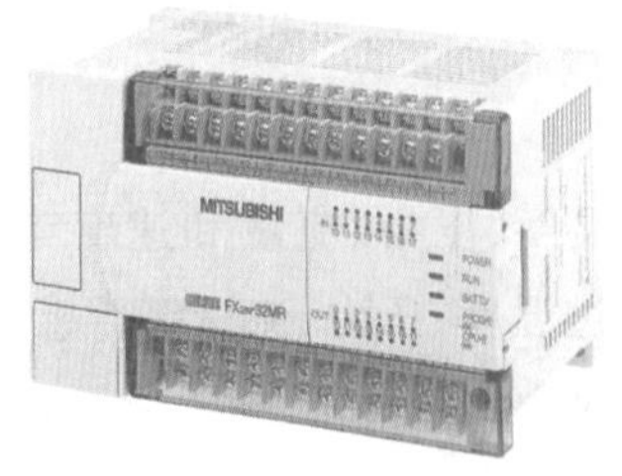


图 6-1-1 整体式 PLC

图 6-1-2 模块式 PLC

### (二)按照 I/O 点数分类

按照 PLC 输入输出点数可以将 PLC 分为小型 PLC、中型 PLC 和大型 PLC。

1. 小型 PLC

小型 PLC 指的是输入输出点数少于 256 点，用户存储器容量小于 4 kB，采用 8 位或者 16 位 CPU 的 PLC。

2. 中型 PLC

中型 PLC 指的是输入输出点数在 256 点与 2048 点之间，采用双 CPU，用户存储容量为 2～8 kB。

3. 大型 PLC

大型 PLC 指的是输入输出点数大于 2048 点，采用 16 位、32 位多 CPU，用户存储容量为 16 kB 及以上。

(三)按照功能分类

PLC 按照功能分类可分为低档 PLC、中档 PLC、高档 PLC，见表 6－1－1 所列。

表 6－1－1　PLC 按照功能分类

| 分　类 | 功　能 | 应　用 |
|---|---|---|
| 低档 PLC | 具有逻辑运算、定时、计数、移位及自诊断、监控等基本功能，同时具有少量模拟量输入输出、算术运算、数据传输及比较、通信等功能 | 主要应用在逻辑控制、顺序控制或者少量模拟量控制的系统 |
| 中档 PLC | 具备低档 PLC 的所有功能，同时具备较强模拟量输入输出功能、算术运算、数据传输及比较、数制转换、远程 I/O、子程序、通信联网等功能，部分具有中断控制、PID 控制功能 | 主要用于较复杂的控制系统 |
| 高档 PLC | 具备中档 PLC 的功能外，具备较强数据处理能力、特殊功能函数的计算、制表及表格传送功能 | 大规模过程控制或构成分布式网络控制系统 |

## 实训任务二　PLC 的编程语言

思政拓展阅读

了解及掌握可编程控制器的编程语言。

PLC 提供一种面向控制过程、面向问题的语言来进行编程，它区别于高级语言或者汇编语言，要易于掌握和编写。1994 年 5 月国际电工委员会颁布的 PLC 语言标准，该标准将编

程语言分为梯形图、指令语言、顺序功能图、功能块图和结构文本等五种语言。

PLC是一款应用于工业生产的装置，主要使用人员为企业电气工程师。虽然各PLC厂家都有自己的编程语言，但是基本上都遵循此标准。与计算机语言相比，PLC编程语言具有图形式的指令结构、简化应用软件生成过程、简化程序结构、明确的变量常数、强化调试手段等特点。

## 一、梯形图语言

梯形图(图6-2-1)是利用图形符号来描述各部分逻辑控制关系的一种语言，这种语言的编写与继电器控制系统逻辑非常相似，符合电气工程人员掌握和编写，它将继电器以图形符号的形式代替，特别是数字量的控制，如按钮、接近开关、限位开关等输入量，通过PLC逻辑处理，控制输出的指示灯、接触器线圈、电磁阀等。

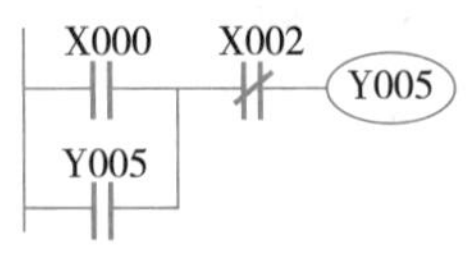


图6-2-1　梯形图

### (一)梯形图特点

(1)梯形图触点、软线圈与原理图开关、线圈是一一对应的，编写方便、逻辑直观。

(2)梯形图程序是从上到下、从左到右按顺序执行。

(3)梯形图常开、常闭触点使用不受次数限制。

(4)梯形图中的线圈为软继电器线圈，是编程软件的编程元件，不是真实存在的。

(5)指令表及梯形图具备互换性，如图6-2-2所示。

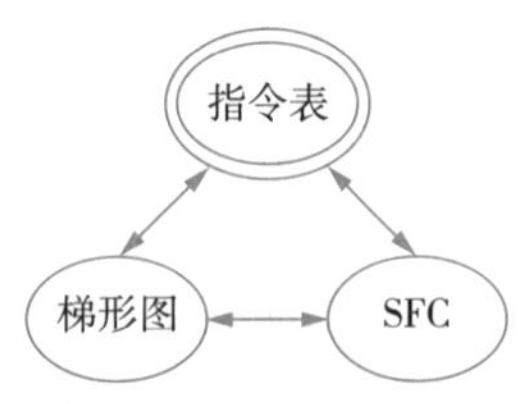


图6-2-2　程序的互换性

## 二、指令表语言

指令表语言是一种与计算机汇编语言类似的编程语言，语句和梯形图是一一对应的关系，在经济便携手持式编程器输入程序时需要使用指令表的形式输入。指令表语言主要由步、指令、软元件组成，如图6-2-3中LD、OR、ANI、OUT为指令，X000、X002、Y005为软元件编号。

| 步 | 指令 | 软元件编号 |
|---|---|---|
| 0000 | LD | X000 |
| 0001 | OR | Y005 |
| 0002 | ANT | X002 |
| 0003 | OUT | Y005 |

图6-2-3　指令表语言

## 三、顺序流程图

顺序流程图程序是利用功能表图来描述程序的一种程序设计语言，顺序流程图便于反映机械动作的各工序的作用和整个控制流程，它是由步、动作、转换三个要素组成，将一个复杂的控制过程分解为简单的若干小步进行顺序控制。

如图 6－2－4 所示为顺序功能图，图(a)流程图绘制出了要求的五道工序，同时明确了各工序的结束和开始条件，其中 LS1/LS2/LS3 为限位开关；图(b)为顺序功能图，与流程图类似，添加了 PLC 的触点和软元件，完成程序编写，这种编程方式直观简便，逻辑清晰，适合顺序控制。

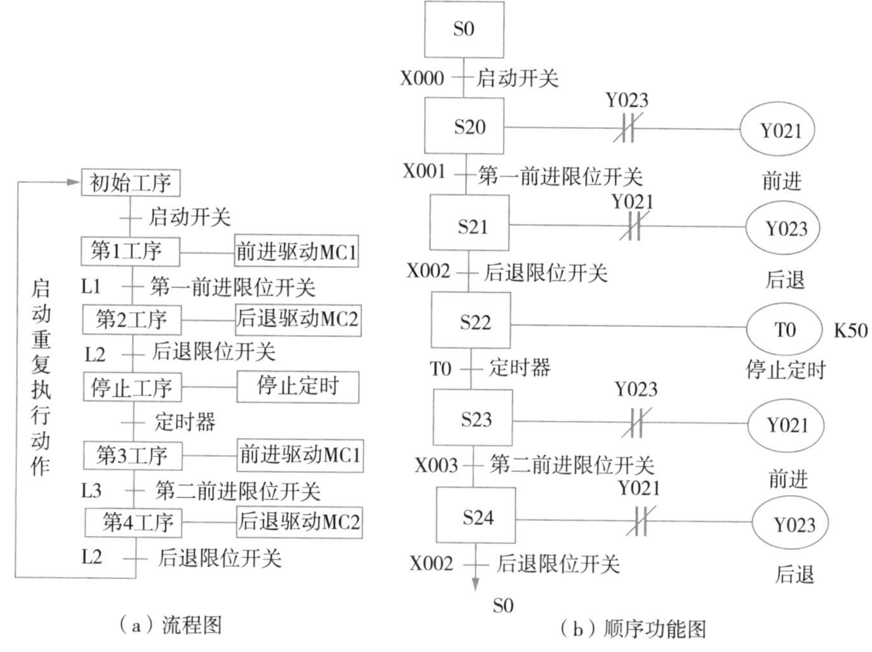


图 6－2－4　顺序功能图

## 四、功能块图

功能块图(图 6－2－5)使用的是逻辑功能符号组成功能块来表达命令的图形语言，具备数字电路基础更容易掌握，功能块图表现出结果和条件之间逻辑关系，程序逻辑性更强，通过不同条件的累加最终得到结果。

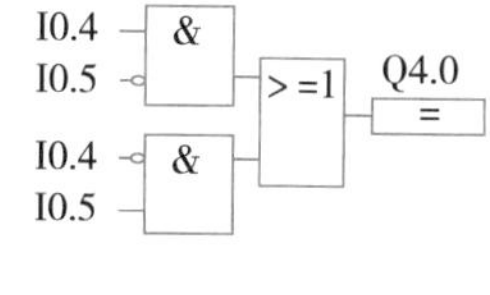


图 6－2－5　功能块图

## 五、结构文本语言

结构文本语言是一种描述 PLC 程序的专门的高级编程语言，如 BASIC、Pascal、C 语言等。

目前PLC功能越来越齐全,特别是高档PLC,普通的梯形图语言描述逻辑过程极其复杂而繁琐,通过结构文本可以进行数学运算、数据处理、图表显示等功能,特别是对复杂的数学运算,编写程序简洁紧凑。不过使用结构文本语言进行编程需要具备一定的相关语言知识。

不同的语言使用的逻辑场合不同,应该根据场景以及PLC的类型来选择编程语言,并不是所有的PLC都支持此五种语言。根据工程项目选择合适的PLC和语言,用编程语言来表达逻辑是工程技术人员的一项重要工作。

## 实训任务三　三菱FX系列PLC硬件结构

学习目标

了解可编程控制器的硬件结构。

工作任务

PLC主要组成单元有CPU、存储器、输入单元、输出单元、电源、通信及编程接口,以CPU为核心,实现逻辑控制的一种机器。

任务实施

### 一、PLC的基本结构模块

所有的PLC基本结构和工作原理都是大致相同的,主要组成单元有CPU、存储器、输入单元、输出单元、电源、通信及编程接口,如图6-3-1所示。以CPU为核心,实现逻辑控制,通过组成可以看出,PLC是一款名副其实的计算机。

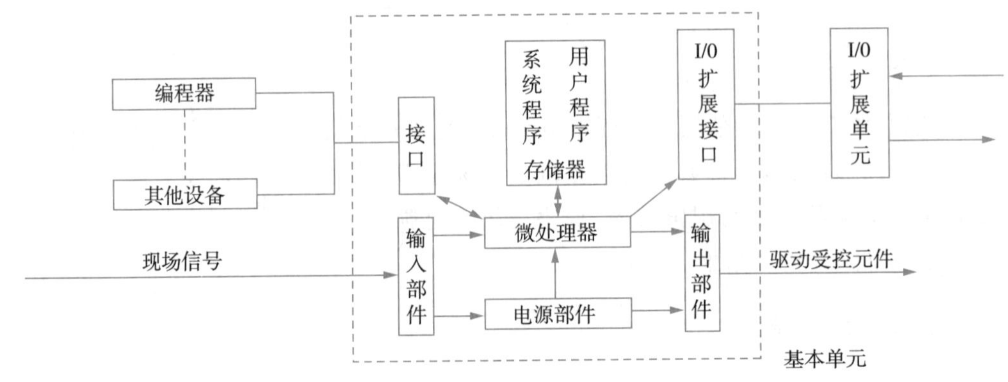


图6-3-1　PLC结构

(一)中央处理器(CPU)

CPU是PLC的控制核心,主要负责运算和控制,是由运算器、控制器及寄存器构成,小型PLC大多数采用8位或者16位微处理器作为CPU,中型PLC采用双CPU的形式,大型PLC采用高速微处理器。CPU作为PLC的中枢,主要任务如下:

(1)采集输入部件输入的状态或数据,接收从用户程序。

(2)将运算结果输出,驱动受控元件。

(3)检测和诊断电路故障和程序语法错误。

(4)根据用户程序进行数据的运算、传递和存储。

(二)存储器

与计算机存储器相似,PLC存储器也分为系统存储器(EPROM)和用户存储器(RAM),系统存储器主要作用是存放系统程序,用户无法访问和修改这一部分存储器内容,用户存储器主要是存放用户程序和数据,分为用户程序存储器和用户数据存储器,为用户存储I/O数据、定时器/计数器预置值、过程参数和算术计算等等数据提供存储空间,PLC中存储器有只读存储器(ROM)、可编程只读存储器(PROM)、可擦除可编程只读存储器(EPROM)、电擦除可编程只读存储器(EEPROM)、随机存取存储器(RAM),其中电擦除可编程只读存储器(EEPROM)是一种非易失性存储器,主要用来存储需要长期保持的数据或程序。

(三)输入输出接口

输入输出接口又称为I/O模块,是工业生产设备和CPU沟通的桥梁,输入信号不仅有按钮信号、限位开关信号、接近开关信号等开关量信号,同时也包括各种传感器采集的模拟量信号,为了防止输入信号产生干扰,I/O模块采取了光隔离、滤波等抗干扰措施。如图6-3-2所示是采用外接直流和交流电源的开关量输入接口电路图。

当输入接口传入数字量或模拟量信号,通过CPU数据处理后,将处理后信号传送给输出接口并使驱动受控元件动作,受控元件主要包括电磁阀、接触器线圈、中间继电器线圈等等,如图6-3-3所示。开关量输出形式主要分为三种:继电器输出、可控硅输出、晶体管输出。继电器输出采用隔离方式为机械隔离,响应时间约为10 ms,继电器输出触点根据负载容量不同,寿命也不相同,平均触点寿命为100万左右。可控硅输出采用光电闸流管隔离,响应时间为1 ms以下;晶体管输出采用光耦隔离,响应时间为0.2 ms以下,一般情况下频率大的输出量采用晶体管输出。

(四)电源

目前PLC输入电源一般采用交流100～240 V或者直流24 V,电源输入后,经过整流、滤波、稳压处理后给予PLC内部供电,PLC内部电池主要是供给PLC停机或者断电后程序和数据不丢失使用。

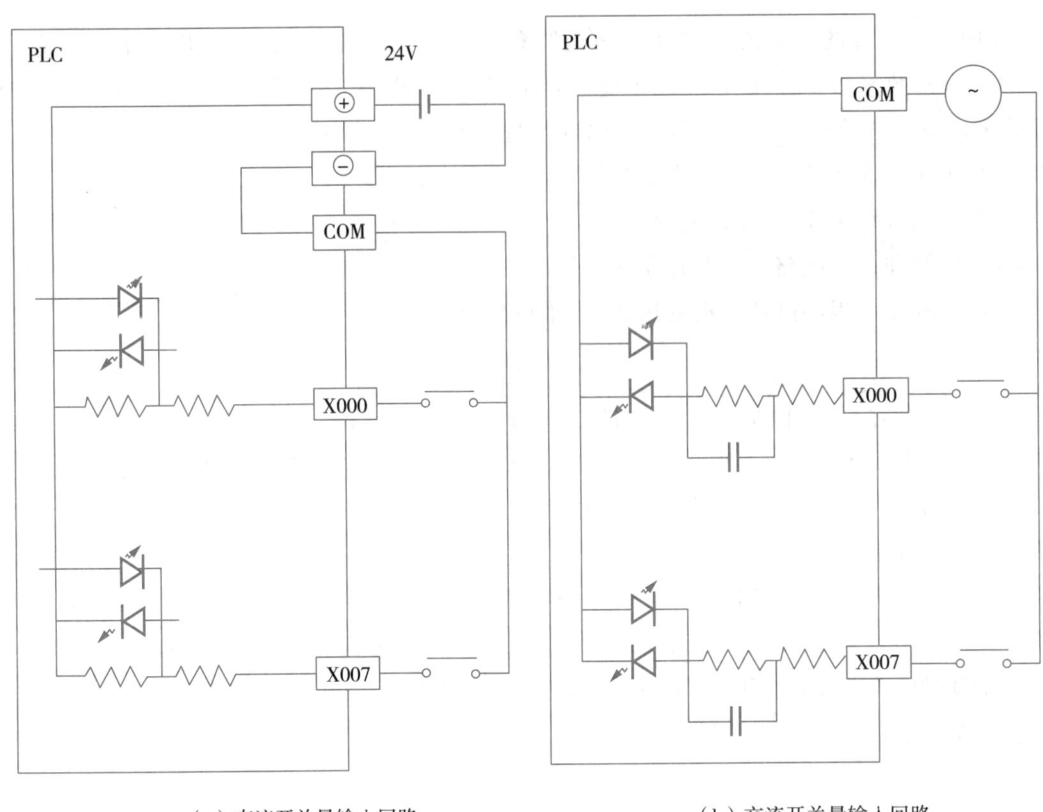


(a) 直流开关量输入回路　　(b) 交流开关量输入回路

图 6-3-2　采用外接直流和交流电源的开关量输入接口电路图

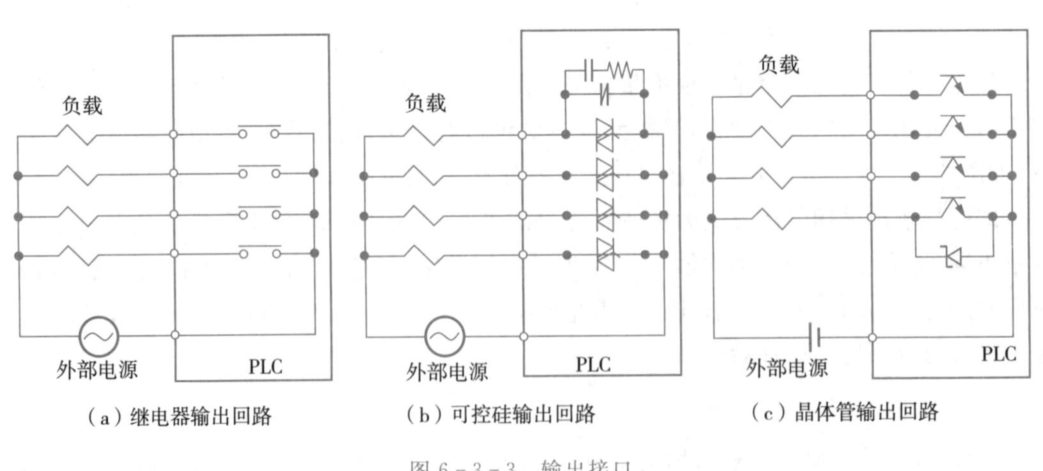


(a) 继电器输出回路　　(b) 可控硅输出回路　　(c) 晶体管输出回路

图 6-3-3　输出接口

(五)通信与编程接口

为提高工厂自动化程度，增强设备之间联系，优化人机交互功能，需要 PLC 与不同设备进行通信，如 PLC 与上位机通信、PLC 与 PLC 通信、PLC 与打印机通信、PLC 与编程器的通信等。目前最常用的通信接口包括 RS－232C、RS－422 和 RS－485 等接口。

## 二、FX 系列型号名称及种类

目前中国市场三菱 FX 系列产品主要包括：FX1S/FX1N/FX2N/FX3U/FX3G 等。不同型号 PLC 基本单元和扩展单元都不相同，本书 FX 系列型号是以应用较为广泛的 FX2N 为例。

### (一)型号名称的组成

图 6－3－4 是三菱 FX 系列产品型号。

(1)系列序号，如 1S、1N、2N、3U、3G 等。

(2)I/O 点数，指 PLC 输入输出总点数。

(3)单元类别，M 为基本单元，E 为扩展单元，其中 EX 为输入扩展单元，EY 为输出扩展单元。

(4)输出形式，R 为继电器输出，S 为可控硅输出，T 晶体管输出。

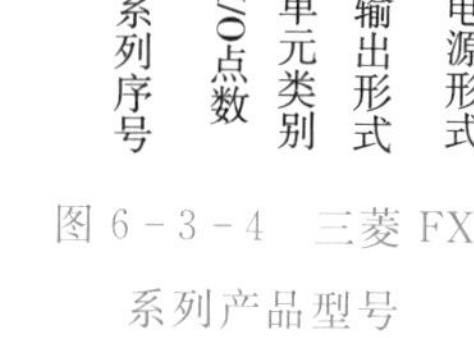

图 6－3－4 三菱 FX 系列产品型号

(5)电源形式，无符号指 AC100/200 电源、DC24V 电源输入，D 指 DC 电源型，UA1/UL 指 AC 输入型，H 指大容量输出型。

### (二)基本单元

表 6－3－1 所列为目前市场 FX2N 系列产品的基本单元，主要是通过输入输出总点数以及输入电源来划分。

表 6－3－1 FX2N 系列产品的基本单元

| 输入输出合计点数 | 输入点数 | 输出点数 | FX$_{2N}$ | | | | | |
|---|---|---|---|---|---|---|---|---|
| | | | AC 电源 DC 输入 | | | DC 电源 DC 输入 | | AC 电源 AC 输入 |
| | | | 继电器输出 | 可控硅 | 晶体管 | 继电器输出 | 晶体管输出 | 继电器输出 |
| 16 | 8 | 8 | FX$_{2N}$－16MR | FX$_{2N}$－16MS | FX$_{2N}$－16MT | — | — | FX$_{2N}$－16MR－UA1/UL |
| 32 | 16 | 16 | FX$_{2N}$－32MR | FX$_{2N}$－32MS | FX$_{2N}$－32MT | FX$_{2N}$－32MR－D | FX$_{2N}$－32MT－D | FX$_{2N}$－32MR－UA1/UL |
| 48 | 24 | 24 | FX$_{2N}$－48MR | FX$_{2N}$－48MS | FX$_{2N}$－48MT | FX$_{2N}$－48MR－D | FX$_{2N}$－48MT－D | FX$_{2N}$－48MR－UA1/UL |
| 64 | 32 | 32 | FX$_{2N}$－64MR | FX$_{2N}$－64MS | FX$_{2N}$－64MT | FX$_{2N}$－64MR－D | FX$_{2N}$－64MT－D | FX$_{2N}$－64MR－UA1/UL |
| 80 | 40 | 40 | FX$_{2N}$－80MR | FX$_{2N}$－80MS | FX$_{2N}$－80MT | FX$_{2N}$－80MR－D | FX$_{2N}$－80MT－D | — |
| 128 | 64 | 64 | FX$_{2N}$－128MR | — | FX$_{2N}$－128MT | — | — | — |

### (三)输入输出扩展单元

由于基本单元输入输出总点数有限，工程实践过程中，可能会出现点数不够或 I/O 点损坏需要更换的情况。三菱 PLC 专门推出了输入输出扩展模块，见表 6－3－2 所列。

表 6-3-2　FX2N 系列输入输出扩展模块

| 输入输出合计点数 | 输入点数 | 输出点数 | 继电器输出 | 输入 | 晶体管输出 | 可控硅输出 | 输入信号电压 |
|---|---|---|---|---|---|---|---|
| 8(16) | 4(8) | 4(8) | FX$_{0N}$-8ER<br>FX$_{2N}$-8ER | | — | — | DC24V |
| 8 | 8 | 0 | — | FX$_{0N}$-8EX<br>FX$_{2N}$-8EX | — | — | DC24V |
| 8 | 8 | 0 | — | FX$_{0N}$-8EX-UA1/UL<br>FX$_{2N}$-8EX-UA1/UL | — | — | AC100V |
| 8 | 0 | 8 | FX$_{0N}$-8EYR<br>FX$_{2N}$-8EYR | — | FX$_{0N}$-8EYT<br>FX$_{2N}$-8EYT<br>FX$_{0N}$-8EYT-H<br>FX$_{2N}$-8EYT-H | — | — |
| 16 | 16 | 0 | — | FX$_{0N}$-16EX | — | — | DC24V |
| 16 | 0 | 16 | FX$_{0N}$-16EYR | — | FX$_{0N}$-16EYT | — | — |
| 16 | 16 | 0 | — | FX$_{2N}$-16EX | — | — | DC24V |
| 16 | 0 | 16 | FX$_{2N}$-16EYR | — | FX$_{2N}$-16EYT | FX$_{2N}$-16EYS | — |
| 16 | 16 | 0 | — | FX$_{2N}$-16EX-C | — | — | DC24V |
| 16 | 16 | 0 | — | FX$_{2N}$-16EXL-C | — | — | DC5V |
| 16 | 16 | 0 | — | — | FX$_{2N}$-16EYT-C | — | — |

(四)特殊模块

目前 FX 系列 PLC 功能较为齐全,不仅包括 I/O 开关量的逻辑控制,而且还包括模拟量、通信、定位等监测和控制,为了满足这些参数的监测和控制,三菱公司推出了一系列功能控制板及特殊模块,见表 6-3-3 所列。

表 6-3-3　FX2N 系列特殊模块

| 区　分 | 型号 | 名称 | 占用点数 | | | 消耗电流 | |
|---|---|---|---|---|---|---|---|
| | | | 输入 | | 输出 | DC5V | DC24V |
| 功能扩展板 | FX$_{2N}$-8AV-BD | 电位器扩展板(8 点) | — | 20mA | — | | |
| | FX$_{2N}$-422-BD | RS-422 通信扩展板 | — | 60mA | — | | |
| | FX$_{2N}$-485-BD | RS-485 通信扩展板 | — | 60mA | — | | |
| | FX$_{2N}$-232-BD | RS-232C 通信扩展板 | — | 20mA | — | | |
| | FX$_{2N}$-CNV-BD | 连接通讯适配器用的板卡 | — | — | — | | |

（续表）

| 区　分 | 型号 | 名称 | 占用点数 | | | 消耗电流 | |
|---|---|---|---|---|---|---|---|
| | | | 输入 | | 输出 | DC5V | DC24V |
| 特殊模块 | FX$_{0N}$-3A | 2 通道模拟量输入、1 通道模拟量输出 | — | 8 | — | 30mA | 90mA*1 |
| | FX$_{0N}$-16NT | M-NET/MINI 用(绞线) | 8 | | 8 | 20mA | 60mA |
| | FX$_{2N}$-2AD | 2 通道模拟量输入 | — | 8 | — | 20mA | 50mA*1 |
| | FX$_{2N}$-2DA | 2 通道模拟量输出 | — | 8 | — | 20mA | 85mA*1 |
| | FX$_{2N}$-2LC | 2 通道温度控制模块 | — | 8 | — | 70mA | 55mA |
| | FX$_{2N}$-4AD | 4 通道模拟量输入 | — | 8 | — | 30mA | 55mA |
| | FX$_{2N}$-4DA | 4 通道模拟量输出 | — | 8 | — | 30mA | 200mA |
| | FX$_{2N}$-4AD-PT | 4 通道温度传感器用的输入(PT-100) | — | 8 | — | 30mA | 50mA |
| | FX$_{2N}$-4AD-TC | 4 通道温度传感器用的输入(热电偶) | — | 8 | — | 40mA | 60mA |
| | FX$_{2N}$-5A | 4 通道模拟量输入、1 通道模拟量输出 | — | 8 | — | 70mA | 90mA |
| | FX$_{2N}$-8AD | 8 通道模拟量输入模块 | — | 8 | — | 50mA | 80mA |
| | FX$_{2N}$-1HC | 50kHz 2 相高速计数模拟 | — | 8 | — | 90mA | — |
| | FX$_{2N}$-1PG | 100kHz 脉冲输出模块 | — | 8 | — | 55mA | 40mA |
| | FX$_{2N}$-10PG | 1MHz 脉冲输出模块 | — | 8 | — | 120mA | 70mA*2 |
| | FX$_{2N}$-232IF | RS-232C 通信模块 | — | 8 | — | 40mA | 80mA |
| | FX$_{2N}$-1DIF | ID 接口 | 8 | 8 | 8 | 60mA | 80mA |
| | FX$_{2N}$-16CCL-M | CC-Link 用主站模块 | — | *3 | — | — | 150mA |
| | FX$_{2N}$-32CCL | CC-Link 接口模块 | — | 8 | — | 130mA | 50mA |
| | FX$_{2N}$-64CL-M | CC-Link/LT 用主站模块 | | *4 | | 190mA | 25mA*5 |
| | FX$_{2N}$-16LNK-M | MELSEC-I/O LINK 主站模块 | | *6 | | 200mA | 90mA*7 |
| | FX$_{2N}$-32ASI-M | AS-i 主站模块 | — | *8 | — | 150mA | 70mA*9 |
| 特殊单元 | FX$_{2N}$-10GM | 1 轴用定位单元 | — | 8 | — | — | 5W |
| | FX$_{2N}$-20GM | 2 轴用定位单元 | — | 8 | — | — | 10W |
| | FX$_{2N}$-1RM-SET | 旋转角度检测单元 | — | 8 | — | — | 5W |

（续表）

| 区　分 | 型号 | 名称 | 占用点数 | | | 消耗电流 | |
|---|---|---|---|---|---|---|---|
| | | | 输入 | | 输出 | DC5V | DC24V |
| 特殊适配器 | $FX_{0N}$-485ADP | RS-485 通信适配器 | — | — | — | 30mA | |
| | $FX_{2NC}$-485ADP | RS-485 通信适配器 | — | — | — | 150mA | |
| | $FX_{0N}$-232ADP | RS-232C 通信适配器 | — | — | — | 200mA | |
| | $FX_{2NC}$-232ADP | RS-232C 通信适配器 | — | — | — | 100mA | |

思政拓展阅读

# 实训任务四　三菱 FX 系列 PLC 内部软元件

## 学习目标

了解及掌握可编程控制器的内部软元件。

## 工作任务

PLC 是将继电器-接触器控制系统逻辑关系通过软件编程形式呈现，PLC 内部具备类似于继电器、接触器的元件，称之为软元件，实际是 PLC 内部电子电路，主要包括输入继电器 X、输出继电器 Y、辅助继电器 M、状态继电器 S、定时器 T、计数器 C、数据寄存器 D、指针(P、I)等。

## 任务实施

如图 6-4-1 所示为 FX 系列软元件图。

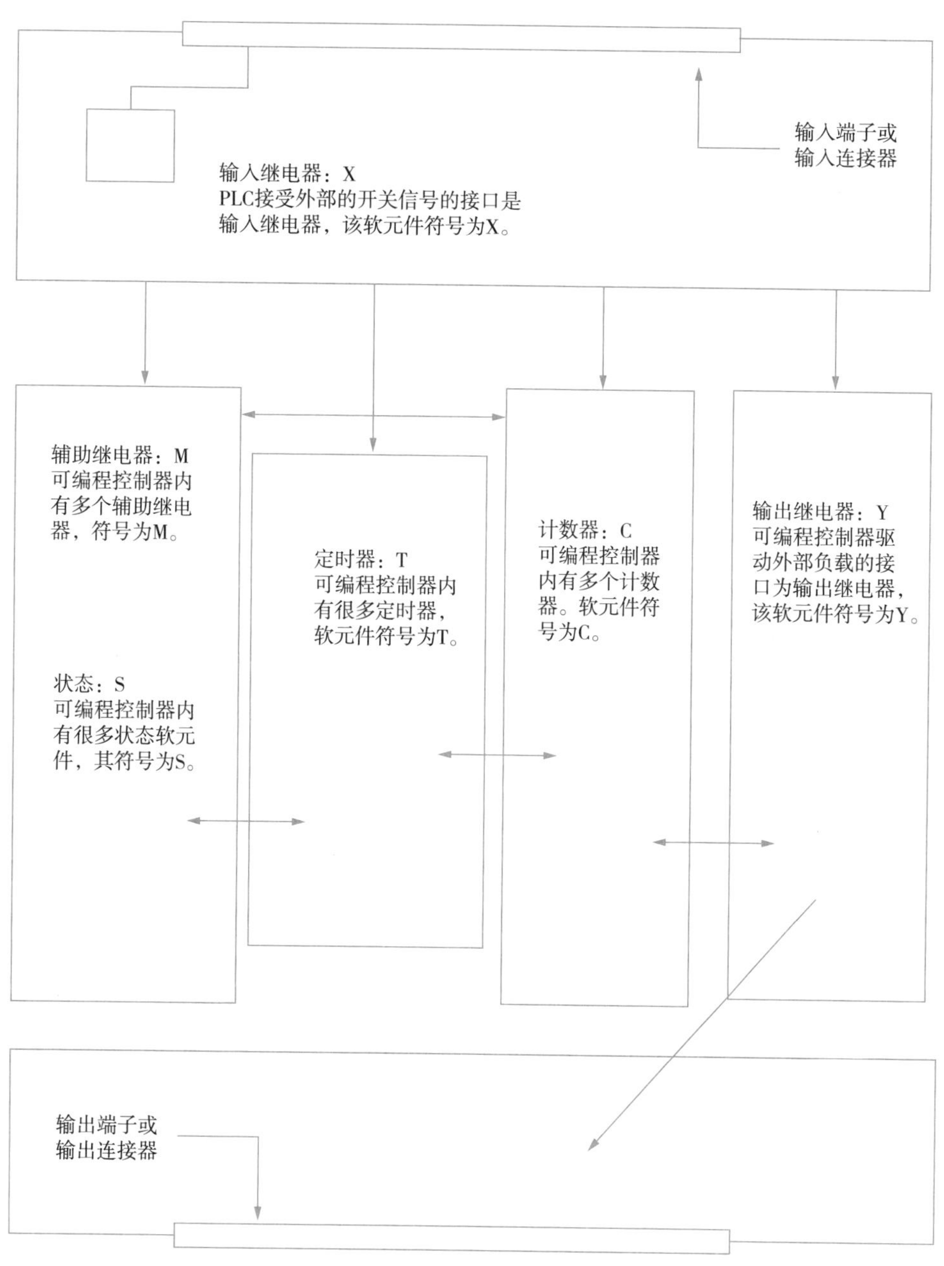


图 6-4-1　FX 系列软元件图

## 一、输入继电器(X)

输入继电器主要是由外部输入信号驱动，每一个外部输入信号对应一个输入继电器，FX 系列 PLC 输入继电器命名方式采用八进制进行编号，X000 - X007 和 X010 - X017，FX2N 输入继电器线圈的编号范围为 X000 - X267，虽然输入继电器受 PLC 硬件影响，数量有限，但是程序中输入继电器触点使用次数不受限制。

## 二、输出继电器(Y)

输出继电器与PLC输出接口连接，当输入继电器线圈输入后，经过PLC进行数据处理，输出至输出继电器线圈，对应结构受控元件动作，FX系列PLC输出继电器也采用八进制的命名方式，如Y000～Y007；Y010～Y017等，同样受PLC硬件约束，输出点数量有限，FX2N输出继电器的编号范围为Y000～Y267。输出继电器对应的常开触点和常闭触点使用次数不受限制。

表6-4-1　FX系列PLC输入输出继电器

| | | | | | | | | |
|---|---|---|---|---|---|---|---|---|
| FX2N | 型号 | FX2N-16M | FX2N-32M | FX2N-48M | FX2N-64M | FX2N-80M | FX2N-128M | 扩展时 |
| | 输入 | X000～X007 | X000～X017 | X000～X027 | X000～X037 | X000～X047 | X000～X077 | X000～X267 |
| | 输出 | Y000～Y007 | Y000～Y017 | Y000～Y027 | Y000～Y037 | Y000～Y047 | Y000～Y077 | Y000～Y267 |
| FX3U | 型号 | FX3U-16M | FX3U-32M | FX3U-48M | FX3U-64M | FX3U-80M | FX3U-128M | 扩展时 |
| | 输入 | X000～X007 | X000～X017 | X000～X027 | X000～X037 | X000～X047 | X000～X077 | X000～X367 |
| | 输出 | Y000～Y007 | Y000～Y017 | Y000～Y027 | Y000～Y037 | Y000～Y047 | Y000～Y077 | Y000～Y367 |

## 三、辅助继电器(M)

PLC内部有很多辅助继电器，它的作用和中间继电器类似，也是由线圈和触点组成，常开、常闭触点可以在梯形图中无限使用，但是触点不能直接控制外部负载，外部负载必须是由输出继电器驱动。与输入输出继电器命名方式不同，辅助继电器采用的是十进制方法进行编号。

辅助继电器又分为一般用辅助继电器、停电保持用继电器、特殊用继电器。辅助继电器又分为一般用辅助继电器、停电保持用继电器、特殊用继电器。FX系列PLC辅助继电器见表6-4-2所列。

表6-4-2　FX系列PLC辅助继电器

| 型号 | 一般用 | 断电保持用 | 断电保持专用 | 特殊用 |
|---|---|---|---|---|
| FX2N | M0～M499 | M500～M1023 | M1024～M3071 | M8000～M8255 |
| FX3U | M0～M499 | M500～M1023 | M1024～M7679 | M8000～M8511 |

一般用辅助继电器(图6-4-2)是指在PLC断电后，所有辅助继电器线圈都为OFF状态。当再次接通电源后，除输入条件使其变成ON以外，其余依旧保持OFF状态，这一类辅助继电器没有断电保持的功能。

断电保持用继电器，与一般用辅助继电器不同，断电保持用继电器可以在断电重启后保持断电前的状态，这是通过PLC的内置电池是软元件停电保持，因为此类继电器具有断电保持功能，在使用时需要在程序开头用 RST/ZRST 指令进行状态复位(图 6-4-3)。

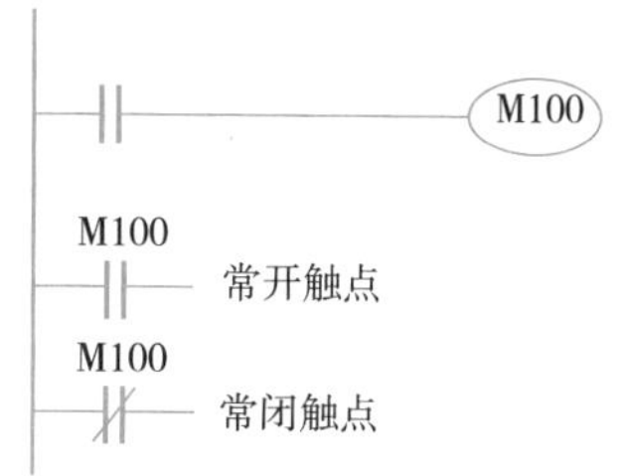

图 6-4-2　一般用辅助继电器

当左限位开关闭合，X000 为 ON，电动机向右驱动，这时工作台突然断电，工作台停止工作，再次启动，电机依旧向右运动，碰到右限位开关，右驱动停止，左驱动启动，向左运动中，工作台停电，电机停止，当再次启动，电机依旧向左运动，直至触碰到左限位开关，工作台一直往返运动。

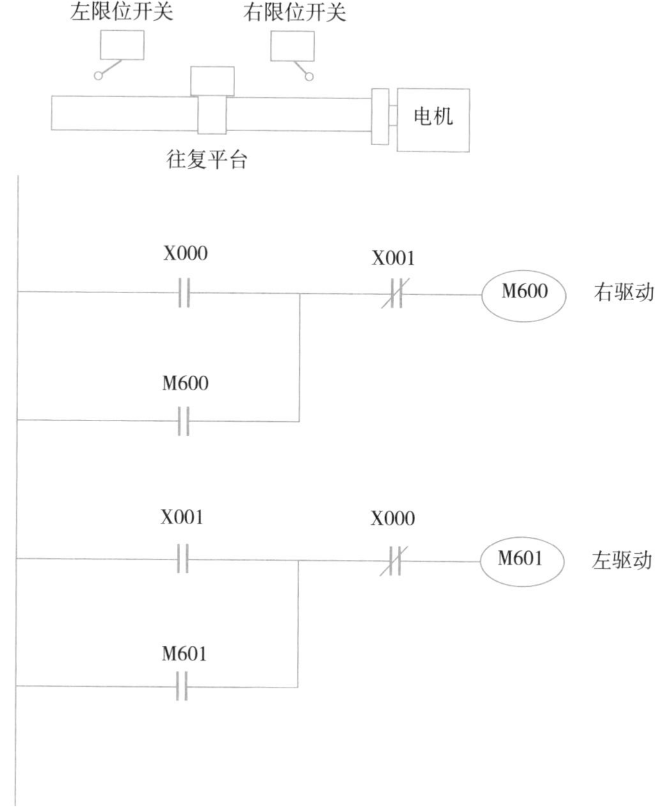

图 6-4-3　断电保持用继电器梯形图

特殊用继电器，PLC 的辅助继电器除去一般用及断电保持用的继电器，还有大量的特殊辅助继电器，主要分为触点利用型特殊辅助继电器和线圈驱动型特殊辅助继电器。

## (一)触点利用型特殊继电器

### 1. RUN 监控继电器

(1)M8000：RUN 监控，当 PLC 处于 RUN 时，此线圈一直得电。

(2)M8001：RUN 监控，与 M8000 状态相反，当 PLC 处于 RUN 时，此线圈一直失电。

2. 初始脉冲继电器(图 6-4-5)

(1)M8002:PLC 运行第一个扫描周期得电。

(2)M8003:PLC 运行第一个扫描周期失电。

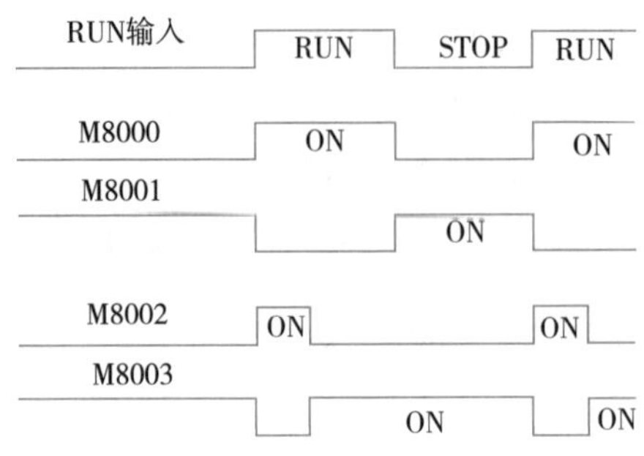


图 6-4-5 触点动作时序

3. 报错继电器

(1)M8004:当 PLC 有错误时,该线圈得电;

(2)M8005:当 PLC 备份用的电池电量过低时,该线圈得电;

(3)M8061:PLC 硬件出错,出错代码 D8061;

(4)M8064:参数出错,出错代码 D8064;

(5)M8065:语法出错,出错代码 D8065;

(6)M8066:电路出错,出错代码 D8066;

(7)M8067:运算出错,出错代码 D8067;

(8)M8068:当线圈得电,锁存错误运算结果。

4. 时钟继电器(图 6-4-6)

(1)M8011:产生周期为 10ms 脉冲;

(2)M8012:产生周期为 100ms 脉冲;

(3)M8013:产生周期为 1s 脉冲;

(4)M8014:产生周期为 1min 脉冲。

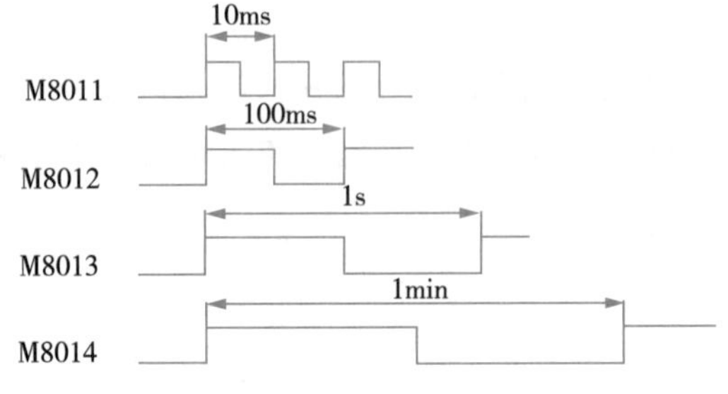


图 6-4-6 时钟继电器时序图

(二)线圈驱动型特殊辅助继电器

(1)M8031:非保持型继电器、寄存器状态清除;

(2)M8032:保持型继电器、寄存器状态清除;

(3)M8033:存储器保持停止指令,当启动 M8033 线圈后,PLC 状态由 RUN 变为 STOP,RUN 时的输出状态还能保持原样;

(4)M8034:禁止所有输出指令,通过清除输出内存,使所有输出继电器触点置 OFF;

(5)M8035:强制运行模式;

(6)M8036:强制运行;

(7)M8037:强制停止。

## 四、状态继电器(S)

状态继电器 S 是对工序步进形式的控制进行简易编程所需的重要软元件,需要与步进梯形图指令 STL 组合使用。如图 6-4-7 所示是工序步进控制程序,程序还是对程序进行初始化,然后启动信号 X000 为 ON,状态 S20 被置位,下降电磁阀 Y000 工作,当触碰到下限限位开关后状态 S21 被置位加紧电磁阀 Y001 工作,当检测到加紧完成后,X002 为 ON,状态 S22 被置位,上升电磁阀 Y002 工作。

S2　初始状态
启动X000
S20　下降Y000
下限X001
S21　夹紧Y001
夹紧X002
S22　上升Y002
上限X003

图 6-4-7　工序步进控制程序

FX2N 的状态继电器主要分为五种类型:

(1)初始化用状态继电器 S0～S9,共 10 个,用于状态转移图初始状态;

(2)原点回归用状态继电器 S10～S19,共 10 个;

(3)一般用状态继电器 S20～S499;

(4)断电保持用状态继电器 S500～S899;

(5)报警器用状态继电器 S900～S999。

## 五、定时器(T)

定时器(T),在 PLC 中的作用相当于时间继电器,主要是用于程序中的时间控制,定时器分为一般用的定时器和累积型定时器,当定时器线圈得电后,时间开始从 0 计数,根据目标时间和当前计数时间比较,若达到目标时间则定时器触点动作。

(一)定时器时间设置

1. 常数指定方法

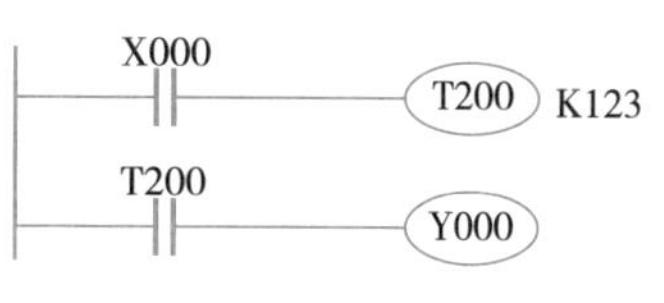


图 6-4-8　常数指定法

如图 6-4-8 所示,当 X000 为 ON 时,将十进制整数 K123 赋予定时器 T200 的时间寄存器内,同时启动 T200。当 T200 达到数据寄存器数值时，T200 线圈得电，T200 常开触点闭合，Y000 输出。

2. 间接指定法

将计时数值预先写入数据寄存器中，当触发条件后进行计时，如图 6－4－9 所示为预先通过输入继电器 X001 为 ON，将十进制整数 K100 赋予数据寄存器 D5 中，当 X003 为 ON 时，定时器 T10 开始计时。

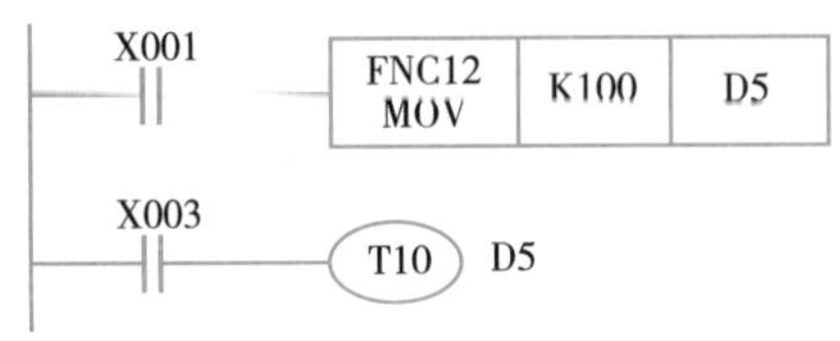


图 6－4－9　间接指定法

(二)定时器的分类

1. 一般用的定时器

一般用的定时器不具备断电保持功能，当 PLC 断电后，定时器自动进行复位，程序开启从 0 重新计时。主要有 10 ms 和 100 ms 两种。

(1)100ms 定时器编号范围为 T0～T199，共 200 个，其中 T192～T199 为子程序程序使用的定时器。定时器 100 ms 时钟脉冲累积计数，定时范围为 0.1 s～3276.7 s。

(2)10ms 定时器编号范围为 T200～T245，共 46 个，定时器 10 ms 时钟脉冲累积计数，定时范围为 0.01 s～327.67 s。

一般用的定时器动作过程如图 6－4－10 所示。

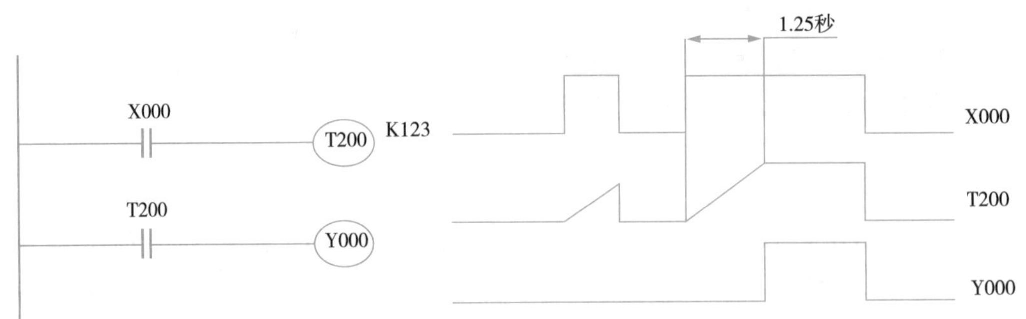


图 6－4－10　一般用的定时器动作过程

如图 6－4－10 所示，T200 为 10 ms 时钟脉冲计时器，累积数值为 123，计时时间为 123×0.01＝1.23 s，当 X000 为 ON 时，T200 定时器得电计时，当累积时间达到 1.23 s 后，T200 触点闭合，输出继电器 Y000 线圈得电。当 X000 为 OFF 时，定时器复位，等待下一次 X000 为 ON 时。

### 2. 累积型定时器

累积型定时器具有断电保持功能。当计时过程中 PLC 断电或者定时器线圈为 OFF 状态,累积型定时器可以将目前的计时值保持,当通电或者定时器线圈重新为 ON 时,定时器从断电处计时,而不是从 0 重新计时,FX2N 系列累积型定时器有 1ms 和 100ms 两种。

(1)1ms 累积型定时器编号范围为 T246～T249,共 4 个,定时器为 1 ms 时钟脉冲累积计数,定时范围为 0.001～32.767 s。

(2)100ms 累积型定时器编号范围为 T250～T255,共 6 个。定时器为 100 ms 时钟脉冲累积计数,定时范围为 0.1～3276.7 s。

如图 6－4－11 所示,是累积型定时器的动作过程,当第一次 X001 为 ON 时,K345 赋予定时器 T250,定时器线圈得电,定时器开始计时,这时 X001 断开,定时器计时停止,当 X001 重新为 ON 时,定时器 T250 重新计时,此时计时并不是从零开始,而是从停止处开始,当累积到时间后,T250 触点闭合,输出继电器 Y001 得电,这时 T250 一直保持。当 X002 为 ON 时,T250 被复位(RST)。

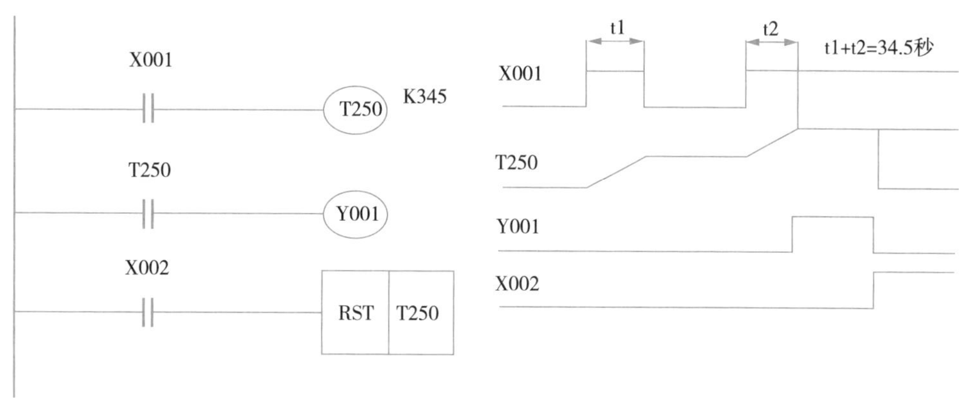


图 6－4－11　累积型定时器的动作过程

## 六、计数器(C)

计数器(C)是主要是程序中用于计数控制的一种软元件,可以对 X/Y/M/S/T 和 C 等软元件信号进行计数,当计数当前值达到目标值后,计数器线圈得电。FX2N 计数器主要分为 16 位顺计数器和 32 位顺/倒计数器,主要特点见表 6－4－3 所列。

表 6－4－3　计数器特点

| 项　目 | 16 位计数器 | 32 位计数器 |
|---|---|---|
| 计数方向 | 顺数 | 顺倒可切换使用 |
| 设定值 | 1～32,767 | －2,147,483～＋2,147,483,647 |
| 指定的设定值 | 常数 K 或数据寄存器 | 同左但是数据寄存器要一对(2 个) |

（续表）

| 项　目 | 16 位计数器 | 32 位计数器 |
| --- | --- | --- |
| 当前值的变化 | 顺数后不变化 | 顺数后变化（循环计数器） |
| 输出接点 | 顺数后保持动作 | 顺数保持动作，倒数复位 |
| 复位动作 | 执行 RST 命令时，计数器的当前值为零，输出接点复位 | |
| 当前值寄存器 | 16 位 | 32 位 |

（一）计数器的分类

1. 增计数器

计数器命名方式采用的是十进制的编号方法，FX2N 系列增计数器全部为 16 位计数器，计数设定范围为 1～32767，根据是否断电保持分为一般用的计数器和断电保持用的计数器，一般用的计数器编号为 C0～C99 共 100 个，此计数器不具备保持功能，当 PLC 断电后，计数器复位，重启后重新从零计数。断电保持用的计数器主要编号为 C100～C199，共 100 个，此计数器当断电后计数保持停止时数值，待通电后从停止处计时。

如图 6-4-12 所示，当 X010 接通瞬间，增计数器 C0 复位（RST），X011 每出现一次上升沿，计数器 C0 进行一次计数，C0 的设定值为 10，当 C0 计数到 10 时，线圈得电，常开触点闭合，输出继电器 Y000 接通，这时 X011 出现上升沿也不计数，当 X010 出现上升沿 C0 复位，C0 线圈失电，Y000 断开。

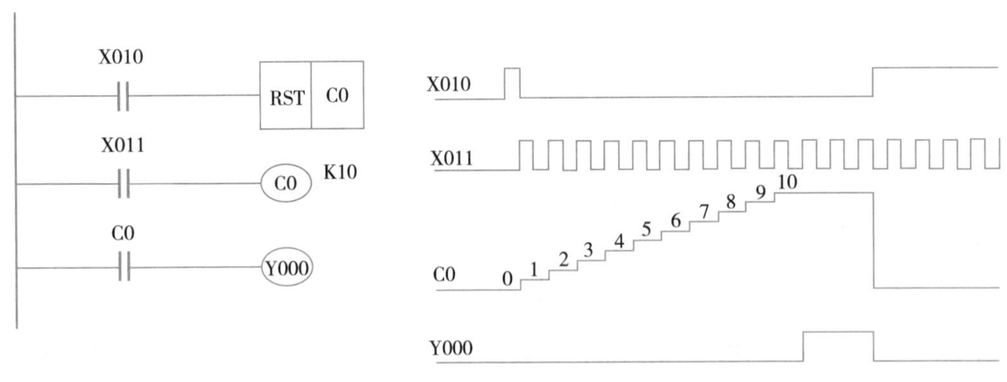


图 6-4-12　增计数器

2. 双向计数器

FX2N 双向计数器主要是 32 位计数器，也分为一般用的计数器和断电保持用的计数器，一般用的计数器编号范围为 C200～C219，共计 20 个，断电保持用计数器编号范围为 C220～C234，共计 15 个，此计数器可以实现增/减双向计数，设定值的范围为 −2147483648～+2147483647。双向计数器是增计数还减计数，是通过特殊辅助继电器来实现的，见表 6-4-4

所列,当特殊辅助计数器被置为 ON 时,对应的计数器为减计数;反之,为增计数。

表 6-4-4　双向计数器增/减切换对应辅助继电器

| 计数器 NO | 方向切换 | 计数器 NO | 方向切换 | 计数器 NO | 方向切换 | 计数器 NO | 方向切换 |
|---|---|---|---|---|---|---|---|
| C200 | M8200 | C209 | M8209 | C218 | M8218 | C226 | M8226 |
| C201 | M8201 | C210 | M8210 | C219 | M8219 | C227 | M8227 |
| C202 | M8202 | C211 | M8211 | — | — | C228 | M8228 |
| C203 | M8203 | C212 | M8212 | C220 | M8220 | C229 | M8229 |
| C204 | M8204 | C213 | M8213 | C221 | M8221 | C230 | M8230 |
| C205 | M8205 | C214 | M8214 | C222 | M8222 | C231 | M8231 |
| C206 | M8206 | C215 | M8215 | C223 | M8223 | C232 | M8232 |
| C207 | M8207 | C216 | M8216 | C224 | M8224 | C233 | M8233 |
| C208 | M8208 | C217 | M8217 | C225 | M8225 | C234 | M8234 |

如图 6-4-13 所示,X012 负责辅助继电器 M8200 线圈通断,决定 C200 计数器的计数方向,X013 接通,则 C200 复位,X014 每次上升沿都会使 C200 计数器计数一次,设定值为-5,当计数器 C200 达到目标值-5 时,计数器线圈得电,触点闭合,输出继电器 Y001 得电。

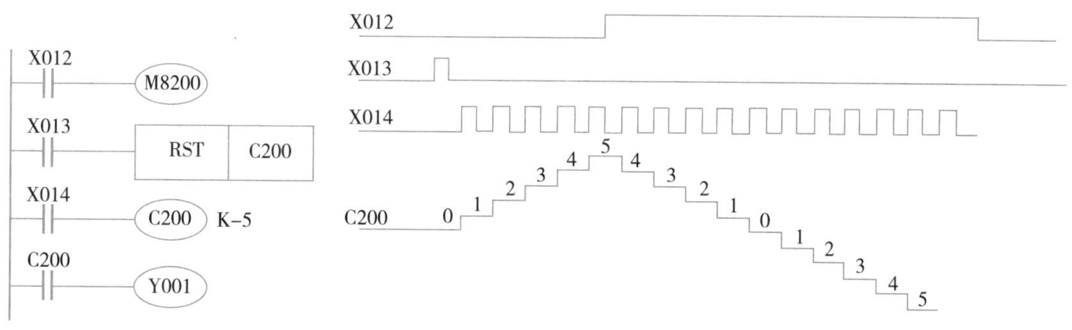


图 6-4-13　计数器梯形图

### 3. 高速计数器

高速计数器是 32 位增减双向计数器,是采用中断方式对特定的输入进行计数,与 PLC 的扫描周期无关,高速计数器编号范围为 C235～C255,共 21 个,具有断电保持功能,高速计数器输入的端口一般为 X000～X007。输入继电器端口被一个高速计数器占用,不用再被其他计数器使用,同时不能再作为普通输入继电器使用。

根据增减计数切换的方式不同,见表 6-4-5 所列,分为三种类型。

表 6-4-5　高速计数器三种类型：

| 项　目 | 单相单计数输入 | 单相双计数输入 | 双相双计数输入 |
|---|---|---|---|
| 计数方向的指定方法 | 根据 M8235～M8245 的启动与否，C235～C245 作增/减计数 | 对应于增计数输入或减计数输入的动作，计时器自动地增/减计数。 | A 相输入处于 ON 同时，B 相输入处于 OFF→ON 时增计数器动作，ON→OFF 时减计数器动作。 |
| 计数方向监控 | — | 通过监控 M8246－M8255，可以知道增（OFF）减（ON）的情况 | |

(1)单相单计数输入高速计数器

这一类计数器的主要编号范围是 C235～C245，与 32 位增减双向计数器类似，可以进行增计数和减计数，计数方式主要是看特殊辅助继电器 M8235－M8245 的状态。表 6-4-6 为单相单计数高速计数器增/减切换软元件

表 6-4-6　单相单计数高速计数器增/减切换软元件

| 种　类 | 计数器编号 | 指定用软元件 | 增计数 | 减计数 |
|---|---|---|---|---|
| 单相单计数的输入 | C235 | M8235 | OFF | ON |
| | C236 | M8236 | | |
| | C237 | M8237 | | |
| | C238 | M8238 | | |
| | C239 | M8239 | | |
| | C240 | M8240 | | |
| | C241 | M8241 | | |
| | C242 | M8242 | | |
| | C243 | M8243 | | |
| | C244 | M8244 | | |
| | C245 | M8245 | | |

(2)单相双计数输入高速计数器

单相双计数输入高速计数器编号范围为 C246～C250，特殊辅助继电器 M8246～M8250 的 ON/OFF 可监控对应的高速继电器增减动作。

如图 6-4-14 所示 X011 接通使 C249 复位，当 X012 接通时，输入 X006 接通后计数器 C249 开始计数，增计数输入 X000，减计数输入为 X001。X002 输入为 ON 同样可以使 C249 复位。表 6-4-7 为高速计数器对应的输入端子。

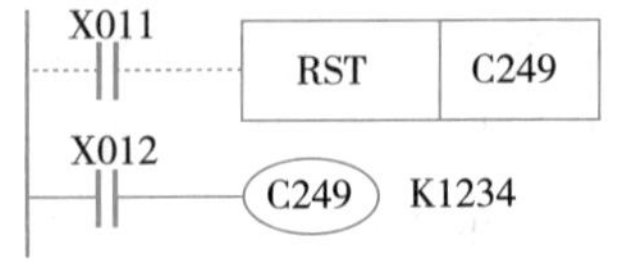

图 6-4-14　单相双计数输入高速计数器梯形图

表 6-4-7 高速计数器对应的输入端子

| | 计数器编号 | 输入端子的分配 | | | | | | | |
|---|---|---|---|---|---|---|---|---|---|
| | | X000 | X001 | X002 | X003 | X004 | X005 | X006 | X007 |
| 单相单计数的输入 | C235 | U/D | | | | | | | |
| | C236 | | U/D | | | | | | |
| | C237 | | | U/D | | | | | |
| | C238 | | | | U/D | | | | |
| | C239 | | | | | U/D | | | |
| | C240 | | | | | | U/D | | |
| | C241 | U/D | R | | | | | | |
| | C242 | | | U/D | R | | | | |
| | C243 | | | | | U/D | R | | |
| | C244 | U/D | R | | | | | S | |
| | C245 | | | U/D | R | | | | S |
| 单相双计数的输入 | C246 | U | D | | | | | | |
| | C247 | U | D | R | | | | | |
| | C248 | | | | U | D | R | | |
| | C248(OP) | | | | U | D | | | |
| | C249 | U | D | R | | | | S | |
| | C250 | | | | U | D | R | | S |
| 双相双计数的输入 | C251 | A | B | | | | | | |
| | C252 | A | B | R | | | | | |
| | C253 | | | | A | B | R | | |
| | C253(OP) | | | | A | B | | | |
| | C254 | A | B | R | | | | S | |
| | C254(OP) | | | | | | | A | B |
| | C255 | | | | A | B | R | | S |

表 6-4-7 中 U 为增计数输入，D 为减计数输入，A 为 A 相输入，B 为 B 相输入，R 为外部复位输入，S 为外部启动输入。

(3)双相双计数输入

双向双计数高速计数器编码范围为C251～C255,其中A相和B相决定计数器的计数方向。

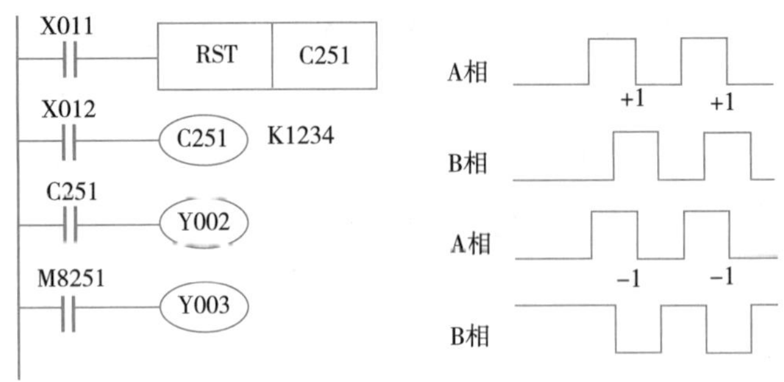


图6-4-15 双相双计数高速计数器

如图6-4-15所示,当X011接通时高速计数器C251复位,当X012接通时通过中断对A相(X000)和B相(X001)进行计数,A相为ON,B相上升沿为增计数,下降沿为减计数,当达到计数目标值后C251线圈得电,输出继电器Y002输出,同时通过特殊辅助继电器M8251监视高速计数器的计数状态。

## 七、数据寄存器(D)

数据寄存器是存储数值数据的软元件,编号方式采用的是十进制,数据寄存器可存储16位(双字节),最高位是符号位,两个数据寄存器组合可存储32位(4字节),FX2N的数据寄存器主要分为三种类型。

### (一)一般用数据寄存器

一般用数据寄存器不具备断电保护功能,范围为D0～D199,共200个。已经在里面的数值如果不被其他数值覆盖,内部数据保持不变,当PLC从RUN改为STOP时,同时特殊辅助继电器M8033为OFF,则数据清零,若M8033为ON,则具备断电保护功能。

### (二)断电保护用寄存器

断电保护用寄存器在PLC断电重启后内部数值保持不变,范围为D200～D7999,其中D200～D511为停电保持用,可以通过参数设置改变为一般用数据寄存器。

### (三)特殊用数据寄存器

特殊用数据寄存器在上电后内部已经写入了数值,如电池电压等数值,用户不能进行修改。主要范围为D8000～D8255。

## 八、指针(P/I)

指针主要作用是指示分支指令的跳转目标和中断程序的入口标志,PLC指针根据功能可以分为分支用指针和中断用指针。

(一)分支用指针(P)

分支用指针(图 6－4－16)包括 P0～P62、P64～P127 和结束跳转用的 P63,共 128 点。指针主要用来指示跳转指令(CJ)的跳转目标和子程序跳转(CALL)。

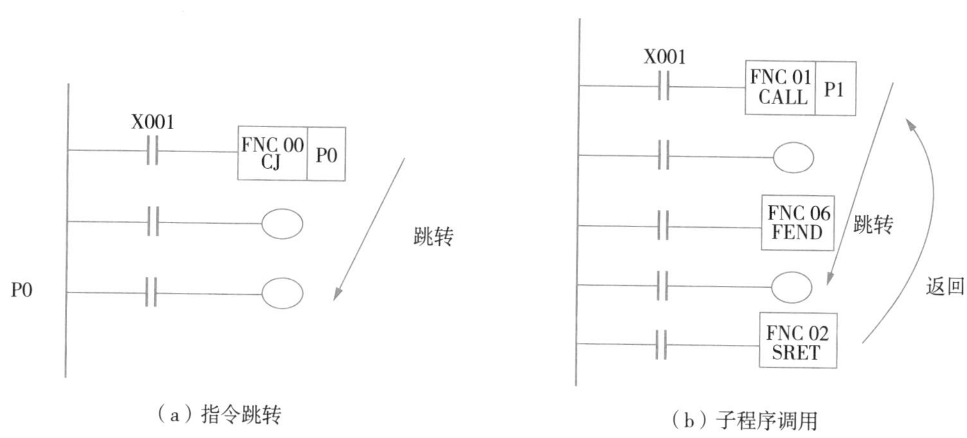


图 6－4－16　分支用指针

如图 6－4－16 所示(a)图为指令跳转,当 X001 接通后 FNC00(CJ)跳转到指定标志位置,然后执行程序,图(b)如果 X001 为 ON,则执行 FNC01(CALL)跳转到指定标志的子程序,通过指令 FNC02(SRET)返回到原位置。

(二)中断用指针(I)

中断用的指针为 I●●●,共 15 点,主要作用是指出中断源的中断程序入口标志(表 6－4－8)。与应用指令 FNC03(IRET)中断返回,FNC04(EI)开中断和 FNC05(DI)关中断一起使用。

表 6－4－8　指令编号分配表

| | 分支用 | 结束跳转用 | 插入输入用 | 插入计数用 | 计数器中断用 |
|---|---|---|---|---|---|
| FX2N<br>FX2NC<br>系列 | P0－P62<br>P64－P127<br>127 点 | P63<br>1 点 | I00●(X000)<br>I10●(X001)<br>I20●(X002)<br>I30●(X003)<br>I40●(X004)<br>I50●(X005)<br>6 点 | 16●●<br>17●●<br>18●●<br>3 点 | IO10 I040<br>I020 I050<br>I030 I060<br>6 点 |

# 实训任务五　三菱 FX 系列 PLC 基本指令

了解及掌握三菱 FX 系列 PLC 的基本指令。

PLC 的基本指令是用来表达触点与母线之间、触点与触点之间、触点与线圈之间连接的指令，通过本任务学习了解和掌握三菱 FX 系列 PLC 的基本指令。

## 一、LD、LDI、OUT 指令

(1)LD、LDI、OUT 指令符和功能见表 6-5-1 所列。

表 6-5-1　LD、LDI 和 OUT 指令符及功能

| 指令符 | 名　称 | 功　能 | 对象软元件 |
|---|---|---|---|
| LD | 取 | 常开触点逻辑运算 | X/Y/M/T/C/S |
| LDI | 取反 | 常闭触点逻辑运算 | X/Y/M/T/C/S |
| OUT | 输出 | 驱动线圈 | Y/M/T/C/S |

(2)指令说明

LD:为取指令，是与左母线连接的常开触点。取指令梯形图及指令表如图 6-5-1 所示。

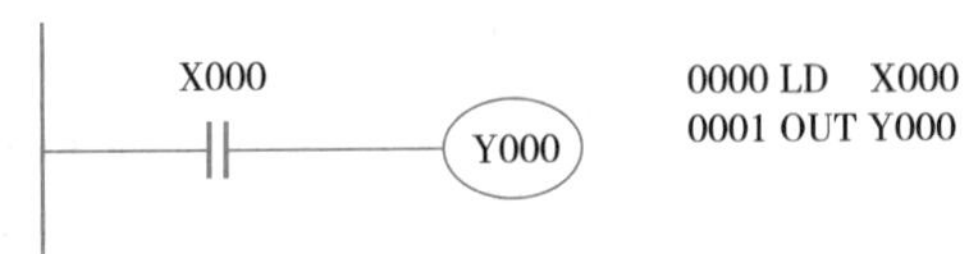


图 6-5-1　取指令梯形图及指令表

LDI:取反指令，是与左母线连接的常闭触点。取反指令梯形图及指令表如图 6-5-2 所示。

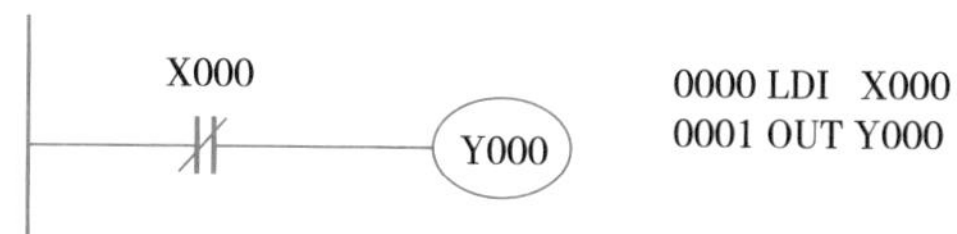


图 6-5-2　取反指令梯形图及指令表

OUT:输出指令,是与右母线连接的线圈。输出指令梯形图及指令表如图 6-5-3 所示。

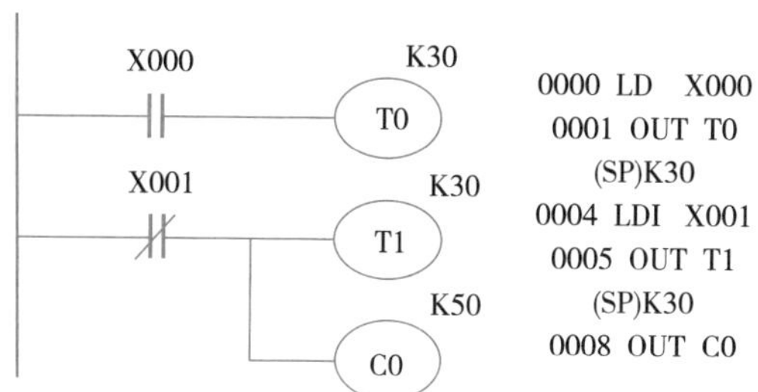


图 6-5-3　输出指令梯形图及指令表

## 二、AND、ANI 指令

(1)AND、ANI 指令符及功能表 6-5-2 所列。

表 6-5-2　AND、ANI 指令符及功能

| 指令符 | 名　称 | 功　能 | 对象软元件 |
|---|---|---|---|
| AND | 与 | 串联常开触点 | X/Y/M/T/C/S |
| ANI | 与非 | 串联常闭触点 | X/Y/M/T/C/S |

(2)指令说明

AND:与指令,串联常开触点。与指令梯形图及指令表如图 6-5-4 所示。

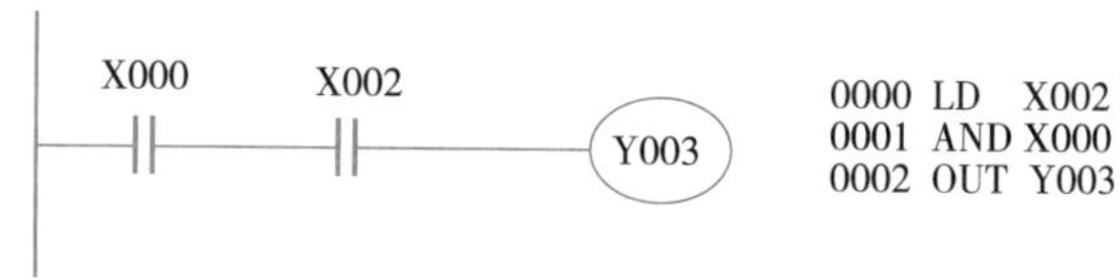


图 6-5-4　与指令梯形图及指令表

ANI:与非指令,串联常闭触点。与非指令梯形图及指令表如图 6-5-5 所示。

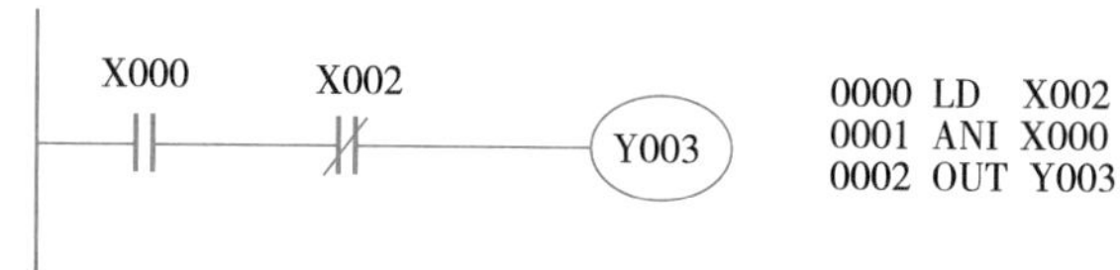


图 6-5-5　与非指令梯形图及指令表

## 三、OR、ORI 指令

(1)OR、ORI 指令符和功能见表 6-5-3 所列。

表 6-5-3　OR、ORI 指令符及功能

| 指令符 | 名　称 | 功　能 | 对象软元件 |
|---|---|---|---|
| OR | 或 | 并联常开触点 | X/Y/M/T/C/S |
| ORI | 或非 | 并联常闭触点 | X/Y/M/T/C/S |

(2)指令说明

OR:或指令,并联常开触点。或指令梯形图及指令表如图 6-5-6 所示。

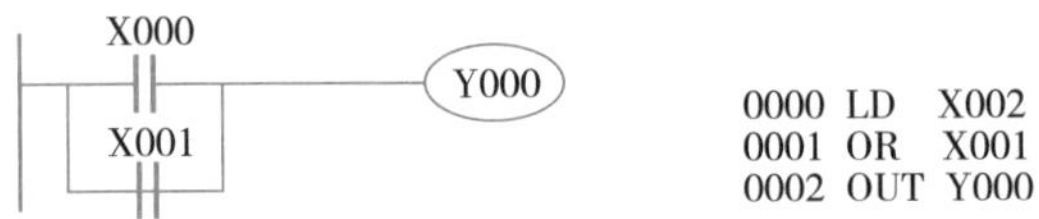
X000
Y000
X001
0000 LD X002
0001 OR X001
0002 OUT Y000

图 6-5-6　或指令梯形图及指令表

ORI:或非指令,并联常闭触点。或非指令梯形图及指令表如图 6-5-7 所示。

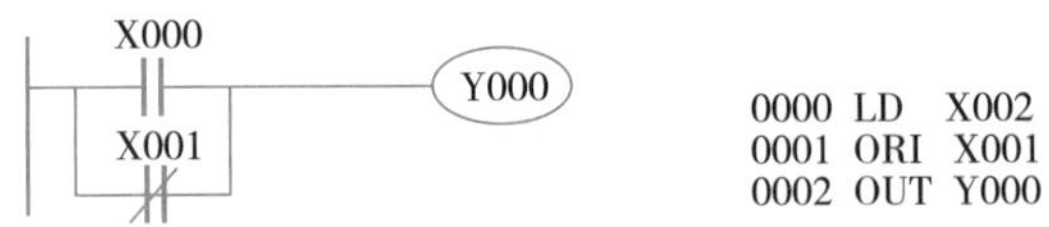
X000
Y000
X001
0000 LD X002
0001 ORI X001
0002 OUT Y000

图 6-5-7　或非指令梯形图及指令表

## 四、LDP、LDF、ANDP、ANDF、ORP、ORF 指令

(1)LDP、LDF、ANDP、ANDF、ORP、ORF 指令符和功能见表 6-5-4 所列。

表 6-5-4　LDP、LDF、ANDP、ANDF、ORP、ORF 指令符及功能

| 指令符 | 名　称 | 功　能 | 对象软元件 |
|---|---|---|---|
| LDP | 取脉冲上升沿 | 检测到上升沿逻辑运算 | X/Y/M/T/C/S |
| LDF | 取脉冲下降沿 | 检测到下降沿逻辑运算 | X/Y/M/T/C/S |
| ANDP | 与脉冲上升沿 | 检测到上升沿串联连接 | X/Y/M/T/C/S |
| ANDF | 与脉冲下降沿 | 检测到下降沿串联连接 | X/Y/M/T/C/S |
| ORP | 或脉冲上升沿 | 检测到上升沿并联连接 | X/Y/M/T/C/S |
| OPF | 或脉冲下降沿 | 检测到下降沿并联连接 | X/Y/M/T/C/S |

(2)指令说明

LDP:取脉冲上升沿指令,检测到上升沿逻辑运算。

LDF:取脉冲下降沿指令,检测到下降沿逻辑运算。

ANDP:与脉冲上升沿指令,检测到上升沿串联连接。

ANDF:与脉冲下降沿指令,检测到下降沿串联连接。

ORP:或脉冲上升沿指令,检测到上升沿并联连接。

OPF:或脉冲下降沿指令,检测到下降沿并联连接。

如图 6-5-8 所示,为 LDP、ANDP、ORP 梯形图及指令表。

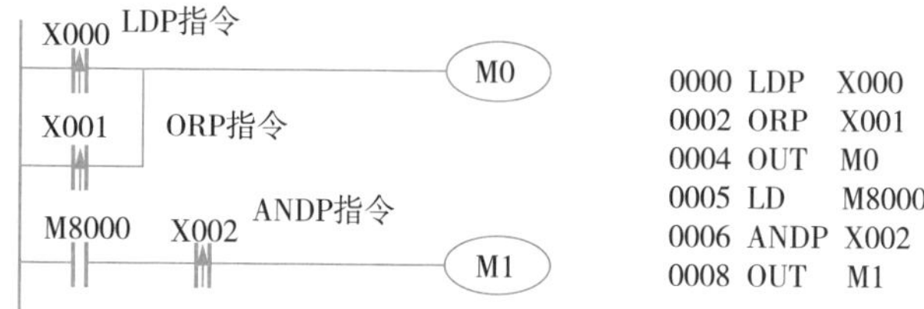


图 6-5-8　LDP、ANDP、ORP 梯形图及指令表

如图 6-5-9 所示,为 LDF、ANDF、OPF 梯形图及指令表。

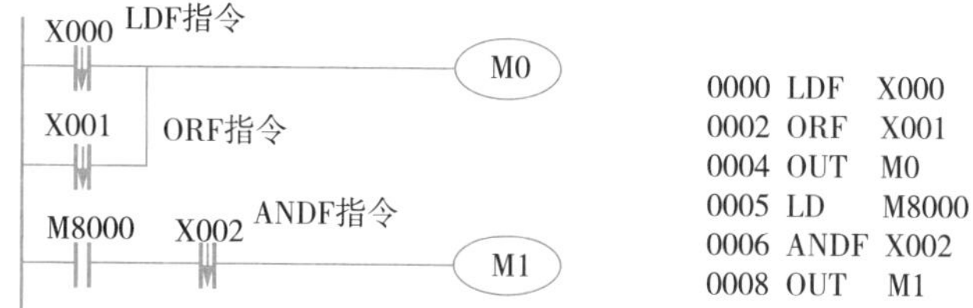


图 6-5-9　LDF、ANDF、OPF 梯形图及指令表

## 五、ORB 指令

(1)ORB 指令符及功能见表 6-5-5 所列。

表 6-5-5　ORB 指令符及功能

| 指令符 | 名　称 | 功　能 | 对象软元件 |
|---|---|---|---|
| ORB | 回路块或 | 串联回路块的并联连接 | 无 |

(2)指令说明

ORB:回路块或,串联回路块的并联连接。梯形图与指令表如图 6-5-10 所示。

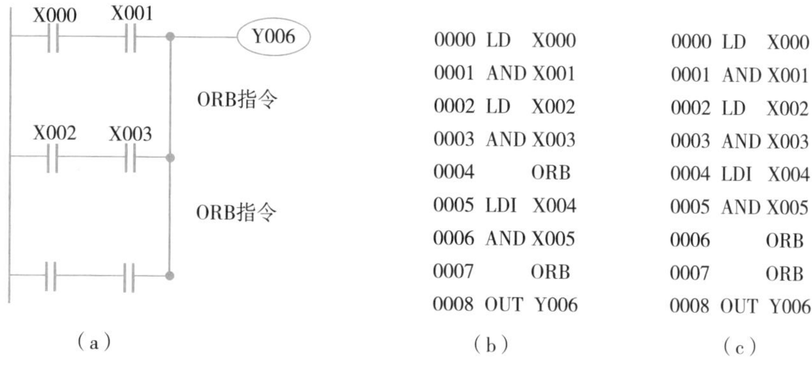


图 6-5-10　块或指令梯形图及指令表

如果梯形图中出现几个串联回路块的并联连接时，每个回路使用一次 ORB 指令，则使用 ORB 指令无次数限制，如图(b)所示。如果连续使用 ORB 指令，如图(c)所示，虽然 ORB 连续使用次数不受限制，但是 LD、LDI 指令的重复使用次数不能超过 8 次，所以 ORB 指令不能连续使用超过 8 次。建议使用图(b)的编程方式编程。

## 六、ANB 指令

(1)ANB 指令符及功能见下表 6－5－6。

表 6－5－6　ANB 指令符及功能

| 指令符 | 名　称 | 功　能 | 对象软元件 |
|---|---|---|---|
| ANB | 回路块与 | 回路块的串联连接 | 无 |

(2)指令说明

ANB：回路块与，回路块的串联连接。块与指令梯形图及指令表如图 6－5－11 所示。

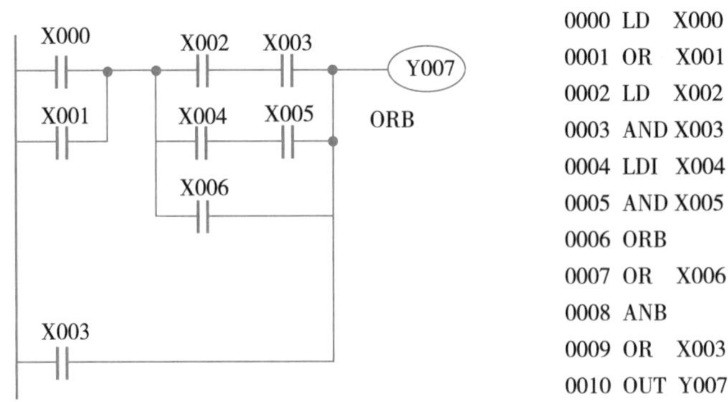
X000
X002
X003
Y007
X001
X004
X005
ORB
X006
X003
0000 LD X000
0001 OR X001
0002 LD X002
0003 AND X003
0004 LDI X004
0005 AND X005
0006 ORB
0007 OR X006
0008 ANB
0009 OR X003
0010 OUT Y007

图 6－5－11　块与指令梯形图及指令表

如图所示梯形图中出现回路块的并联连接及回路块的串联连接，指令表中先编写 ORB 程序，在编写两个回路块的串联，使用 ANB 指令，程序如图所示，同样 ANB 指令使用没有次数限制，但是 LD 及 LDI 指令重复使用次数要小于 8 次，所以 ANB 指令使用次数小于 8 次。

## 七、MPS、MRD、MPP 指令

(1)MPS、MRD、MPP 指令符及功能见表 6－5－7 所列。

表 6－5－7　MPS、MRD、MPP 指令符及功能

| 指令符 | 名　称 | 功　能 | 对象软元件 |
|---|---|---|---|
| MPS | 存储进栈 | 压入堆栈 | 无 |
| MRD | 存储读栈 | 读取堆栈 | 无 |
| MPP | 存储出栈 | 弹出堆栈 | 无 |

(2)指令说明

MPS、MRD、MPP:这组指令为编写多重分支输出回路的便捷指令,在 PLC 中共有 11 个被称为堆栈的内存,用来存储运算中间的结果。如图 6-5-12 所示为堆栈指令的梯形图及指令表。

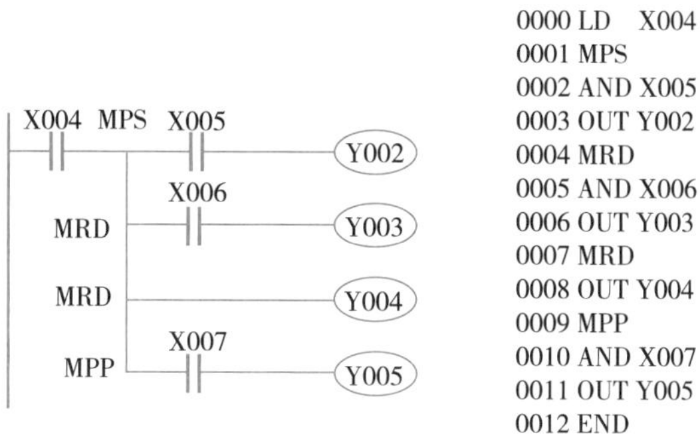
X004
MPS
X005
Y002
X006
MRD
Y003
MRD
Y004
X007
MPP
Y005
0000 LD　X004
0001 MPS
0002 AND X005
0003 OUT Y002
0004 MRD
0005 AND X006
0006 OUT Y003
0007 MRD
0008 OUT Y004
0009 MPP
0010 AND X007
0011 OUT Y005
0012 END

图 6-5-12　堆栈指令的梯形图及指令表

使用 MPS 存储程序中间结果驱动输出线圈 Y002,同时通过读栈指令 MRD 读取栈内结果,并驱动输出线圈 Y003,可以多次使用读栈指令,驱动线圈 Y003,最后通过出栈指令 MPP 将栈内结果读出并复位。MPS 使用次数不受限制,但是 MPP 一个程序中最多出现 11 次,而 MPS 和 MPP 要同时出现,所以进栈和出栈指令最多出现 11 次。

## 八、MC、MCR 指令

(1)MC、MCR 指令符及功能见表 6-5-8 所列。

表 6-5-8　MC、MCR 指令符及功能

| 指令符 | 名　称 | 功　能 | 对象软元件 |
|---|---|---|---|
| MC | 主控 | 连接到公共触点 | Y、M(特殊辅助继电器除外) |
| MCR | 主控复位 | 解除连接到公共触点 | 无 |

(2)指令说明

① MC 为主控指令,是主控区的起点标志,主控指令对应的主控触点相当于一组程序的主开关,只能用于输出继电器 Y 及除特殊辅助继电器外的 M。MC 指令后跟的是嵌套层数 $N$,范围为 0~7。

② MCR 为主控复位指令,是主控区结束标志,跟随该指令后面的是嵌套层数 $N$。

③ MC 指令对象软元件不能重复使用。

④ 执行 MC 指令必须有条件限制,待条件满足才能执行主控区程序;不满足条件,主控区程序不执行。

⑤ MC 主控区内部使用 MC 指令,称为嵌套,MC 的嵌套层数编号由小到大,主控复位指令嵌套层数编号由大到小。

⑥ 无嵌套时，N0 的使用不受次数限制。

如图 6－5－13 所示，为主控及主控复位梯形图和指令表。当主控程序启动条件 X000 为 ON 时，执行主控区程序，到 MCR 控制复位指令时停止。

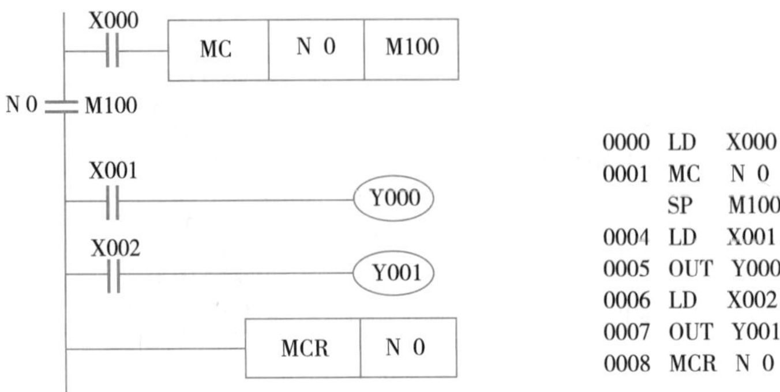


图 6－5－13　主控指令梯形图及指令表

## 九、PLS、PLF 指令

(1)PLS、PLF 指令符及功能见表 6－5－9 所列。

表 6－5－9　PLS、PLF 指令符及功能

| 指令符 | 名　称 | 功　能 | 对象软元件 |
|---|---|---|---|
| PLS | 上升沿微分 | 上升沿微分输出 | Y、M(特殊除外) |
| PLF | 下降沿微分 | 下降沿微分输出 | Y、M(特殊除外) |

(2)指令说明

PLS：上升沿微分指令，上升沿脉冲的微分输出。上升沿微分指令梯形图与指令表如图 6－5－14 所示，当 X000 由 OFF 变成 ON 时，M0 输出一个脉冲。

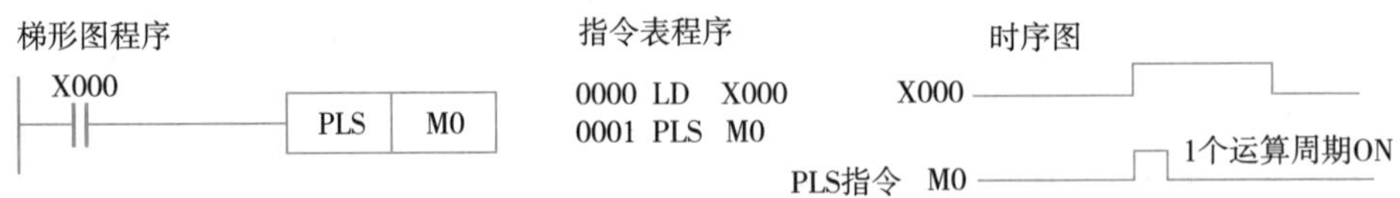


图 6－5－14　上升沿微分指令梯形图及指令表

PLF：下降沿微分指令，下降沿脉冲的微分输出。下降沿微分指令梯形图与指令表如图 6－5－15 所示，当 X000 由 ON 变成 OFF 时，M1 输出一个脉冲。

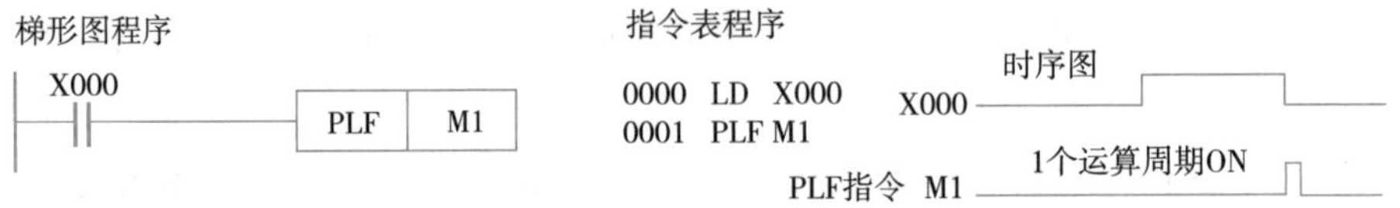


图 6－5－15　下降沿微分指令梯形图及指令表

## 十、SET、RST 指令

(1)SET、RST 指令符及功能见表 6-5-10 所列。

表 6-5-10　SET、RST 指令符及功能

| 指令符 | 名　称 | 功　能 | 对象软元件 |
|---|---|---|---|
| SET | 置位 | 状态保持 | Y、M、S |
| RST | 复位 | 解除保持的状态、清除当前值和寄存器 | Y、M、S、C、D、V、Z、T |

(2)指令说明

SET:置位指令,可以使输出继电器 Y、辅助继电器 M、状态继电器 S 置位。

RST:复位指令,可以使输出继电器 Y、辅助继电器 M、状态继电器 S 复位,同时可以清除计数器 T、计数器 C、数据寄存器 D、变址寄存器 V/Z 的当前内部数据。

置位、复位指令梯形图及指令表如图 6-5-16 所示。

图 6-5-16　置位、复位指令梯形图及指令表

## 十一、SET、RST 指令

(1)INV、NOP、END 指令符和功能见表 6-5-11 所列。

表 6-5-11　INV、NOP、END 指令符及功能

| 指令符 | 名　称 | 功　能 | 对象软元件 |
|---|---|---|---|
| INV | 取反 | 运算结果取反 | 无 |
| NOP | 空操作 | 该步序无动作 | 无 |
| END | 结束 | 程序结束以及返回 0 步 | 无 |

(2)指令说明

INV:取反指令,是将指令执行前的运算结果取反。取反指令梯形图及指令表如图 6-5-17所示,通过时序图可以看出程序输出结果发生取反变化。

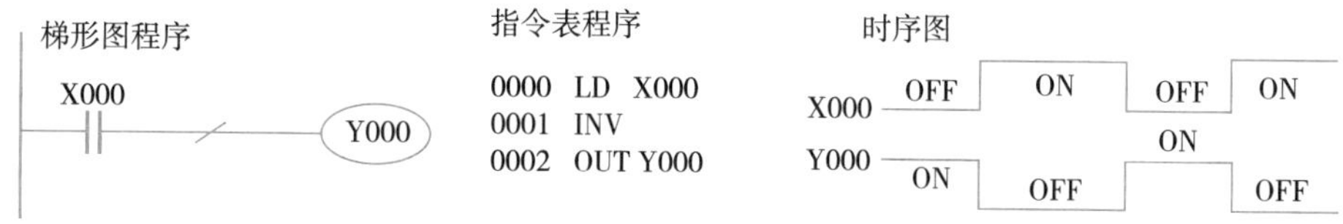


图 6-5-17　取反指令梯形图及指令表

NOP:空操作指令,在程序中没有参与逻辑运算,程序中加入 NOP 指令,在修改或者添加程序时,可以减少步编号的变化,如图 6-5-18 所示。

END:程序结束的标志,PLC 执行程序的过程为先进行输入处理在执行程序最后输出处理。若在程序的最后写入 END 指令,则不执行此后的剩余的程序步,而直接进行输出处理。在程序的最后没有写 END 指令的时候,PLC 会执行到程序的最后一步,然后才执行输出处理,使用 END 指令可以缩短程序扫描周期。

图 6-5-18　程序执行流程图

思政拓展阅读

# 实训任务六　三菱 FX 系列 PLC 基本指令实训一（电动机正、反转控制电路设计）

(1)根据控制需求,完成 PLC 输入输出接口的分配。

(2)完成 PLC 外围电路设计和接线。

(3)PLC 梯形图程序的编写。

(4)完成上电调试,实现电动机正、反控制。

电动机是生产设备的主要组成部分,了解和控制电动机是工程技术人员必须要掌握的技能,目前大多数电动机控制系统还是采用继电器-接触器控制系统,随着工业自动化的不断深入,越来越多的继电器-接触器控制系统被 PLC 控制系统取代。

图 6-6-1 是一个以继电器、接触器为控制元件的控制系统,由主回路和控制回路组

成，主要实现三项异步电动机的正反转。

按下电动机正转开关 SB2，则接触器线圈 KM1 得电，接触器 KM1 的主触点闭合，电动机正转，同时接触器 KM1 辅助触点 KM1 闭合，实现自锁，这时松开 SB2 电机保持正转运行，按下停止按钮 SB1 电机停止运行，按下反转按钮 SB3 接触器线圈 KM2 得电，接触器 KM2 的主触点闭合，电动机反转，同时接触器 KM2 辅助触点 KM2 闭合，实现反转自锁，松开 SB3，电机保持反转运行，实现自锁。同时正转按钮 SB2 闭合，反转回路中 SB2 打开，反转按钮 SB3 闭合，对应正转回路中 SB3 打开，KM1 得电后，反转回路中 KM1 常闭触点断开，KM2 得电后正转回路触点 KM2 断开，实现互锁。

要求利用三菱 FX2N 系列 PLC 进行改造，使用 PLC 取代继电器控制系统。同时为满足工作人员的操作习惯，要求开关面板不能改变，按钮功能不能改变。

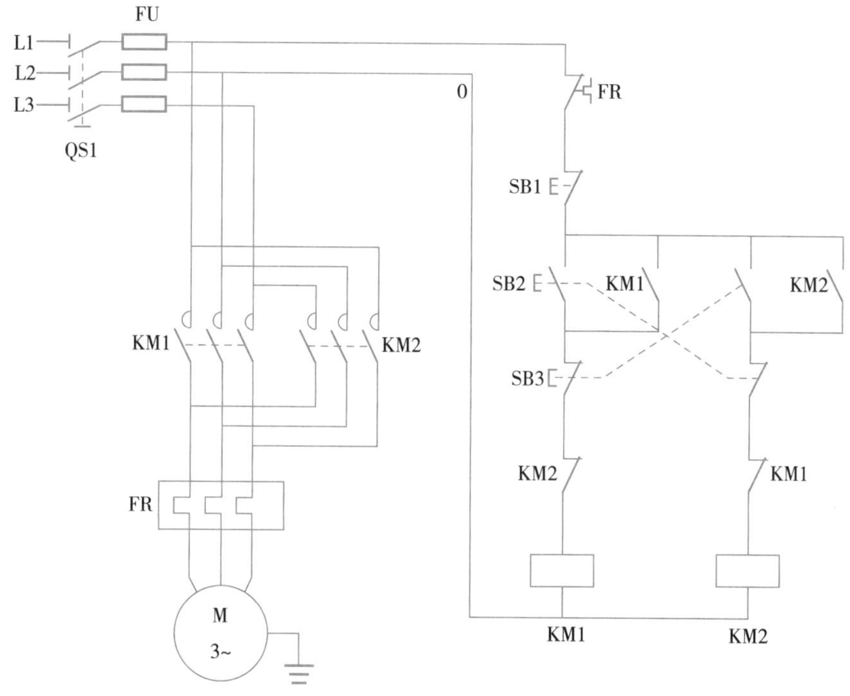


图 6-6-1　电动机正反转电路图

## 一、I/O 点的分配

由于不能改变控制面板，所以正转按钮 SB2、反转按钮 SB3、停止按钮 SB1 不能变化，这三个按钮作为 PLC 的输入，分别为 X001、X002、X003，电路由热继电器 FR 进行过载保护，将保护信号输入 PLC 中，分配端子为 X000，通过电路图发现电动机正反是通过接触器控制的，所以 PLC 需要对接触器的线圈进行控制，为 PLC 的输出单元分配为 Y000 和 Y001。此电路 I/O 分配表见表 6-6-1 所列。

表 6-6-1 I/O 分配表

| 输入信号 | | | 输出信号 | | |
|---|---|---|---|---|---|
| 名称 | 符号 | 地址 | 名称 | 符号 | 地址 |
| 热继电器常闭触点 | FR | X000 | 正转接触器线圈 | KM1 | Y000 |
| 停止按钮 | SB1 | X001 | 反转接触器线圈 | KM2 | Y001 |
| 正转按钮 | SB2 | X002 | — | — | — |
| 反转按钮 | SB3 | X003 | — | — | — |

## 二、PLC 接线图

图 6-6-2 是本次电机正反转的接线图，左侧为主回路，和继电器-接触器系统没有区别，右侧为 PLC 接线图，是将继电器-接触器控制系统进行改造而成，PLC 供电电源为交流 220V，输出 Y000 和 Y001 也是交流 220V，X000/X001/X002/X003 共用一个 COM 端，从 PLC 接线图可以清晰地看出输入点和输出点分配和接线。同时将线圈互锁功能保留，是对正反转同时启动的一种硬保护。

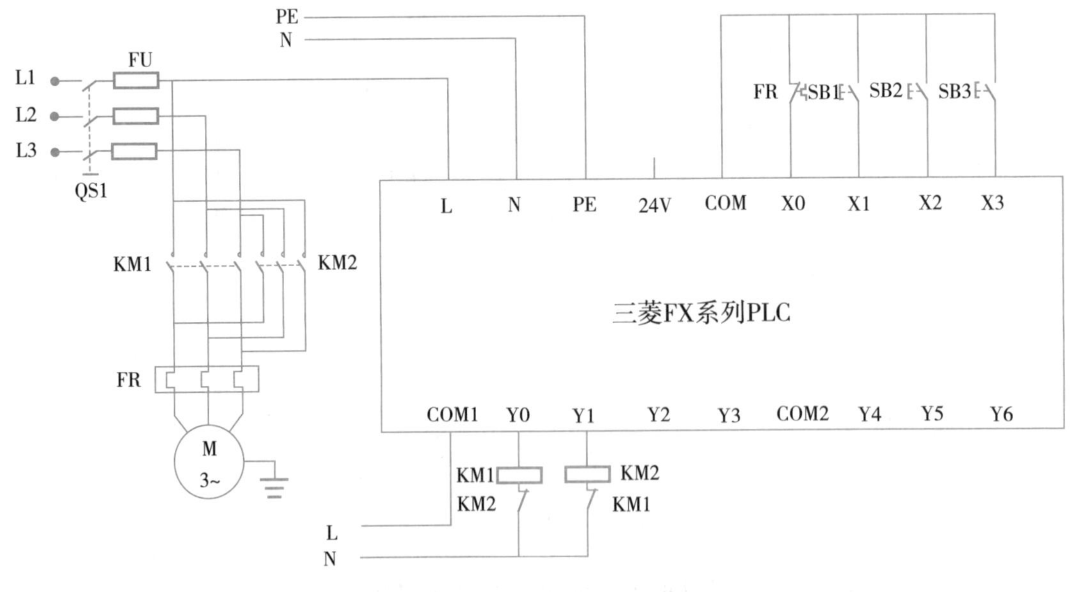

图 6-6-2 主回路及 PLC 接线图

## 三、编写梯形图

这次改造任务，主要是将原控制回路功能利用 PLC 来实现，梯形图参考图 6-6-3，按钮 SB1/SB2/SB3 输入信号给 PLC，PLC 通过 X000/X001/X002 端子的状态来接收输入信号，通过输出端子 Y000/Y001 来输出 PLC 处理后的信号，X002、X003、Y000、Y001 常闭触点分别接入正转、反转程序中，防止出现正反转同时启动情况，实现程序的软保护。本次电路图和程序分别对正反转同时启动情况进行了保护，在保护电动机及人身安全方面设计更加合理。

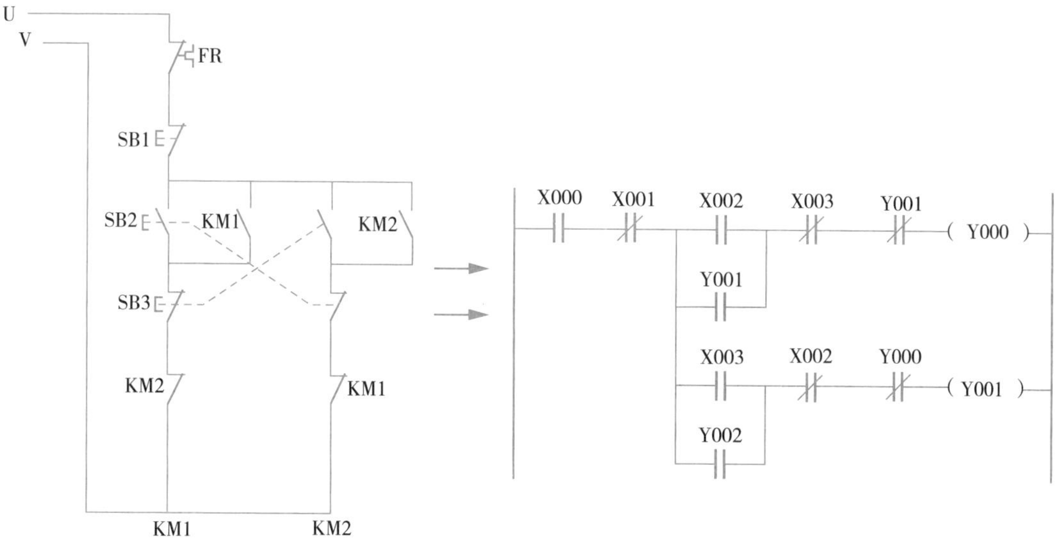


图 6-6-3　控制回路及梯形图

## 四、调试

将梯形图导入 PLC 中，运行 PLC，按照调试记录表 6-6-2 步骤进行调试。

表 6-6-2　调试记录表

| 步骤 | 程序功能 | 操作内容 | 正常现象 | 是否正常 | 故障原因 |
| --- | --- | --- | --- | --- | --- |
| 1 | 正转 | 按下 SB2 | 接触器 KM1 得电，电机正转 | | |
| 2 | 停止 | 按下 SB1 | 接触器 KM1 失电，电机停止 | | |
| 3 | 反转 | 按下 SB3 | 接触器 KM2 得电，电机反转 | | |
| 4 | 停止 | 按下 SB1 | 接触器 KM2 失电，电机停止 | | |
| 5 | 过载保护 | 电机运行时按下热继电器测试键 | 接触器 KM1 或 KM2 失电，电机停止 | | |

# 实训任务七　三菱 FX 系列 PLC 基本指令实训二（电动机顺序启动控制电路设计）

(1)熟悉掌握编程软元件。

(2)使用定时器完成相关梯形图编写。

工业生产过程中经常会遇到这样的问题，需要设备按顺序启动，也就是第一台设备或者电机启动后，延时一段时间，第二台设备或者电机启动，如图 6－7－1 所示是两台电动机顺序启动的电路原理图及时序图，图(a)是主回路图，分别通过两个接触器控制两个三相异步电动机。图(b)是控制回路电路图，当按下 M1 电机启动按钮 SB1 后，KM1 线圈得电，同时延时继电器 KT 线圈得电，在 KM1 运行时，延时继电器开始计时，当达到延时继电器设定时间后，延时继电器线圈得电，常开触点 KT 闭合，KM2 线圈得电，这时 KM2 主触点闭合，电机 M2 开始运行，只要两台电机中任意一台热继电器因为超载而断开，对应的常闭触点 KH1 和 KH2 都会断开，控制回路失电，两台电机都停止工作。

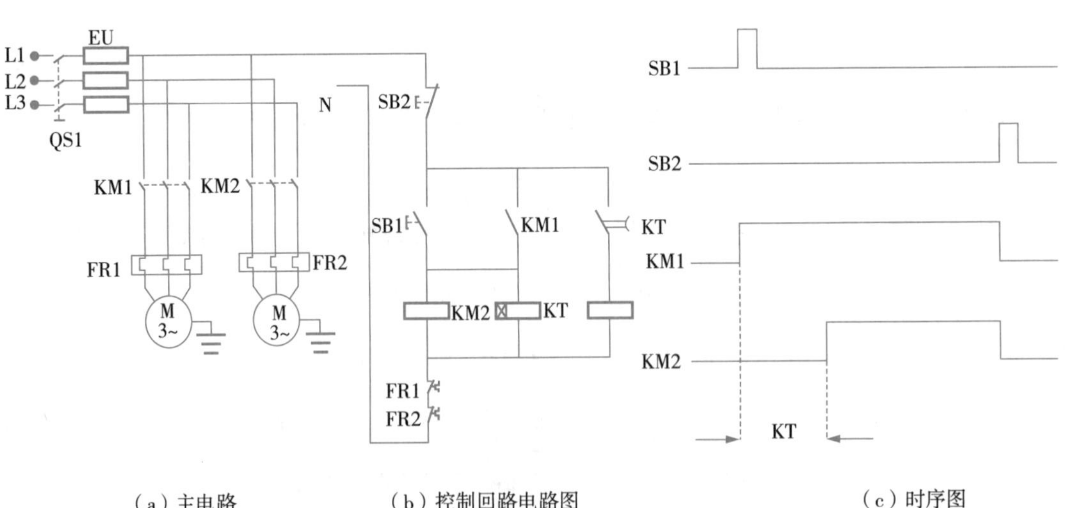


(a) 主电路　　(b) 控制回路电路图　　(c) 时序图

图 6－7－1　电动机顺序启动

## 一、I/O 点的分配

由电路原理图 6-7-1 可以看出，输入按钮主要有停止按钮 SB2，启动按钮 SB1，过载保护信号有 FR1 和 FR2。输出线圈主要包括接触器 KM1 线圈和 KM2 线圈，延时继电器线圈 KT 在 PLC 中使用软元件定时器代替。通过对输入输出点分配，绘制 I/O 分配表见表 6-7-1 所列。

表 6-7-1 I/O 分配表

| 输入信号 | | | 输出信号 | | |
|---|---|---|---|---|---|
| 名称 | 符号 | 地址 | 名称 | 符号 | 地址 |
| M1 启动按钮 | SB1 | X000 | M1 交流接触器 | KM1 | Y001 |
| 停止按钮 | SB2 | X001 | M2 交流接触器 | KM2 | Y002 |
| M1 过载保护 | KH1 | X002 | | | |
| M2 过载保护 | KH2 | X003 | | | |

## 二、PLC 接线图

如图 6-7-2 所示是利用 PLC 控制的电机顺序启动电路原理图，左侧为主回路，也是利用两个接触器来进行电机的启动和停止，右侧为控制电路图，与图 6-7-1 中控制电路不同，采用了 PLC 为控制器进行电路图设计，从而简化了控制回路硬件接线及元器件的使用，PLC 输入端主要使用的端子为 X000/X001/X002/X003，公共端为 COM。输出端使用的继电器为 Y001/Y002，因为继电器线圈为交流 220V 线圈，使用输出端供电电源为交流 220V，而原图中的时间继电器采用 PLC 中的软元件定时器(T)代替，所以在原理图中没有时间继电器，硬件元器件的减少使电路可靠性增加。

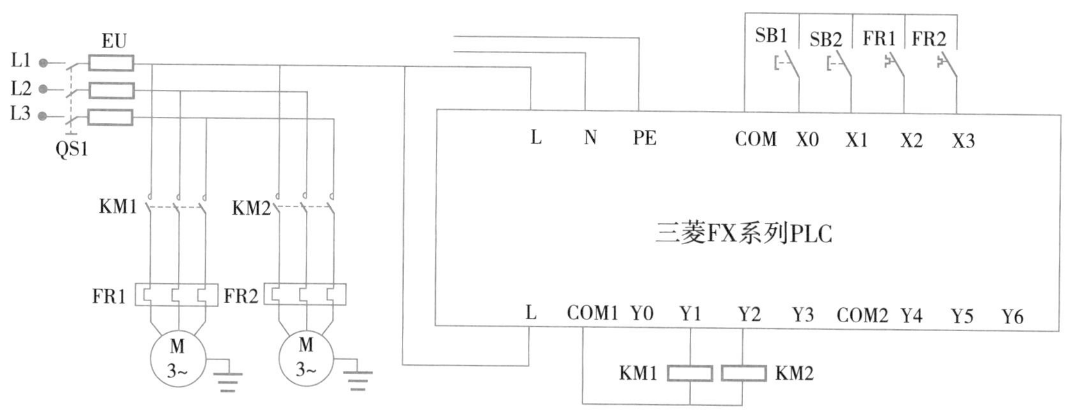


图 6-7-2 主回路及 PLC 接线图

## 三、编写梯形图

这次改造是将传统的控制方式改为PLC控制，主回路保持不变，控制回路改成PLC控制，将控制回路逻辑用PLC梯形图来表达，将按钮开关SB1/SB2信号通过输入继电器X000和X001输入PLC中，同时为了设备安全运行，将超载报警信号也接入PLC的X002/X003输入继电器中，能及时发现报警，停止设备的运行，PLC输出继电器端是控制接触器使用，主要是Y001和Y002。定时器采用编号为T0的计时器，T0是一个延时0.1 s的计时器，定时器设计值为50，则延时为5 s。图6-7-3就是传统的顺序启动回路用梯形图来表达。

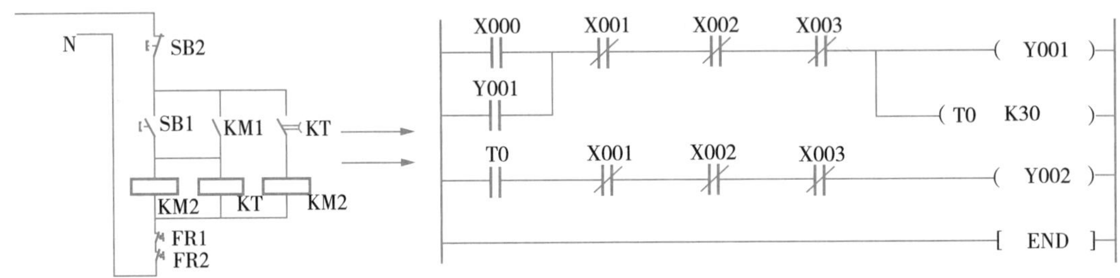


图6-7-3 控制回路及梯形图

## 四、调试

将梯形图导入PLC中，运行PLC，按照调试记录表6-7-2步骤进行调试。

表6-7-2 调试记录表

| 步骤 | 程序功能 | 操作内容 | 正常现象 | 是否正常 | 故障原因 |
|---|---|---|---|---|---|
| 1 | 启动M1电机 | 按下SB1 | 接触器KM1得电，M1电机转动 | | |
| 2 | 延时5S | 内部定时器延时 | 接触器KM2得电，M2电机转动 | | |
| 3 | 停止 | 按下SB2 | 接触器KM1失电，M1电机停止；接触器KM2失电，M2电机停止 | | |
| 4 | 过载保护 | 电机运行时按下M1热继电器测试键 | 接触器KM1和KM2失电，电机M1和M2电机停止 | | |
| 5 | 过载保护 | 电机运行时按下M2热继电器测试键 | 接触器KM1和KM2失电，电机M1和M2电机停止 | | |

思政拓展阅读

# 实训任务八　三菱 FX 系列 PLC 应用指令

了解及掌握三菱 FX 系列 PLC 应用指令。

三菱 PLC 指令功能强大，前面已经介绍了其基本指令。基本指令主要是用于程序的逻辑控制，如继电器、定时器、计数器等软元件。但是随着时代的发展、工厂自动化程度的提高，PLC 不仅要进行逻辑控制，还要进行数据传送和比较、数据的运算和一些特殊处理。因此，PLC 引入了应用指令。通过本任务的学习，了解及掌握三菱 FX 系列 PLC 应用指令。

## 一、传送指令

### (一)传送指令(MOV)

#### 1. 定义及格式

传送指令的作用是将软元件的内容传送给其他软元件，支持 16 位和 32 位的数据长度。如图 6-8-1 所示为传送指令 MOV 的指令格式。

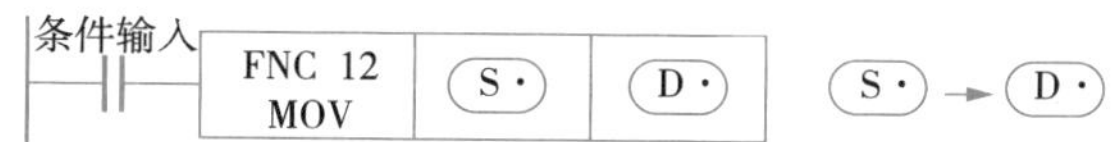


图 6-8-1　传送指令 MOV 的指令格式

传送指令 MOV 目的是将源数据 S· 传送到目标软元件 D· 中。数据设定见表 6-8-1 所列。

表 6-8-1 数据设定

| 操作数种类 | 内容 | 数据类型 |
| --- | --- | --- |
| S· | 传送源的数据，或是保存数据的软元件编号 | BIN16/32 位 |
| D· | 传送目标的软元件编号 | BIN16/32 位 |

2. 指令应用

如图 6-8-2 所示，当输入继电器 X001 为 ON 时，MOV 指令将计时器 T0 内部数值传送给寄存器 D20。

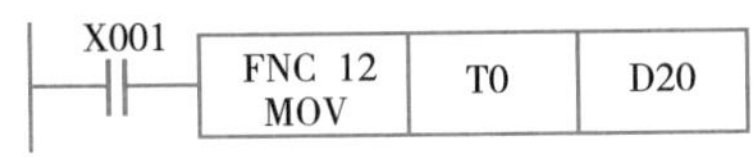


图 6-8-2 指令梯形图

(二)位移动指令(SMOV)

位移动指令的作用是将指定软元件中一部分 BCD 码形式的数据传递到目标软元件中。如图 6-8-3 所示为位移动指令 SMOV 的指令格式。

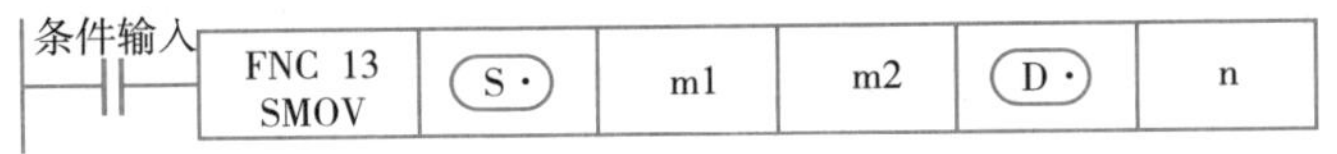


图 6-8-3 位移动指令 SMOV 的指令格式

位移动指令 SMOV 的目的是将软元件 S· 中的第 m1 位开始的 m2 位数据以 BCD 码形式传送到目标软元件 D· 中的第 *n* 位开始的 m2 位，软元件 D· 中的其他位数据保持不变。数据设定见表 6-8-2 所列。

表 6-8-2 数据设定

| 操作数种类 | 内容 | 数据类型 |
| --- | --- | --- |
| S· | 存储有进行移位的数据软元件编号 | BIN16 位 |
| m1 | 要移动起始位的位置 | BIN16 位 |
| m2 | 要移动位的个数 | BIN16 位 |
| D· | 传送目标的软元件编号 | BIN16 位 |
| n | 移动目标的起始位位置 | BIN16 位 |

(三)取反传送指令(CML)

1. 定义及格式

取反传送指令的作用是将软元件的内容以位为单位取反后传送给其他软元件，支持 16

位和32位的数据长度。如图6－8－4所示为取反传送指令CML的指令格式。

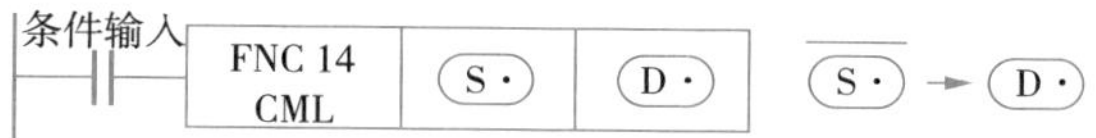


图6－8－4　取反传送指令CML的指令格式

取反传送指令CML的目的是将源数据S·中的数据按位取反后传送到目标软元件D·中。数据设定见表6－8－3所列。

表6－8－3　数据设定

| 操作数种类 | 内　容 | 数据类型 |
| --- | --- | --- |
| S· | 准备取反传送的数据，或是保存数据的软元件编号 | BIN16/32位 |
| D· | 保存执行取反传送数据的软元件编号 | BIN16/32位 |

2. 指令应用

图6－8－5是16位数据进行取反传送的过程。

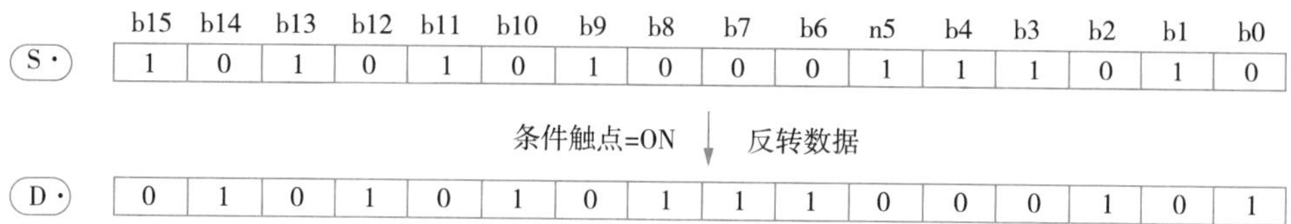


图6－8－5　16位数据进行取反传送示意图

(四)成批传送指令(BMOV)

1. 定义及格式

成批传送指令指对指定点数的多个数据进行成批传送。如图6－8－6所示为成批传送指令BMOV的指令格式及传送说明。

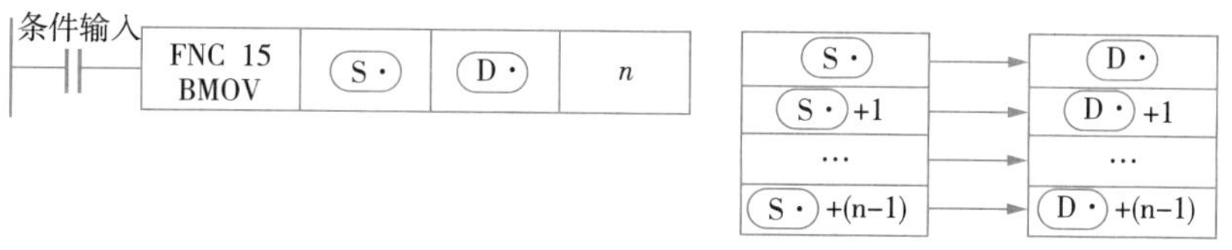


图6－8－6　成批传送指令BMOV的指令格式及传送说明

成批传送指令BMOV的目的是将源数据以S·开始的$n$个数据成批传送到目标软元件D·开始的$n$个点中。数据设定见表6－8－4所列。

表 6-8-4 数据设定

| 操作数种类 | 内 容 | 数据类型 |
|---|---|---|
| S· | 传送的数据,或是保存数据的软元件编号 | BIN16 位 |
| D· | 传送目标的软元件编号 | BIN16 位 |
| *n* | 传送点数 | BIN16 位 |

2. 指令应用

如图 6-8-7 所示,软元件编号重合也可以进行传送,将 D10 开始的三个寄存器内数据依次传递给 D9 开始的三个寄存器中。

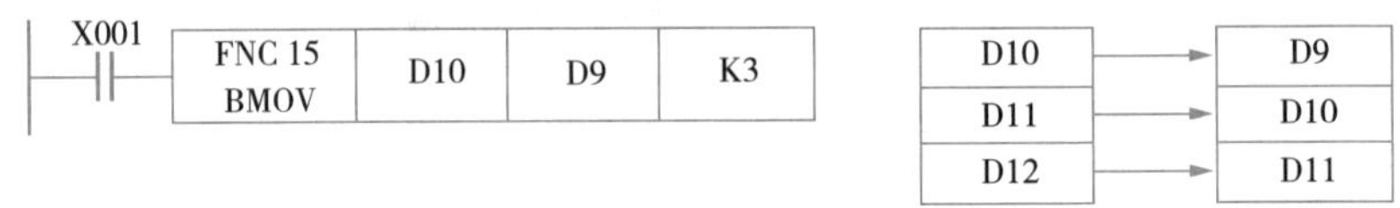


图 6-8-7 成批传送指令梯形图及说明

(五)多点传送指令(FMOV)

1. 定义及格式

多点传送指令是指将同一个数据传送到指定点数的软元件中。如图 6-8-8 所示为多点传送指令 FMOV 的指令格式及传送说明。

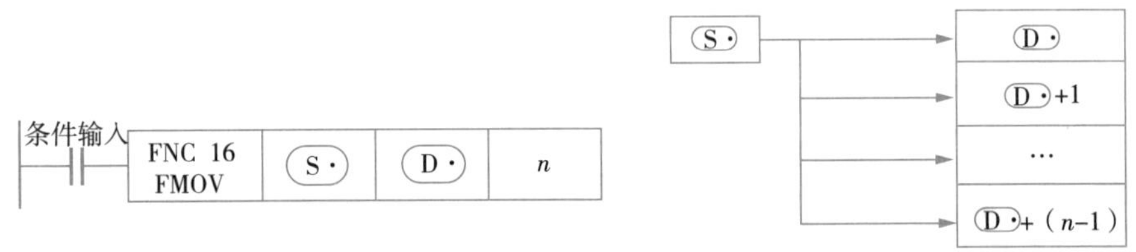


图 6-8-8 多点传送指令 FMOV 的指令格式及传送说明

多点传送指令 FMOV 的目的是将源数据以 S· 中的数据传送到目标软元件 D· 开始的 *n* 个点中。数据设定见表 6-8-5 所列。

表 6-8-5 数据设定

| 操作数种类 | 内 容 | 数据类型 |
|---|---|---|
| S· | 传送的数据,或是保存数据的软元件编号 | BIN16/32 位 |
| D· | 传送目标的起始软元件编号 | BIN16/32 位 |
| *n* | 传送点数 | BIN16 位 |

2. 指令应用

如图 6－8－9 所示，当 X000 为 ON 时，将 K0 传送到 D0 开始的 5 个寄存器中，分别是 D0、D1、D2、D3、D4。

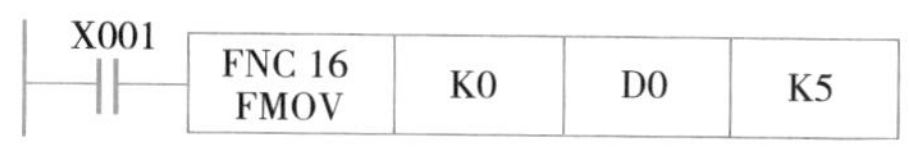


图 6－8－9 多点传送指令梯形图

## 二、比较指令

### (一)比较指令(CMP)

比较指令是指比较两个值的大小，将结果输出到位软元件中。如图 6－8－10 所示是比较指令梯形图。

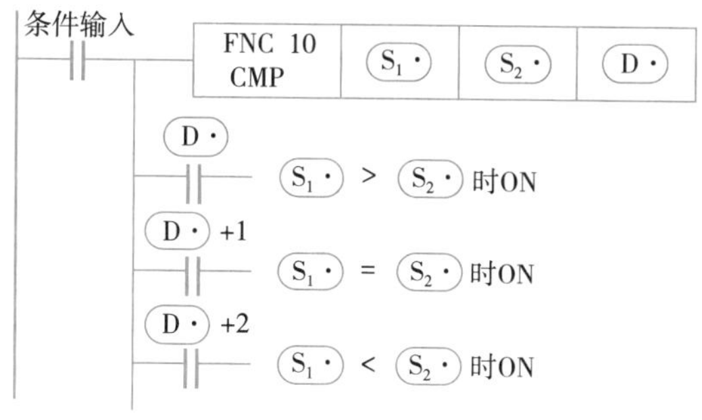


图 6－8－10 比较指令梯形图

将 S1·中的数据和 S2·中的数据进行比较，输出给寄存器 D·，当 S1·＞S2·时，D·为 ON；当 S1·＜S2·时，D·＋2 位为 ON；当 S1·＝S2·时，D·＋1 位为 ON，见下表 6－8－6 所列。

表 6－8－6 数据设定

| 操作数种类 | 内 容 | 数据类型 |
|---|---|---|
| S1· | 比较值数据，或是保存数据的软元件编号 | BIN16/32 位 |
| S2· | 比较目标数据，或是保存数据的软元件编号 | BIN16/32 位 |
| D· | 输出比较结果的起始位软元件编号 | 位 |

### (二)区间比较指令(ZCP)

区间比较指令指的是将源值与两个目标值(区间)进行比较，将结果输出到位软元件中。如图 6－8－11 所示，是区间比较指令梯形图。

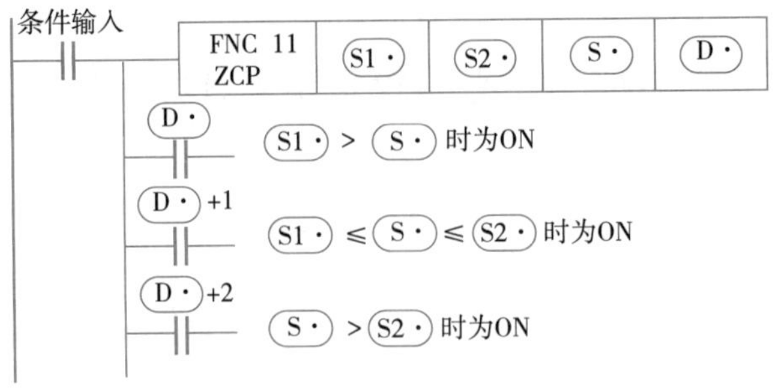


图 6-8-11 区间比较指令梯形图

将 S·中的源值与下比较值 S1·和上比较值 S2·进行比较。当 S1·>S·时，则输出位 D·为 ON；当 S1·≤S·≤S2·时，D·+1 为 ON，当；S·>S2·时 D·+2 为 ON，见表 6-8-7 所列。

表 6-8-7 数据设定

| 操作数种类 | 内 容 | 数据类型 |
|---|---|---|
| S1· | 下限比较值数据，或是保存数据的软元件编号 | BIN16/32 位 |
| S2· | 上限比较指数据，或是保存数据的软元件编号 | BIN16/32 位 |
| S· | 比较源数据或保存数据的软元件编号 | BIN16/32 位 |
| D· | 输出比较结果的起始位软元件编号 | 位 |

## 三、运算指令

### (一)BIN 加法运算(ADD)指令

BIN 加法运算(ADD)指两个值加法运算后得出结果的指令，如图 6-8-12 所示，是 BIN 加法运算的梯形图。

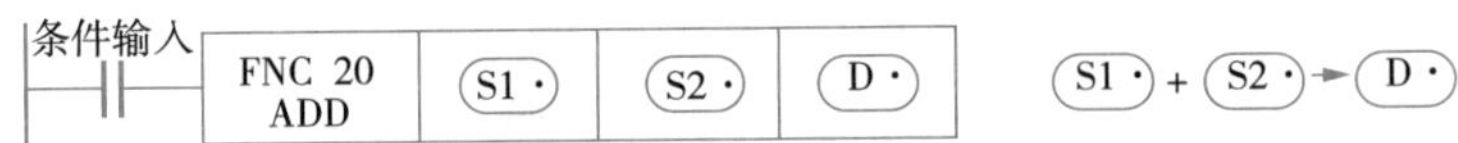


图 6-8-12 BIN 加法运算的梯形图

将 S1·中的数值与 S2·中的数值相加，保存到寄存器 D·，见表 6-8-8 所列。

表 6-8-8 数据设定

| 操作数种类 | 内 容 | 数据类型 |
|---|---|---|
| S1· | 加法运算的数据，或是保存数据的软元件编号 | BIN16/32 位 |
| S2· | 加法运算的数据，或是保存数据的软元件编号 | BIN16/32 位 |
| D· | 保存加法运算结果的软元件编号 | BIN16/32 位 |

## (二)BIN减法运算(SUB)指令

BIN减法运算(SUB)指令是指将两个值进行减法运算后得到结果的指令,如图6-8-13所示,为BIN减法运算的梯形图。

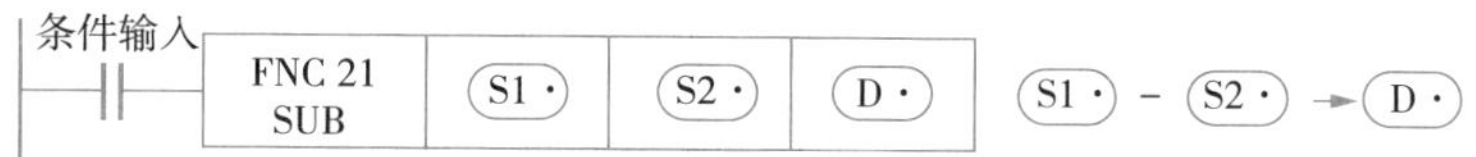


图6-8-13 BIN减法运算的梯形图

将S1·中数值与S2·中数值相减,保存到寄存器D·,见表6-8-9所列。

表6-8-9 数据设定

| 操作数种类 | 内 容 | 数据类型 |
| --- | --- | --- |
| S1· | 减法运算的数据,或是保存数据的软元件编号 | BIN16/32位 |
| S2· | 减法运算的数据,或是保存数据的软元件编号 | BIN16/32位 |
| D· | 保存减法运算结果的软元件编号 | BIN16/32位 |

## (三)BIN乘法运算(MUL)指令

BIN乘法运算(MUL)指令是指将两个值进行乘法运算后得到结果的指令,如图6-8-14所示BIN乘法运算(MUL)指令的梯形图。

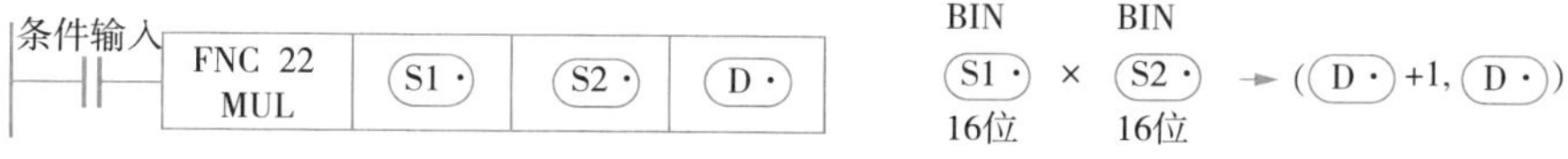


图6-8-14 BIN乘法运算(MUL)指令的梯形图

将S1·中数值与S2·中数值相乘,保存到寄存器[D·+1,D·]32位(双字节)中,见表6-8-10所列。

表6-8-10 数据设定

| 操作数种类 | 内 容 | 数据类型 |
| --- | --- | --- |
| S1· | 乘法运算的数据,或是保存数据的软元件编号 | BIN16/32位 |
| S2· | 乘法运算的数据,或是保存数据的软元件编号 | BIN16/32位 |
| D· | 保存乘法运算结果的软元件编号 | BIN32/64位 |

## (四)BIN除法运算(DIV)指令

BIN除法运算(DIV)指令是指将两个值进行除法运算后得到结果的指令,如图6-8-15所示BIN除法运算(DIV)指令的梯形图。

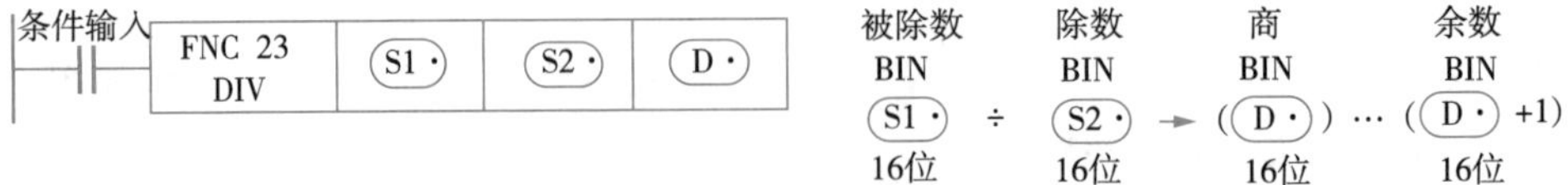


图 6-8-15 指令格式

将 S1·中数值作为被除数与 S2·中数值除数相除,商保存到寄存器 D·中,余数保存到 D·+1 中,见表 6-8-11 所列。

表 6-8-11 数据设定

| 操作数种类 | 内　容 | 数据类型 |
| --- | --- | --- |
| S1· | 除法运算的数据,或是保存数据的软元件编号 | BIN16/32 位 |
| S2· | 除法运算的数据,或是保存数据的软元件编号 | BIN16/32 位 |
| D· | 保存除法运算结果的软元件编号 | BIN32/64 位 |

# 实训任务九　三菱 FX 系列 PLC 应用指令实训一（电动机的星-三角启动电路设计）

(1)了解电路的设计过程。

(2)掌握星-三角启动电路设计。

电动机的星-三角启动是工程实践过程中常用的电动机启动方式,这种启动方式可以限制电动机的启动电流,减少对电网的冲击,但是启动力矩也随之减小,所以星-三角启动一般应用在启动力矩无严格要求需要限制电动机启动电流的场合。

如图 6-9-1 所示,是星-三角启动的电动机电路原理图,当按下启动按钮 SB2 后,接触器 KM1 线圈得电,主触点吸合,辅助触点 KM1 吸合,实现自锁,同时接触器 KM2 线圈得电,主触点吸合,时间继电器 KT1 开始进行计时,电动机进行星型启动,当延时一段时间后,时间继电器 KT1 线圈得电,对应的常开触点闭合,常闭触点断开,接触器 KM3 线圈得电,KM3 主触点闭合,KM3 常闭辅助触点断开,KM2 线圈失电,时间继电器 KT 线圈失电,由于常开辅助触点 KM3 的自锁原因,电机继续保持三角形接法运行。线圈 KM2 和 KM3 的常闭辅助触点分别连接在星三角启动控制电路中,实现电路互锁。当按下停止按钮 SB1 后,电机停止运行。由于继电器接触器控制系统控制星-三角启动，元器件使用多，接线多，故障率高，可靠性低，现将继电器接触器控制系统控制的星-三角启动改成PLC控制。

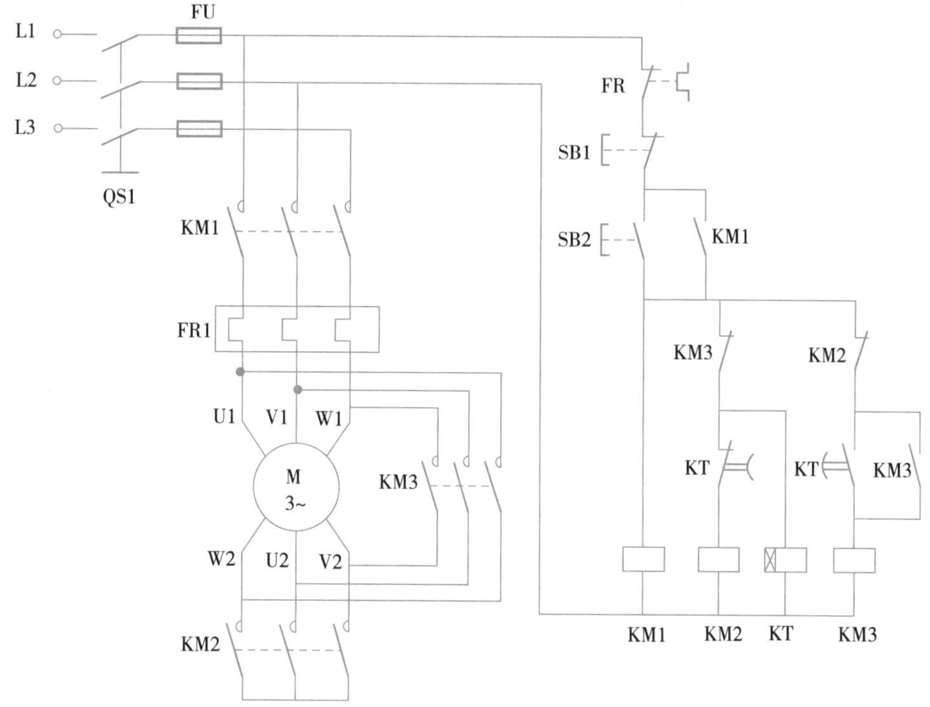

图6-9-1　星-三角启动电路原理图

## 一、I/O点的分配

由电路原理图的得知，PLC输入端主要包括停止按钮SB1、启动按钮SB2及热继电器过载保护信号，输出接触器包括线圈KM1、线圈KM2、线圈KM3。为了更直观地了解启动过程及报警情况，输出端子增加了一个启动/报警型号灯，原理图中的时间继电器利用PLC中的软元件定时器代替。通过对输入输出点分配，I/O分配表见表6-9-1所列。

表6-9-1　I/O分配表

| 输入信号 | | | 输出信号 | | |
|---|---|---|---|---|---|
| 名称 | 符号 | 地址 | 名称 | 符号 | 地址 |
| 停止按钮 | SB1 | X001 | 启动/报警灯 | HL | Y000 |
| 启动按钮 | SB2 | X002 | KM1交流接触器 | KM1 | Y001 |
| 过载保护 | KH | X000 | KM2交流接触器 | KM2 | Y002 |
| | | | KM3交流接触器 | KM3 | Y003 |

## 二、PLC 接线图

根据 I/O 分配表绘制 PLC 接线图，如图 6－9－2 所示，左侧为电机星-三角启动的主回路原理图，右侧是以 PLC 为控制系统的控制原理图，与传统继电器-接触器相比，PLC 控制元器件少，接线少，可靠性高，由于是通过程序来控制星-三角启动，维护改造更加方便，PLC 供电电源为 AC220V，输入端使用端子为 X000/X001/X002 及公共端 COM，输出端使用端子为 Y000/Y001/Y002 以及公共端 COM，给输出端供电的电源为 220V 交流电源。时间继电器是利用软元件定时器代替，这样不仅减少了元器件的使用，提高可靠性，还可以任意设置延时时间。

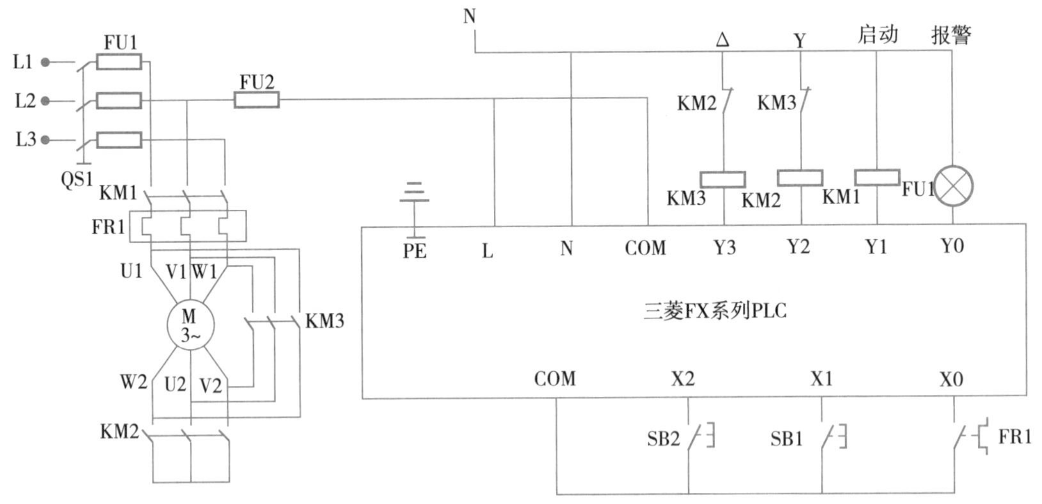


图 6－9－2 主回路及 PLC 接线图

## 三、编写梯形图

这次改造是将传统的控制方式改为 PLC 控制，主回路保持不变，控制回路改成 PLC 控制，将控制回路逻辑用 PLC 梯形图来表达，如图 6－9－3 所示，通过观察 PLC 接线图不难看出，使用的 PLC 输出继电器是连续的四位 Y000－Y003，可以通过四位二进制的方式将数值一次性传送给 PLC，K7 二进制表示为 0111，当 X002 启动后，将 0111 传送给 Y000 开始的四位输出接触器，这是启动灯亮起，KM1 和 KM2 吸合，电动机星型运行，延时 10 s 后，定时器 T0 线圈得电，T0 常开触点闭合，将 K3 传送给 Y0，K3 用二进制表示为 0011，这时 Y000 启动灯亮，Y001 线圈吸合，同时定时器 T1 延时 1S，1S 后定时器线圈 T1 得电，常开点闭合，将 K10 传送给 Y000 开始的四位输出继电器，K10 使用二进制表示为 1010，启动完成，启动灯灭，同时 KM1 及 KM3 线圈得电，电动机按照三角模式运行，当需要停止时发送 K0 给 Y000，K0 使用二进制表示为 0000，也就是 Y000～Y003 全部无输出，当电路发生过载时，

X000闭合将K1传送给Y000,K1二进制表示为0001,也就是除Y000有输出外,其余都没有输出,Y000输出灯亮为报警提醒。

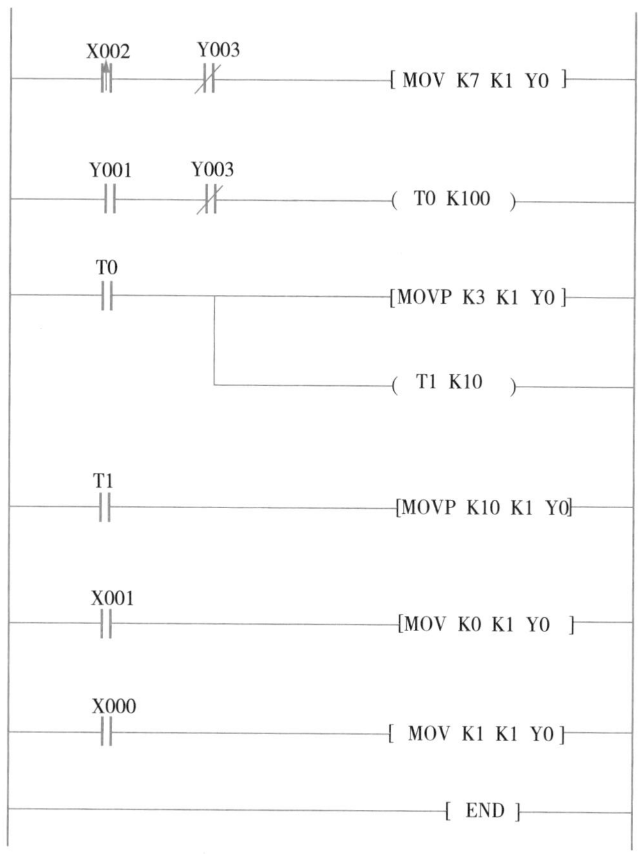


图6-9-3　控制回路及梯形图

## 四、调试

将梯形图导入PLC中,运行PLC,按照调试记录表6-9-2步骤进行调试记录。

表6-9-2　调试记录表

| 步骤 | 程序功能 | 操作内容 | 正常现象 | 是否正常 | 故障原因 |
|---|---|---|---|---|---|
| 1 | 星-三角运行 | 按下SB2 | KH灯亮、接触器KM1和KM2吸合,电机星型运行 | | |
| | | | 延时10 s后KM2断开 | | |
| | | | 延时1 s后,KH灯灭,接触器KM3吸合,电动机三角形运行 | | |
| 2 | 停止 | 按下SB1 | 接触器KM1和KM3失电,电机停止 | | |

（续表）

| 步骤 | 程序功能 | 操作内容 | 正常现象 | 是否正常 | 故障原因 |
|---|---|---|---|---|---|
| 3 | 过载保护 | 电机运行时按下热继电器测试键 | 接触器 KM1 和 KM2 失电，电机停止，KH 报警灯亮 | | |

思政拓展阅读

# 实训任务十　三菱 FX 系列 PLC 应用指令实训二（传送带控制电路设计）

（1）了解电路设计流程。

（2）了解及掌握传送带控制原理图及程序。

在工程实践中，经常遇到利用传送带运送工件的设备，本次实例就是对传送带进行控制并对工件进行计数，如图 6－10－1 所示是一个传送带，要求光电传感器对工件进行计数，当计数工件数量小于 10 个时，指示灯常亮；当计数大于 10 个时，指示灯闪烁；当计数大于 15 时，指示灯灭。

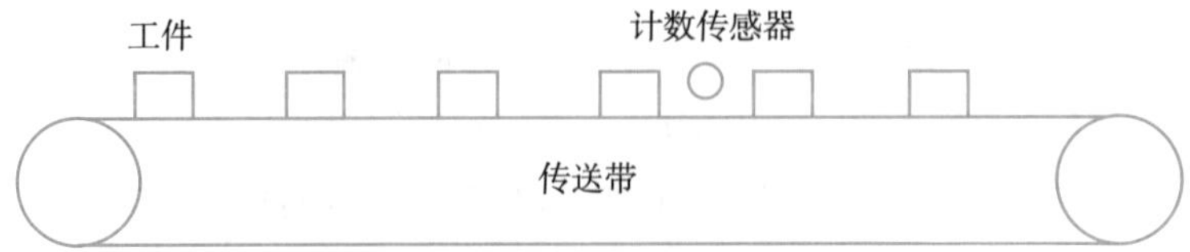


图 6－10－1　传送带示意图

## 一、I/O 点的分配

PLC 输入端主要包括启动按钮 SB1、停止按钮 SB2，光电传感器 X0，输出继电器包括接触器线圈 KM 及指示灯 HL。其中光电传感器输入端子为 X000，启动按钮 SB1 为 X002，停止按钮 SB2 为 X003，输出继电器为线圈 KM 为 Y000，指示灯 HL 为 Y002。通过对输入输出点分配，绘制 I/O 分配表见表 6-10-1 所列。

表 6-10-1　I/O 分配表

| 输入信号 | | | 输出信号 | | |
|---|---|---|---|---|---|
| 名称 | 符号 | 地址 | 名称 | 符号 | 地址 |
| 光电传感器 | BO | X000 | KM 交流接触器 | KM | Y000 |
| 启动按钮 | SB1 | X002 | 指示灯 | HL | Y002 |
| 停止按钮 | SB2 | X003 | | | |

## 二、PLC 接线图

如图 6-10-2 所示，左侧为传送带电机的主回路，本次主要对传送带电机及指示灯进行控制，右侧为以 PLC 为主的控制回路，控制回路中 PLC 的供电电源为交流 220V，光电传

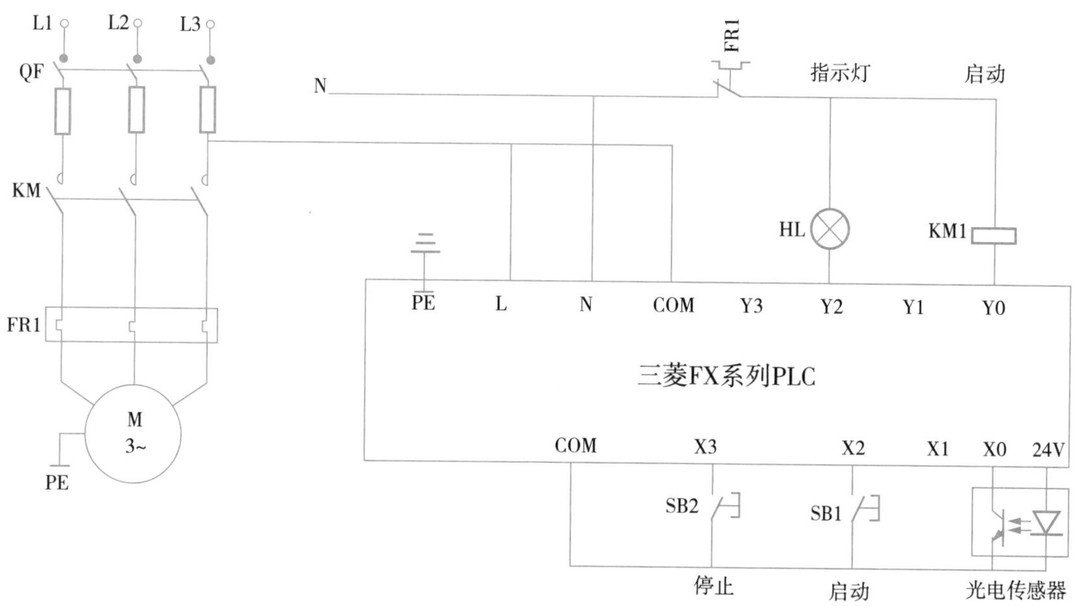


图 6-10-2　主回路及 PLC 接线图

感器的供电电源为 PLC 提供的直流 24V 电源，共同接入 COM 端，输出继电器为接触器和指示灯，供电电源为交流 220V。

## 三、编写梯形图

根据工作任务来编写梯形图，如图 6-10-3 所示，需要进行计数及对数量进行比较，主要使用的指令为 INCP 和 ZCP 程序。INCP 指令主要作用为加一，在运行过程中可以用来对工件计数，计数完成后，再与目标值进行比较，采用的比较指令为 ZCP 指令，ZCP 指令为

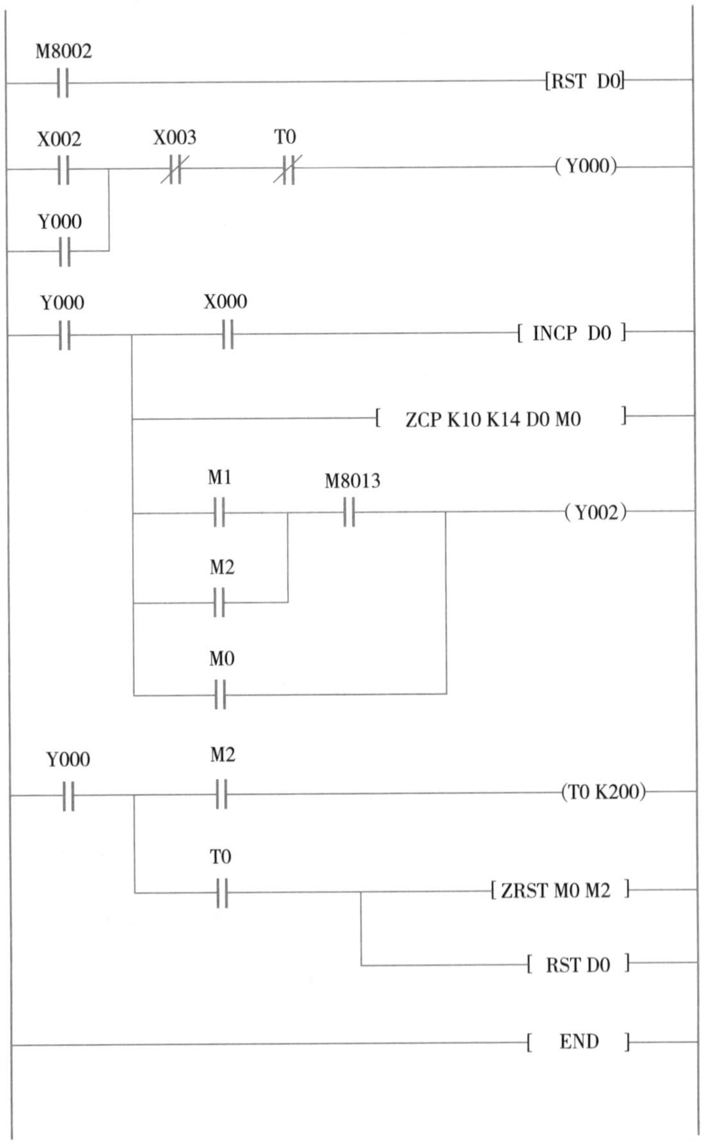

图 6-10-3 梯形图

区间比较指令，可以对计数数量与目标值进行比较，程序开始对寄存器 D0 进行复位，当按下启动按钮 X002 后 Y000 得电，传送带电机运行，当光电传感器检测到一次工件后 X000 就会输入一次，指令 INCP 加一，此数值储存在寄存器 D0 中，将 D0 中的数值进行比较[ZCP K10 K14 D0 M0]，比较结果通过辅助继电器表达。当小于 10 时，指示灯常亮；当大于等于 10 时，灯闪烁；当计数达到 15 时，辅助继电器 M2 吸合，延时 20 s 后，传送带停止，辅助继电器复位，寄存器复位。

## 四、调试

将梯形图导入 PLC 中，运行 PLC，按照调试记录表 6－10－2 步骤进行调试。

表 6－10－2　调试记录表

| 步骤 | 程序功能 | 操作内容 | 正常现象 | 是否正常 | 故障原因 |
| --- | --- | --- | --- | --- | --- |
| 1 | 启动传送带 | 按下 SB1 | HL 灯亮，KM 线圈得电，传送带运行 | | |
| | | | 工件计数小于 15 时灯常亮；<br>工件计数大于 15 时灯闪烁 | | |
| | | | 工件计数大于 20 时，<br>传送带停止灯灭 | | |
| 2 | 停止 | 运行中按下 SB2 | 传送带停止 | | |

思政拓展阅读

# 参考文献


[1] 谢京军．电工电子技术基础[M]. 北京:中国劳动社会保障出版社,2015.

[2] 劳动和社会保障部教材办公室组织编写．电工基础[M]. 北京:中国劳动社会保障出版社，2008.

[3] 周惠潮．常用电子元件及典型应用[M]. 北京:电子工业出版社,2005.

[4] 徐向民．Altium Designer 快速入门[M]. 北京:航空航天大学出版社,2008.

[5] 陈惠群．电工仪表与测量(第四版)[M]. 北京:中国劳动社会保障出版社 2007.

[6] 黄军辉,黄晓红．电工技术(2 版)[M]. 北京:人民邮电出版社,2011.

[7] 王炳实,王兰军．机床电气控制(第四版)[M]. 北京:机械工业出版社，2010.

[8] 张彪．机床电气控制[M]. 北京:中国劳动社会出版社,2009.

[9] 阳胜峰,盖超会．三菱 PLC 与变频器、触摸屏综合培训教程(2 版)[M]. 北京:中国电力出版社,2017.

[10] 宋云波．PLC 与变频器控制[M]. 成都:西南交通大学出版社,2019.

[11] 岂兴明．PLC 与变频器从入门到精通[M]. 北京：人民邮电出版社，2019.